海洋数值模拟技术与应用

何忠杰　编著

哈爾濱工程大學出版社
Harbin Engineering University Press

内容简介

本书系统介绍了海洋数值模拟的基本理论、方法及应用。全书共分七章,第1章绪论,概述海洋数值模拟的基本概念、模式类型、建立方法、应用领域及发展趋势;第2章阐述海洋环境的演变规律,包括海水动力过程及其数学模型;第3章讲解数值离散方法,为海洋数值模拟奠定数学基础;第4章介绍Fortran语言,帮助读者掌握模式开发工具;第5章分析主流海洋数值模式的特点与应用;第6章通过具体案例展示海洋数值模拟的实际操作与问题解决;第7章介绍海洋数据可视化方法及常用平台,提升模拟结果的分析与展示能力。

本书注重理论与实践结合,可作为海洋科学、环境科学及相关专业的高年级本科生教材,也可供科研人员和技术人员参考。

图书在版编目(CIP)数据

海洋数值模拟技术与应用 / 何忠杰编著. -- 哈尔滨 : 哈尔滨工程大学出版社, 2025. 2. -- ISBN 978-7-5661-4711-0

Ⅰ. P72

中国国家版本馆 CIP 数据核字第 20253ZV110 号

海洋数值模拟技术与应用
HAIYANG SHUZHI MONI JISHU YU YINGYONG

选题策划 刘凯元
责任编辑 刘凯元
封面设计 李海波

出版发行 哈尔滨工程大学出版社
社　　址 哈尔滨市南岗区南通大街 145 号
邮政编码 150001
电　　话 0451-82519989
经　　销 新华书店
印　　刷 哈尔滨午阳印刷有限公司
开　　本 787 mm×1 092 mm　1/16
印　　张 13.5
字　　数 328 千字
版　　次 2025 年 2 月第 1 版
印　　次 2025 年 2 月第 1 次印刷
书　　号 978-7-5661-4711-0
定　　价 58.00 元

http://www.hrbeupress.com
E-mail:heupress@hrbeu.edu.cn

前　言

海洋既是一个巨大的资源宝库，也是全球生命支持系统的重要组成部分。《国家中长期科学和技术发展规划纲要（2006—2020年）》明确提出要在“海洋环境立体监测技术”“重大自然灾害监测与防御”“海洋生态与环境保护”“国家公共安全应急信息平台”等重点领域实施一批重大高技术战略产品和工程专项，发展一批重大技术，提升国家竞争能力。

随着海洋开发与利用的不断深入，人们越来越深刻地认识到海洋环境对涉海工程的重要影响。因此，深入推进海洋科学与工程技术科学的学科交叉，培养具有海洋学知识背景和基本能力的综合性工程技术人才已经成为我国现代化建设的迫切需求。

本教材面向涉海的工科专业，其目的是向非海洋学专业的学生介绍海洋数值计算和海洋环境仿真的基础知识和基本方法，使学生们通过本教材了解海洋数值模拟的概念、特点和基本流程；使学生初步学会海洋数值模拟软件，了解海洋环境仿真的基本建模方法和渲染技术。

本教材在海洋学基础知识的介绍上花费了大量笔墨，并专门设置一章对海洋模型的常用语言进行了介绍。作者试图采用科普性的表达方式对海洋数值模拟技术进行讲解，但基础内容涉及海洋动力方程及其离散方法，因此第2章和第3章中出现了大量的数学公式。有兴趣深入理解海洋数值模拟方法的读者可以认真阅读此部分内容；大多数非海洋学专业的学生，则只需要理解其中的基本概念即可。

作者在编写此教材的过程中参考了大量的相关书籍和文献，并结合自身相关研究的经验，力图做到内容完整、重点突出、论述由浅入深、概念准确无误。但由于作者自身能力有限，书中难免出现错漏，恳请读者包容并及时指出。

本教材的出版得到了国家重点研发计划项目“海洋数值预报云计算技术研究及应用示范（2018YFC1406200）”和国家自然科学基金项目“多尺度海洋数据同化中的尺度分解与尺度匹配问题研究（42276204）”的资助。付夏川、赵月琪、侯力华、李佳、盛昕、邓颖茵、许文彧等参与了本教材的编写和整理工作，在此一并表示感谢。

2024年8月

目　　录

第1章　绪　　论

从太空俯瞰地球，地球呈深邃的湛蓝色，那是占其表面积70%以上的海洋的颜色。地球上海洋总面积约为$3.6\times10^9 km^2$，约占整个地球表面积的三分之二，平均水深约3 795 m。海洋中约含有$1.35\times10^{10} km^3$的水，约占地球上总水量的97%。

如此浩瀚的水世界在天气和气候变化中起着至关重要的作用。被称为“地球气候调节器”的海洋与所有的气候异常现象都密不可分，它通过与大气的能量、物质交换和水循环等作用在调节和稳定气候变化上发挥着决定性作用。

海洋是全球生命支持系统的一个重要组成部分，是人类社会可持续发展的宝贵财富，是人类获取食物、能源和矿产的重要来源。随着社会不断发展，海洋在健康、休闲娱乐和交通等方面也起着重要的作用，同时海洋作为新的经济前沿和增长引擎，具备刺激经济增长、创造就业和推动创新的巨大潜力，其承担的商务作用对全球经济也非常关键。随着陆地资源的日益消耗和人类对资源需求的不断增长，海洋已经成为人类生产、生活中密不可分的一部分。

海洋在造福人类的同时，也具有惊人的破坏力。海水作为一种地球流体，受大气强迫、天体引力和海洋斜压效应等影响，处于永远不停的运动之中。当海水运动格外强烈时，可能会造成严重的生命财产损失，影响人类在沿海或海上的生产、生活。譬如风浪摧毁岸堤和船只；由海底地震、火山爆发、海底滑坡或气象变化产生的破坏性海浪引发的海啸、风暴潮淹没近岸港口等海洋灾害等。除海水自身的剧烈运动以外，与海洋相关的气象现象也是导致海上事故和灾害的重要原因，如海雾导致可见度下降，加重航道复杂程度，进而引发船只碰撞；太平洋赤道大范围海洋大气作用失去平衡造成厄尔尼诺现象等。

随着对海洋的开发与利用不断深入，人们逐渐意识到，深入认识海洋甚至准确预测海洋的未来状态是有效利用海洋资源以及提前预知并尽量避免海洋灾害的重要条件。海洋数值模拟是一种利用数学物理方法描述海水运动变化状态的技术，也是目前研究海洋、预报海洋状态变化最有效的手段。海洋数值模拟技术以海水的动力学和热力学方程为基础，采用离散数学的方法实现对海洋状态和变化过程进行模拟，其中的科学技术问题涉及物理海洋学、气象学、计算数学等多个学科，是一个典型的学科交叉产物。

本书通过简要介绍海洋数值模拟相关的基础知识，以期使读者了解海洋数值模拟的基本原理、主要流程，并初步掌握海洋数值模拟的实现方法，具备利用数字模型模拟海水运动的基本能力。

1.1 海洋数值模拟概述

自古以来,了解海洋、征服海洋和开发海洋就是人类的夙愿。但由于古时社会生产力和技术水平的限制,人类对海洋的开发利用主要还限于传统的海洋捕捞、制盐和海上运输等。直到20世纪40年代,世界人口的激增和陆地资源的消耗使得人们转向对海洋资源的全面开发。在此过程中,人们对海洋的认识逐步深入,发现了大洋西边界流、中尺度涡、内波等不同尺度、不同特性的海水运动形式,并基于经典动力学和热力学理论对各种海洋现象进行了合理解释。然而由于海水运动形式和受力情况的复杂性,通常无法得到海水运动方程的解析解。为了准确刻画复杂的海水运动状态并对海洋环境变化过程进行准确预测,人们将离散数学方法应用于物理海洋学中,海洋数值模拟技术便由此发展而来。

1.1.1 海洋数值模拟技术的发展

对海洋状态的准确预测是海洋科学研究的终极目标之一,也是联合国“海洋科学促进可持续发展十年计划”的七个目标之一。人们最早用统计学的方法对海洋现象进行预报,即对于某一观测站点或区域的长期观测数据进行统计分析,构建数学统计模型,并基于该模型进行预测。统计学方法简单实用,无须预设物理条件,无论时间间隔多长,只要数据之间表现出足够的相关性就可以采用统计的方法对其进行预报。但由于统计预报的前期研究成果大多是针对单点的时间序列数据,因而只适用于某一点的海洋变化趋势预测,无法对海洋中所有位置的详细变化进行描述,预报结果的代表性不足;由于观测手段单一、观测数据年代较短、数据样本数较少等原因,导致统计结果不稳定,预报效果并不理想;采用传统的统计学的方法难以对极端海洋现象进行准确预报。因此,面对杂乱多变的海水运动状态,统计模型通常无法客观地将海水的运动规律描述出来。海洋动力学方程组可以准确描述海水的运动规律,但由于真实海洋的复杂性,人们尚且无法给出方程组的解析解。于是,如何求解海洋动力学方程组,得到符合动力学规律且准确描述海水运动状态和变化过程的数学方法,成为实现海洋预报需要解决的重要任务。

既然无法得到动力学方程的解析解,那么可以尝试给出方程的数值解。其基本思路是采用离散数学的方法,将偏微分方程组转化为代数方程组,从而直接给出离散点的数值而非解析函数。数值求解的方法有效解决了复杂初边界条件给方程求解带来的困难,但由于海洋体积宏大、运动状态复杂、尺度多样,想要模拟海洋运动的细节结构则需要巨大的计算量和存储空间。

20世纪60年代,借助半导体和集成电路技术的支持,计算机硬件和软件技术得到了前所未有的发展。计算速度和存储体积的提升使得计算机技术广泛应用于各个领域,其中就包括海洋数值模拟研究。

海洋数值模型(numerical ocean models)通常也被称为海洋数值模式,是海洋数值模拟的核心。海洋数值模式出现于20世纪60年代末期,最初开发海洋数值模式的动机纯粹是学术性的,主要关注点不是实际应用。由于当时计算机性能的限制,所使用的海洋数值模式也都较为简单。

从海洋数值模式的离散方式和所采用的坐标系来看,海洋数值模式的发展可分为如下几个阶段:最早出现的海洋数值模式是Bryar等开发的基于原始方程的低阶精度的有限差分模型,它在垂向方向上采用深度坐标(通常称为z坐标),水平方向采用正交网格。其采用的离散方式为有限差分法。目前,此类海洋数值模式仍在广泛使用,如常见的HOPS、POP、NCOM等模式都是采用此类坐标系的有限差分海洋数值模式,只是其差分格式、模型参数及方程的约化程度有所改进。20世纪70年代,sigma坐标(即随地坐标)系开始应用于海洋数值模式,比如目前仍被广泛使用的POM、ECOM、ROMS模式等都属于这种类型。其中普林斯顿海洋数值模式,即POM模式,在20世纪70年代由G. Mello和Alan Blumberg所开发,经过多年的发展和维护,逐渐成了可以胜任数值实验和业务化应用的经典模式——高性能海洋环流模式。sigma坐标系是一种按比例进行离散的垂向坐标系,其特点是垂向坐标等值面随海底地形发生相应的起伏变化。与z坐标系相比,sigma坐标系可以更好地贴合海底地形变化,因此无论在深海区还是浅海区均能保持较高的垂向分辨率。自20世纪90年代以来,非结构化网格技术开始在海洋数值模型中得到应用,相应地也出现了基于非结构化网格离散方式的有限元模型(如SEOM模式)及有限体积模型(如FVCOM模式)等。与传统的结构化网格相比,虽然非结构化网格可以更好地拟合陆地边界,但是由于代码实现上的困难及计算稳定性的问题使其还没有得到非常广泛的应用。新一代的海洋数值模式广泛采用sigma坐标系,进而促进了有关时间步长、对流项和压力梯度项等数值算法的改进。进入21世纪以来,海洋学家积极推进先进的海洋数值模式的研发,在这些新的海洋数值模式中融入了先进的物理知识、数值方法和数据同化技术,对海洋中的非静力过程、浪至混合等现象的刻画能力逐渐提高,如TOMS模式、MASNUM模式等。

从多学科要素结合及耦合模式的发展角度来看,海洋数值模式的发展可以粗略地划分为四个阶段:单一模式阶段、海气耦合模式阶段、气候系统模式阶段和地球系统模式阶段。单一模式阶段是指仅考虑单个气候子系统(海洋或大气)的数学模式阶段,用于描写对应的单个气候子系统的演变过程和性状。海气耦合模式阶段是指以地球流体(大气、海洋)为主体的耦合模式阶段,通过海洋与大气的自然耦合来模拟海洋与大气的相互作用。在部分海气耦合模式中也会考虑地球表层的陆面物理过程的作用,如径流、冰雪等。气候系统模式阶段是指在海气耦合模式的基础上考虑大气化学过程、生物化学过程和人文过程等。地球系统模式阶段则是在气候系统模式的基础上进一步加强固体地球对该系统的影响作用,如地球板块移动、地震、火山等。

对海洋数值预报而言,海洋数值模式就相当于工业的“芯片”,是国家海洋科技实力的综合体现。相比于国外,我国海洋领域研究开展得比较晚,对海洋数值模式的研发基础也比较薄弱。但经过近年来的发展,我国已经初步建立起海洋气象数值预报的技术支撑体系,自主研发海洋、气象数值模式,如GRAPES模式和MASNUM模式等也得到了快速发展和广泛应用。

1.1.2 海洋数值模拟的概念

海洋数值模拟是用数学和物理的方法解读海洋。其基本思路是以描述海洋演变规律的海水运动方程组为基础,以海洋过去和当前的海水状态为初始条件,通过离散和数值求解,对多种时空尺度上的海洋现象和海洋状况进行计算和预测。

数值方法是海洋数值模式的技术基础,其基本思想大致可以归结为:把原来在连续时空坐标中的物理场(如速度、温度和盐度场等)用有限数量的离散点上值的集合来代替,按一定方式建立起关于这些值的代数方程组并进行求解,以获得物理量场的近似解。

描述海水运动状态的动力学方程是一组偏微分方程组,海洋数值模拟其实就是在特定的初边界条件下,利用离散数学的方法获得这一组偏微分方程的解的时空变化特征。虽然离散求解的数学方法有效克服了复杂方程无法解析求解的难题,但数值方法本身也存在许多问题。由于海洋动力学方程是非线性的,其中可能有各阶次的数学奇点及未知或无穷远的边界;现有的非线性问题数值解法的数学理论也不完备,至今仍没有严格的稳定性、收敛性和误差分析证明,对于实际问题一般也难以确定解的存在性和唯一性,这也是海洋数值预报结果存在时效性的主要原因。此外,作为一种离散的近似计算方法,离散化的精细程度会影响计算的精度和效率,甚至在性质上还可能会改变海洋流体的特征,如可能出现耗散、频散等伪物理效应。其中耗散就如给流场添加了黏性,平滑了原本尖锐的突峰,从而使模式的空间分辨能力降低;当有频散时,不同频率成分组成的波包会发生弥散,使接收信号的波形相对于发射信号产生畸变。这些非物理现象都会使模拟结果失真,甚至会导致模式计算过程崩溃。只有清晰认识数值方法存在的问题,才能有效避免数值模拟过程中异常现象的出现,也为将来发展更先进的海洋数值模式指明了方向。

1.2 海洋数值模式的建立

建立合理、完善的海洋数值模式是进行海洋数值模拟的先决条件。海洋数值模式的建立是一套系统工程,需要对海水物理过程有准确的理解、对计算数学方法的正确应用、对编程语言的合理利用及对高效并行算法的协调与配合,通过建立适合于大型计算平台的数学模型,实现对海洋运动和变化规律的模拟与预测。

海洋数值模式的构建包括理论设定、数值计算、测量验证三个环节,其具体构建步骤如图 1-1 所示。

由于描述海水运动的地球流体力学方程基本都是一些偏微分发展方程,因此开展海洋数值模式研究,首先应从微分方程或基本定律出发建立数学模型,这是海洋数值模式构建的理论设定环节。由于偏微分方程在绝大多数情况下都难以给出合适的解析解或近似解析解，因此需要通过离散化将连续的偏微分方程组及其定解条件转化为代数方程组，并利用计算机技术实现大型代数方程组的快速运算，得到连续、系统的离散数值逼近解，这就是数值计算过程。最后通过对计算结果的检验、分析，再进一步改进海洋数值模式，即测量验证环节。建立海洋数值模式需要反复迭代理论设定、数值计算、测量验证三个环节，使所建立的模式更加精确可靠，这样才会具备海洋预报的实际价值。

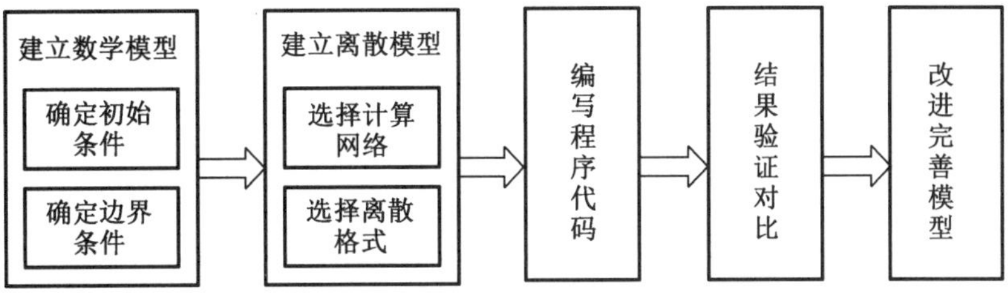

图 1-1　海洋数值模式构建步骤

1.2.1　建立数学模型

根据研究对象选择或建立数学模型，如针对海浪、潮汐、风暴潮、海洋环流等海洋现象，可采用量纲分析的方法对海水运动原始方程组进行简化，建立描述这些海洋现象的动力学方程组。

建立动力学方程组的同时，应该设定合适的初始条件和边界条件，这是控制方程有确定解的前提。其中，边界条件是在求解区域的边界上所求解的变量或其导数随时间和地点的变化规律，对于任何问题都需要给定边界条件；初始条件是研究对象在过程开始时刻各个求解变量的空间分布情况，对于瞬态问题必须给定初始条件，稳态问题则不用给定。

边界条件与初始条件的处理，直接影响动力学方程组的计算结果。在不同的问题中，对初始条件和边界条件的要求也不尽相同，但应遵循的基本原则是：在数学上需要提供方程组定解的充要条件，在物理上需要满足动力学和热力学的基本规律，同时也需要切实反映所模拟时空域内的实际现象与过程。因此，构建合理的初始条件和边界条件不但需要具备扎实的数学、物理知识，还需要依据大量的观测数据和一定的经验。

1.2.2　建立离散模型

1.2.2.1　计算区域的离散

在对控制方程进行离散之前，我们需要选择与控制方程离散方法相适应的区域离散方法。网格的选择是对区域进行离散的基础，在对控制方程的离散过程中也起着关键作用。此外，网格的形式和密度等，对数值计算结果也都有重要的影响。一般情况下，对于二维问题通常采用三角形和四边形网格进行区域离散；在三维问题中，通常使用的离散网格有四面体、六面体、棱锥体、楔形体及多面体等。

网格按照常用的分类方法可以分为结构网格、非结构网格、混合网格,也可以分为单块网格、分块网格和重叠网格等。计算区域的离散方法与控制方程的离散方法密切相关,选择哪种离散网格需要首先考虑控制方程的离散方法,比如有限差分法只能使用结构网格,有限元和有限体积法则既可以使用结构网格也可以使用非结构网格。

1.2.2.2 控制方程的离散

控制方程的离散就是将描述海水运动的偏微分方程组在计算网格上按照特定的方法离散成代数方程组,用以进行数值计算。按照应变量在计算网格节点之间的分布假设及推导离散方程的方法不同,控制方程的离散方法主要包括有限差分法、有限元法、有限体积法、边界元法和谱方法。

1.2.2.3 建立离散数学模型

根据选取的网格配置和差分方案对数学模型的基本方程组及初始条件、边界条件进行数值离散,建立代数方程组,可以采用直接法、迭代法对代数方程组进行求解。

1.2.3 编写程序代码

离散数学模型需要翻译成可用于计算机执行的程序才能实现有效率的大规模计算。海洋数值模式采用 Fortran 语言编写居多。Fortran 语言是比较早的编程语言,其含义是公式翻译编程语言(formula translator),于 1954 年由 IBM 工程师开发,是世界上最早出现的计算机高级程序设计语言之一。Fortran 语言具有数值计算能力强、表达方式简洁、结构性能良好、运行稳定性良好等一系列优势,因此至今仍被广泛应用于科学和工程计算领域。海洋领域研究过程中涉及的数学公式比较多,使用 Fortran 语言编程语法简明严谨,接近数学公式的自然描述,可以比较容易地将对应的数学公式转换成程序代码,并且能够直接对矩阵和复数进行运算。此外,在长期的发展过程中,Fortran 语言积聚了一大批高效、可靠、经过考验的函数库、软件包等源程序,这些函数库大部分是开源的,相对比较容易获取,也具有很高的执行效率。这些特点使 Fortran 语言成为建立海洋数值模式的首选编程语言。

由于 Fortran 语言是面向过程的语言,设计开发人机交互界面方面能力较弱,其计算结果无法直接生成直观的可视化图形,因此经常结合其他软件对计算结果进行展示和分析。Fortran 语言也存在缺点,例如数据的输入比较麻烦,对系统的管理能力不强等,因此在新型的海洋数值模式的开发过程中常常采用混合编程的方式,如利用 Fortran 语言编写计算核心程序,用其他编程语言进行界面、耦合器、并行 I/O 库的开发。

1.2.4 模式的检验与完善

一个合格的海洋数值模式应该具有准确刻画海洋中特定物理现象的能力,因此根据观测或实验数据对模式的计算结果进行验证、比对，并基于验证结果进一步修正、完善是海洋数值模式开发的重要一环。

海洋数值模式是对海水动力方程的近似表达，其计算结果虽然能够在一定程度上反映海水运动的物理特征，但与实际的海洋现象仍存在较大差异。海洋数值模式的误差主要源于两个方面：一方面是由于分辨率的限制，海洋数值模式仅能表达某些尺度的海水运动过程，在其他尺度上（通常是更小尺度上）海水运动产生的物理效应则使用参数表达，这些模型参数的确定往往有很大的不确定性和人为性，与实际的物理过程描述有误差；另一方面，将连续的动力学方程改写为离散方程，其过程本身就会引入一定的误差，不同的离散格式产生的误差也不尽相同。在海洋数值模式的研发过程中需要通过检验、分析，发现模式存在的问题，并有针对性地进行修改，以达到改进模式性能，提升模拟效果的目的。

为了尽可能翔实地了解海洋，除了利用调查船进行海洋观测以外，人们在海洋中投放了大量的观测平台，如浮标、潜标、无人测量平台等，还有数量可观的海洋遥感卫星。这些观测手段为我们提供了大量的海洋水文环境观测信息，为海洋数值模式的检验与评估提供了有利的数据环境。

1.3 海洋数值模式的分类

随着海洋数值模拟技术的发展，越来越多优秀的海洋数值模式不断涌现出来。目前，在国内外得到广泛应用的海洋数值模式已经多达十余种。每一种海洋数值模式在设计之初都有明确的侧重点，譬如ROMS模式主要关注近岸海洋过程的模拟，MOM模式则重点关注大洋环流的模拟。根据模式的特点，人们从不同角度对海洋数值模式进行了分类。

(1)根据地理区域划分，可分为河口海洋模式、区域海洋模式和大洋环流模式。

(2)根据物理过程划分，可分为水动力海洋模式、热力海洋模式、热动力海洋模式，如表层混合层模式是热动力海洋模式，一些简单的层化模式如二维流场数值模式为水动力海洋模式。

(3)根据模式表面条件划分，可分为固定表面海洋模式、自由表面海洋模式。

(4)根据垂直坐标的处理划分，可分为固定层坐标海洋模式、地形追随坐标海洋模式、等密度面坐标海洋模式和混合坐标海洋模式等。

(5)根据研究对象划分，可分为海流数值模式、海浪数值模式等。

对海洋数值模式进行分类主要是为了帮助人们快速了解模式的特点和适用场景。海洋数值模式的分类不只局限于上述几种，并且这些分类方法也并不严格，譬如FVCOM模式是一种河口海洋模式，但仍能很好地应用于南海这样较大尺度的模拟区域，甚至将其应用于全球大洋环流模拟也能取得很好的模拟效果。因此，上述分类方法仅是对模式应用场景的参考性建议，在实际应用中人们还需针对研究目的，按照具体需求选择合适的模式。

1.4 海洋数值模拟与动力仿真的应用

海洋数值模拟与动力仿真的应用主要体现在两方面:一是作为海洋科学研究的实验工具,用于进行海洋现象的动力机制分析;二是用于建立海洋数值预报系统,为海上工程建设或其他海上活动提供海洋环境信息服务。海洋数值预报技术能够有效预判风险,降低实验成本,在各行各业均得到了广泛应用,在海洋工程建设、经济活动和军事应用中更是发挥了突出作用。本节分别从海洋防灾减灾、海洋开发利用、海洋环境保护、日常生活服务及国防建设等方面为例对海洋数值模拟技术的应用情况进行简单介绍。

1.4.1 海洋防灾减灾

海洋动力灾害主要包括灾害性海浪、风暴潮、海冰、海啸等,是影响我国沿海地区生产生活的主要原因之一。海洋动力灾害可造成人员伤亡,直接经济损失巨大,群发性、难以预见性和灾害链效应逐渐突出,带来的损失也逐年上升。我国海洋灾害以风暴潮、海浪和赤潮等灾害为主,海冰、绿潮等灾害也有不同程度发生。从灾害造成的经济损失情况来看,以风暴潮在海岸附近造成的损失最多;而人员死亡或失踪主要由海上狂风巨浪导致。海冰则会影响船舶的航行和海洋渔业生产,甚至造成灾害。

我国是一个海洋大国,海岸线长、人口众多、沿海海洋灾害频发、灾害影响范围广,沿海分布的省(直辖市、自治区)都存在发生风暴潮、海浪、溢油等海洋灾害的风险,对我国沿海地区经济社会的发展影响重大。

基于海洋数值模拟技术建立的数值预报系统能够比较准确地预报海洋状态的变化情况,从而有助于人们提前预知海洋灾害的发生,甚至可以对灾害等级及可能造成的损害程度进行预测。我国经过近几十年的研究,在海洋灾害特征机理、预警报服务和风险评估领域已经有了一定成果,在灾害预报等方面达到国际先进水平,初步建立了海洋动力灾害防灾减灾体系。目前的海洋防灾减灾工作体系,通常以观测数据作为基础,以数值预报为主要预测手段,通常都能达到很好的灾害预测目标。以2013年“雪龙”号被困极地冰区事件为例,在此次事件中国家海洋预报中心利用全球业务化海洋学预报系统提供的全球风场、潮汐潮流、环流及海冰等数值预报,提前3天准确预测“雪龙”号自行脱困的时间窗口及最佳脱困路线,成功协助“雪龙”号顺利脱困,其中海洋数值预报发挥了重要作用。

1.4.2 海洋开发利用

人类虽然生活在陆地,但海洋却与我们的生活息息相关。面对陆地资源短缺的压力,人类不得不把目光转向海洋。未来人类资源难题需要依靠海洋解决。海洋开发利用主要包括海洋物质资源开发、海洋空间利用、海洋能利用三个方面。

海水约占地球水资源的 97%，而人类赖以生存的淡水，仅约占 3%。我国作为人口众多、制造业发达的发展中大国，水资源需求量大，但占有量低，而海洋可能就是未来解决水资源匮乏的出路。

海洋蕴含丰富的矿物资源。海水中含有丰富的钠、镁、钾等多种金属离子，现代技术已经能够很方便地将它们提取出来作为工业原料。现代工业中常用的一些有用金属，如锰、镍、铜、钴等，在海洋中的含量是地壳中平均含量的 300 多倍。海洋中油气储量也很丰富，海底蕴藏的天然气资源更是不可估量。

研究人员通过对多种海洋动物、植物和微生物进行检验，分离出数千种活性化合物，它们与陆地生物不相同，具有特异的化学结构。其中许多化合物在抗癌、抗病毒、抗放射性、抗衰老、抗心血管病方面显示了特殊的功效。例如海藻胶、鱼肝油等保健品亦是从海洋生物中提取出来的。

这些海洋资源及空间的开发与利用都要依赖于人类对海洋的认识与了解，更受限于人类在海上进行施工作业的能力。表层海流与海浪是影响海上平台和船舶运行稳定性的重要因素；温度、盐度作为海水的两大特性，影响着海水的冰点、密度、热膨胀度、压缩度、导电率、溶解度、声速等物理性质，同时对海洋中的化学过程、生态过程、生物地质过程等也都会产生直接影响；海洋中的内波和涡旋则会改变海流、温度、盐度的细节分布状态。海水的运动状态及物理要素的分布状态直接影响海洋水产养殖、捕捞、海上航运和资源勘探等海上生产活动。利用海洋数值模拟技术，人们能够精细刻画海水的运动状态，并在一定时间段内对其发展变化进行预测，从而为人类海上经济活动的顺利进行提供信息保障。

1.4.3　海洋环境保护

海洋环境污染是人们在开发和利用海洋过程中所面临的一个突出问题。人类生活和生产活动产生的大量生活污水、工业废水、污染气体、塑料垃圾等污染物被排入海洋，这些污染物会随着大洋环流扩散，逐渐破坏海洋生态环境，并通过循环系统、食物链等方式反作用于人类。

污染物如石油及其炼制品、重金属、农药、放射性物质、热废水、固体废弃物、病原生物等发生泄漏或海洋发生污染时，可利用海洋数值模拟技术对污染物的流向、污染范围等方面进行辅助分析，从而为清理污染或控制污染扩散给出指导意见。

海洋数值模拟技术还可应用于改善海洋酸化问题。人类过度排放产生的大量二氧化碳溶于海水后形成碳酸，引发海水 pH 值和碳酸钙饱和度持续下降，这一过程即为海洋酸化。海洋酸化使海洋生物赖以生存的海洋化学环境发生了变化，从而影响海洋生物的生理、生长、繁殖和代谢过程，破坏海洋生物多样性和生态系统平衡。海洋酸化直接影响海洋生物资源的数量和质量，导致商业渔业资源的永久改变，最终会影响海洋捕捞业的产量和产值。因此相关人员在各重点海区监测海洋酸化趋势，收集数据，再利用海洋数值模拟技术结合特定的生态模型或化学模型对海洋中的化学成分变化趋势进行预测，为海洋污染防治和生态环境保护等提供重要的数据支撑。

1.4.4 日常生活服务

海洋数值模拟技术已经越来越多地应用于旅游服务。近年来海水浴场的开发带动了旅游业发展,到海边游玩和下海游泳的游客明显增加,因此开展重点海水浴场的海洋环境预报服务也随之悄然兴起。据相关部门统计,海水浴场环境预报发布使因水文气象原因造成的危险事件明显减少,海水浴场水文条件预报对于保障游泳者生命安全发挥了积极作用;对浴场水质情况的预测服务,满足了人民群众对环境状况具有知情权的需求,有利于保护游泳者的身体健康;关于最佳游泳时段的预报和"注意防晒""注意风浪"等游泳提示,为游客和游泳者的出行提供了指导。

海洋数值模拟技术还可以应用于运输业和渔业。一方面由于海上气象条件变化多端,海洋上存在交通不方便和施救困难等问题,人们在海上作业存在较大的风险。因此,基于海洋和气象数值模拟技术对海洋上出现的灾害和天气进行及时预测,可以提前进行防范和及时实施救援,以保障渔民、相关工作人员的生命安全和经济财产安全。

利用海洋数值模拟技术提高海上搜救能力是近些年海洋研究人员关注的重要课题。落水人员漂移路径与海流、风向、风速等水文气象因素密切相关,通过数值模拟与预报技术对海洋气象要素进行预测,并进一步分析落水人员的漂移方向和距离,为落水者测算出性命攸关的漂流线路,帮助救援力量缩小搜救范围、确定搜救方向,从而为海上救援锁定目标,赢得宝贵时间。

另一方面,海洋数值模拟可以辅助渔业资源管理。通过数值预报,预测海水的温度、盐度、上升流区域的分布状态,从而准确预测渔场位置。准确的渔情预报可以指导合理安排渔业生产,缩短寻找渔场的时间,减少成本,提高渔获产量。

综上所述,基于海洋数值模拟的预报服务对于海上作业人员、游客及沿海居民、渔民等都有十分重要的帮助。海洋数值预报技术有着切实的研究意义和广阔的发展空间,海洋预报类产品已经逐渐走进人们的生活。

1.4.5 国防建设

海洋是国防不可分割的一部分。随着海洋在世界政治、经济和军事中的重要地位的日益凸显,国际上围绕海洋而进行的斗争也更加激烈。相对于陆地国土,海洋国土的划定存在更多争议,国家之间的海洋权益也往往存在各种矛盾和纠纷,海上突发性侵权事件也时有发生,因此海洋维权安全保障越来越重要。在守护海洋国土的过程中,及时、准确、全面地掌握管辖海域的海洋环境状况是保障海洋国土安全的重要条件。

海洋环境影响着海军装备的功能和性能,要想提高海军装备技术水平,发挥装备的最大效能,在应用和研制海军装备的同时也要充分了解海洋环境对海军装备诸多方面的影响。利用数值模拟技术,一方面在海军装备的研制过程中能够通过数值实验对武器性能进行仿真检验;另一方面可以在作战过程中为装备使用者提供充分的海洋环境信息,保障装备性能的充分发挥。

数值模拟技术也可以应用于提高水面舰艇的航行安全。海面气象条件是影响舰艇航行的关键要素,特别是大型船只受风面积大,受风的影响也更大;风浪会使舰艇在航行时产生强烈的上下颠簸,舰首常常被海水淹没;海面浓雾则会影响海面能见度,对舰船操纵和通信联络影响很大。若能及时预测这些恶劣海洋环境,就能极大提升船舶的航行安全。因此在现代化舰艇上配备相应的海洋、气象预报系统已经成为一种迫切需求。

1.5 海洋数值模拟与动力仿真的现状与未来

海洋数值模拟与动力仿真技术的发展使海洋预报的精度和时效性都得到了大幅提高。海洋动力环境预报能力的提高主要依赖于海洋数值模式的动力框架和次网格物理过程的改进,同时也离不开观测技术和高性能计算技术的发展。随着人类开发海洋、经略海洋的不断深入,对海洋预报能力也提出了更高的要求,其中最突出的两点要求就是对海洋现象的精细刻画能力以及对海洋与其他圈层相互作用过程的模拟和预测能力。在未来的一段时间内,海洋数值模拟技术仍存在许多问题和挑战等待人们去探索和解决。

1.5.1 海洋物理过程参数化方案的完善优化

由于数值计算方法是将连续方程离散化为代数方程的近似求解过程,其中不可避免地会出现分辨率问题。海洋模式的分辨率有限,无法直接模拟较小尺度的海洋现象,因此需要对尺度较小的物理过程(通常称作次网格过程)进行平均处理,并将次网格过程的宏观效应以参数化的方法表达。

海洋关键物理过程参数化方案主要包括海洋中小尺度过程参数化方案、海洋垂直过程参数化方案、海洋侧向混合参数化方案、波致混合参数化方案、河口径流参数化方案、太阳短波辐射参数化方案等。

海洋数值模式的参数化方案往往缺乏严格的理论支撑和观测数据支持,存在很多不确定性。不确定性较大的物理参数化方案是模式误差的重要来源,对模式的模拟效果产生重要影响。根据所关注现象的时空尺度等特点的不同,同一物理过程适用的参数化方案可能也不同。目前,人们尚未找到一种客观、普适的海洋物理过程参数化方案,只能针对具体的海区和现象进行大量模拟实验,试图找到对特定的模拟区域和关注的海洋现象匹配的一套较为合适的参数方案。

海洋物理过程参数化方案一直是行业研究的热点,也是海洋数值模式改进的难点。尤其是随着高分辨率海洋数值模式的发展,模式网格逐渐变小,但是模式所用的物理过程参数化方案大多数并不是针对高分辨率设计,其适用性还需要进一步探讨。做好海洋物理过程参数化方案的完善、优化能减小模式的误差,根据目前的研究趋势来看这是今后的重点研究方向之一。

1.5.2 海洋环境多学科要素预报和耦合模式的发展

地球气候系统是一个多圈层相互作用的复杂系统,海洋作为这个复杂系统的子系统对地球的气候变化起着重要作用,同时其变化过程也受到其他子系统的强烈影响。因此,海洋、大气、海浪、海冰、陆地、生态、化学等各圈层之间的耦合是海洋环境预报的研究热点。

海洋是大气的下界面,对大气密度的分布和变化过程起着决定性作用;大气作为海洋的上界面,大气运动是海水运动最重要的直接驱动力。海洋与大气的相互作用过程一直都是海洋学研究的热点问题。早在20世纪60年代,人们就已经开始研究海气耦合模式,当时的海气耦合模式都较为简单,主要是为了给出人类活动对气候变化影响的大体趋势;现在的海气耦合模式逐渐向精细化发展,除了能够模拟气候变化趋势,还可以对台风、海洋涡旋等中小尺度过程进行准确刻画。

海洋物理要素的分布状态和变化过程影响海洋生物、地质、化学、生态过程,反过来海洋中的生物、地质、化学、生态过程也会影响中小尺度物理海洋过程。海洋模型与海洋生态、化学模型的耦合近年来逐渐受到重视,部分生物地球化学和生态模式已经实现与物理海洋模式的单向耦合,许多海洋模式在开发过程中也设计了生物地球化学/生态模块,比如NEMO、HYCOM、ROMS和FVCOM等海洋模式。然而,这些模式基本都是单向耦合的,即海洋物理要素单向驱动生态/化学要素,并未考虑生态/化学要素对海洋物理过程的反向作用,因此还称不上真正的耦合。此外,目前的生态/化学模型大都比较简单,计算结果的准确性和可靠性都较低,因此,多圈层耦合模式的研究有许多问题尚待解决。

1.5.3 海洋数值模式初始场构造技术

模式初始场的准确性是制约海洋数值预报能力,尤其是短期预报能力的重要因素。由于海洋物理要素变化规律复杂,而观测数据又十分稀疏,如何准确构造初始场一直是海洋数值预报研究的重要课题。为了利用有限的观测数据构造尽可能准确的初始场,人们提出了数据同化的概念,即在特定的假设条件下对模式的模拟结果和海洋观测数据进行线性组合,以达到减小初始场误差、提高可靠性的目的。

数据同化技术是在随机过程理论、最优控制理论及物理海洋学等多种学科基础上建立起来的具有典型学科交叉特色的数据分析技术,广泛应用于海洋、大气业务化数值预报系统。数据同化技术经过数十年的发展已经十分成熟,但是由于数据同化的基本原理是建立在线性系统的假设之上的,这导致在非线性较强的海区利用数据同化方法构造初始场的效果并不理想。

大数据技术及人工神经网络技术的发展为提高海洋数值预报技术的发展带来了新的机遇。如何将深度学习算法与数据同化技术相结合,构造更加准确的预报初始场成为目前海洋科学研究的新热点。

准确预测预报是海洋科学研究的终极目标之一，也是当前联合国“海洋科学促进可持续发展十年计划”的七个目标之一。人们在不断深入开发海洋、经略海洋的过程中，对海洋预报的精细化程度、准确度和预报时效要求日益提高。海洋数值模拟作为目前海洋预报的核心技术，正面临着更多的技术挑战，同时也存在更大的发展机遇。

第2章　海洋环境的演变规律

人类生活在大气所笼罩的环境中，所以对大气的物理性质（如气温、气压等）及其运动形式（如风、对流等）并不陌生，而且也熟知大气的运动与其物理性质有着密切的关系。同样，海水的物理性质也是制约海水各种运动形式的内因。但是，海水温度的变化不像气温那样剧烈和显著，且海流速度也远小于风速。早期在大洋某些站点观测的深层水温和盐度值，与当今的观测结果仍然吻合，这些都与海水物理性质变化缓慢且幅度较小等特点有密切的关系。

2.1　海水的基本性质

2.1.1　海水的物理特性

地球表面积超过70%的区域被海水所覆盖，即海水的覆盖面积几乎是陆地面积的2.5倍。然而海陆分布极不均匀，约三分之二的陆地集中分布在北半球。大洲的面积和形状虽然各不相同，但多数具有“北宽南窄”的特点。上述的分布特征，对海洋环流的影响不言而喻，甚至对海水的理化与生物等特征也有重大的影响。

2.1.1.1　海洋空间的特点

海洋空间的水平尺度很大，甚至可以达到10^4 km的量级，这并非一般的河流、湖泊所能比拟。在东西方向，特别是在南半球的高纬度区域，环球一周都是海洋；而在南北方向，两极之间的海域可连绵贯通。

正因为海洋如此广阔，跨越了几个气候带，所以从赤道向南北两极出发，海洋的热盐结构与水团特征差异极大，这也是大洋热盐环流形成的内因之一。同样，巨大的跨度也使得地转效应成为研究海水运动不可忽视的因素，从而导致大洋的潮汐、海流与湖泊、河流迥然不同。在研究海洋时，也可以把边界处理为“无穷远”，从而便于解析求解或求取数值结果。

然而实际的海洋绝非没有边界，它既被大陆分割成几个相对独立的大洋，在各个大洋的边缘部分，又被陆地、半岛、岛屿、岛链等结构分割为更具有特征的水域，即边缘海、内海及海湾，上述水域显然是有限且有界的。对大洋而言，也因为大陆的南北走向而具有相应的西边界和东边界。而在东西边界海域，海流发生独特的变化，例如沿大陆边缘及大陆架的边界流与大洋内部的海流具有截然不同的性质。

习惯上世界大洋分为四部分——太平洋、印度洋、大西洋和北冰洋。同时，学术界还存在“五大洋”的说法，即在传统的四大洋基础上加上了南冰洋。为了与前人的研究保持一致，本书继续采用“四大洋”的说法。这种划分的依据之一是各大洋既有其独特的发展史，又具有各异的形态。其中，太平洋、印度洋、大西洋在南半球是相通相连的，其分界线只是人为划定，并无多少科学根据。

上述三个大洋可以看作是绵延一体的南大洋向北延伸的三个超大型“海湾”，而北冰洋又是大西洋向北极区域的扩展。这表明，地球上的四个大洋是彼此相连、相互通达的一个整体，因此通常称之为“世界大洋”。世界大洋的各部分在相互连通的情况下，其地理特征对各部分海水的热盐性质及水团环流的影响也是极其强烈的。

然而，世界大洋的各部分也不是绝对畅通无阻的。例如，北冰洋与太平洋之间就仅由宽度约 80 km、深度 18~40 m 的白令海峡相通。换句话说，北冰洋与太平洋的中层、深层及底层海水，彼此之间很难发生交互。在北冰洋和大西洋之间，尽管没有类似于白令海这样狭窄的水通道，但位于两个大洋分界线上的冰岛—法罗岛海脊也限制了它们之间的深层水和底层水交换。在边缘海和内陆海，水交换所受到的限制会更大。这种既通达又阻隔的效果，使得世界大洋的各部分具有共性的同时又具有多样性。

全球海洋的平均深度约为 3 795 m，比陆地的平均高度大得多(陆地高度平均值为 875 m)。大洋中包含了 30 多条深度超过 6 000 m 的海沟，其中以马里亚纳海沟最具代表性，其深度达到了 11 034 m(这一深度超过了陆地最高峰——珠穆朗玛峰的海拔)。因此，海洋具有深度深、水层厚的特点，而这也正是海洋水团形成和海洋环流充分发展的必要条件之一。事实上，在动力海洋学中，某些情况下将海洋视为“无限深”，也有着一定的道理。

海洋学研究中常用的大洋断面图，其垂向尺度往往也只是水平方向的几百分之一到几千分之一，故无法按照实际比例绘图，而需要将海洋的深度进行放大处理。

2.1.1.2 海洋与周围环境的相互作用

海面是海洋的上界面，在这里海水与大气相接，这是海洋与外界沟通交互的主要窗口。通过这一窗口，海洋接收了来自太阳的辐射能量，这是海洋也是大气能量的最主要来源。通过这一界面，海洋与大气圈之间进行着物质、动量和能量的交换，从而影响并制约着海水性质及海水运动的分布和变化。

作为海洋的下界面，海底是海洋与岩石圈的交界面，这里也进行着物质、动量和能量的交换。尽管从地球内部穿过海底地壳向海洋输送热流的量级有限，然而海底火山、海岭及某些海底深渊等处的海底热泉，对局部海域的影响仍然存在。这必然会对局部海水的理化性质产生影响。海水与海底的物质交换，通过漫长的地质年代，对海水组分造成的影响也不容忽视。如果说海底热液的作用范围有限，那么大洋底部地形的大尺度变化，对大洋深层和底层环流的影响则是大范围的，其中海槛和大洋中脊断裂带对深层甚至底层的水团分布和海水交换起到了至关重要的作用。

沿岸带是海洋和陆地的过渡带，可以视为海洋侧边界。侧边界不仅是陆海物质交换的界面，也是海洋能量耗散的重要区域。海岸线的变化对海流的制约是毋庸置疑的，而岛屿的存在,不仅使海水运动更加复杂,并且使研究海域形成了多连通域,从而增加了数值模拟的难度。

除了上述“有形”的环境影响之外,海洋还处于“无形”的环境因素影响之中。万有引力场对于海洋的作用,既不必通过直接的接触产生作用,又无时不在且无所不至。重力的作用,在海水动能和势能的相互转换过程中具有关键作用。天体对海水的引力,则以海洋潮汐为主要表现形式。此外,地球是一个旋转的球体,这又使得海洋处于一个非惯性系统的环境之中。海洋中的大尺度运动和低频运动,受地转效应的影响是极为显著的。

2.1.1.3 水的特性

1. 水分子的结构

在水分子中,若两个氢原子与氧原子“简单”地结合在一起(如图 2-1 所示),则正负电荷的极性恰好可以抵消。然而事实上,水分子的结构如图 2-2 所示,在这种情况下,正负极性不可相互抵消,因此水分子是极性分子。各个水分子可因极性而互相结合,形成比较复杂的结构,但水的化学性质并未发生改变,这种现象称为水分子的缔合。水分子的缔合还与温度的变化有明显的关系,从而导致水与其他液体或同族其他元素的氢化物相比,性质多有不同。

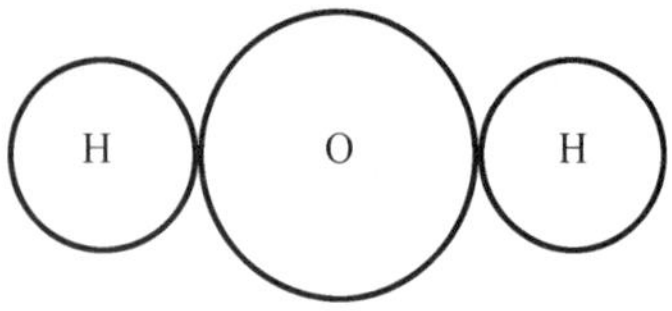

图 2-1　氢原子和氧原子的简单配置

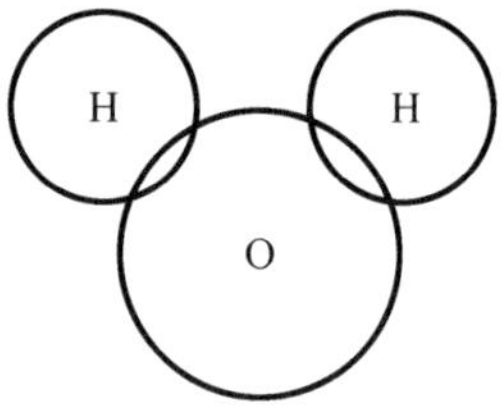

图 2-2　水分子的结构(H—O—H 之间的夹角为 104.5°)

2. 溶解能力

与其他液体相比,水是一种很好的溶剂,其溶解能力很强。这与水分子所具有的极性不无关系,很容易吸引分子或者离子脱离溶质表面而进入水中,进而通过扩散作用进一步在水中散布,形成均匀的溶液。海水即为水溶解了许多物质的复杂溶液,所以其理化性质与纯水有许多不同之处。

3. 密度变化

“热胀冷缩”是一般物体的性质,水也不例外。纯水在(3.985±0.005)℃以上时(此处为 1968 年国际实用摄氏温标,t_{68}),密度随温度的降低而增大;等于该温度时,水的密度最大,约为(999.975±0.003)kg · m^{-3};低于该温度时,密度随温度的下降反而减小,即“反常膨胀”。水冻结为冰之后的体积增大,从而在质量一定的情况下密度降低,最小可达到 916.7 kg · m^{-3},因此冰总是浮在水的上层。

水的密度上述变化,同样是由水分子的缔合造成的。温度低于(3.985±0.005)℃的条件有利于水分子缔合;当冻结时,这些水分子则全部结合成一个巨大的分子集合体(分子晶体）。该晶体的晶格结构排列松散，密度偏小。温度为 0.01~3.985 ℃，主要过程为较大的缔合分子逐渐解构为较小的缔合分子，因而体积收缩、密度增大。温度高于 3.985 ℃之后，水分子的热运动加强，导致体积膨胀，所以密度随温度的升高而减小。综上，出现最大密度的温度记为 t_{max}，为避免与时间 t 混淆，后文中这一温度用 θ_{max} 表示，相应地，t_{68} 用 θ_{68} 代替。

4. 热性质

与同族（硫 S、硒 Se、碲 Te）的氢化物相比，水的热性质明显异于其他。具体来说，水的比热容和比蒸发潜热明显高于该族其他的氢化物，融点和沸点也更高。该族的化合物，通常是随着分子质量的增大，融点和沸点温度相应升高。对于水来说，其相对分子质量最小，融点和沸点的理论值应为 -90 ℃和 -80 ℃，然而实际上远大于这两个理论值（分别为 0.01 ℃与 100 ℃，温标为 θ_{68}）。其原因在于，融化或汽化时需要离解巨大的缔合分子，需要消耗较多的能量。

国际度量衡委员会于 1989 年 9 月决定用 ITS—90 温标取代 1968 年国际实用摄氏温标，因此上述各种特征温度的量值也随之变动。在世界大洋的水温变化范围内，θ_{68} 与 θ_{90} 具有如下关系：

$$\theta_{90}=0.997\ 60\theta_{68}$$

根据 ITS—90 温标，水的冰点仍为 0.01 ℃，但沸点变为 99.976 ℃，而 θ_{max} 为（3.984±0.005）℃。

2.1.2 海水的盐度

地球上液态的纯水数量不多，占比不高。自然存在的淡水也不是绝对纯净，往往溶解了其他物质。对于海水来说，这种情况最为典型：它溶解了多种无机盐类、有机成分和气体，并且含有悬浮物质。海水中的元素超过 80 种，在这些溶解物质中，氯化钠的占比最高，因此海水带有苦咸味。

为了科学地描述海水的含盐浓度，Forchhammer 于 1865 年首次使用了“盐度（Salinity）”一词。随着海洋科学研究的深入，越来越多的海洋学家和研究者发现海洋中的许多现象和过程都与盐度的分布和变化关系密切，这也对盐度的准确定义和精确测定提出了更高的要求。

2.1.2.1 早期的盐度定义

20 世纪初，克纽森（Knudsen M. H. C.）与其研究团队提出了测定盐度的一种方法，据此定义了海水盐度：1 kg 海水中的溴和碘全部以当量的氯置换；碳酸盐全部转换成氯化物；有机物全部氧化之后，上述操作所得固体物质的总质量（克）。盐度单位为 g/kg，符号记为 $S‰$。

事实上，如果严格按照该定义测定盐度，操作复杂，不便于实际应用（例如现场测定）。为了应用方便，克纽森等根据部分海区的表层水样测定它们的氯度和盐度（这里选取了北海、波罗的海、红海等区域），并基于海水组成恒定性规律，总结出用氯度计算盐度的公式：

$$S‰=0.030+1.8040Cl‰ \tag{2.1-1}$$

式中,氯度 $Cl‰$ 可以用硝酸银($AgNO_3$)滴定法快速测定。另外,克纽森还提出了氯度的定义:1 kg 海水以氯置换出溴和碘之后,氯离子的总量(克)称为氯度,单位同样为 g/kg,简记为 $Cl‰$。后来发现相对原子质量测定值的变化会影响到氯度的量值。氯度在 1940 年被重新定义:沉淀 0.328 523 4 kg 海水中的全部卤素所需纯银的总量(g)。

2.1.2.2 盐度定义的发展

前文提及的盐度计算式(2.1-1)尽管使用方便,并一直使用至 20 世纪 60 年代,但研究人员也发现了当氯度为 0 时,盐度值仍大于 0 的不合理情况。此外,由于公式是基于"海水组成恒定性"原理提出的,存在严谨性不足的问题;最后,所使用的水样以波罗的海的表层水居多,具有代表性不足的问题。基于此,联合国教科文组织(UNESCO)、国际海洋考察理事会(ICES)、海洋研究科学委员会(SCOR)和国际海洋物理科学协会(IAPSO)成立了"海洋用表与标准联合专家小组(JPOTS)",经多次讨论研究之后,将盐度公式修改为

$$S‰=1.80655Cl‰ \tag{2.1-2}$$

当 $Cl‰=19.355‰$(分界值)时,式(2.1-2)与式(2.1-1)的盐度计算值相同,均为 34.965‰;当氯度高于分界值时,式(2.1-2)略高于式(2.1-1);当氯度较低,两式的计算结果有较大差别。

自 20 世纪 50 年代以来,随着电导盐度计研究的不断发展,不仅简化了盐度测定方法,而且对测量精度的提高也有极大帮助。1967 年,Cox 等利用从不同海区 200 m 水层内采集的 135 个水样,准确地测定了其氯度值,按照式(2.1-2)计算出盐度值并且测定了电导率 R_{15},从而得出盐度 $S‰$ 与电导率 R_{15} 的关系式:

$$S‰=-0.08996+28.29720R_{15}+12.80832(R_{15})^2-10.67869(R_{15})^3+5.98624(R_{15})^4-1.32311(R_{15})^5 \tag{2.1-3}$$

式中,R_{15} 是在 15 ℃和一个标准大气压(非 UNESCO 规定值)下的水样与 $S‰=35.000‰$ 的标准海水电导率的比值。据此可使盐度测算精度达到±0.003‰,同时测定速度压缩至原先的五分之一左右。

鉴于实际效果,JPOTS 在 1969 年将该关系式推荐为海水盐度的新定义。然而从上述定义可知,该关系式仍然对氯度滴定存在依赖,而且仍然以"海水组成恒定性"为前提。需要注意的是,氯度仅与海水中特定元素的离子相对应,而电导率则与海水中的所有离子都有关系,这显然是该定义的不足之处。此外,与该定义相匹配的国际海洋常用表(UNESO,1966),其温度区间仅为 10~31 ℃,这意味着在区间之外的值无法进行盐度推算。

2.1.2.3 1978 版实用盐度标度

由式(2.1-3)定义的盐度只依赖于电导率,从而摆脱了氯度的标度。然而海水的绝对电导率很难测定,因此,选用一种精确测定的氯化钾(KCl)溶液作为可再制的电导率标准。其原理是根据待测水样相对于 KCl 溶液的电导比率来确定该水样的盐度值。海水的绝对盐度 S_A——海水中溶质的质量与海水质量的比值是不能直接测定的,而它与用上述方法测

定的盐度值 S 有显著差别，故而将 S 称为“实用盐度标度”，简记为 PSS78。两者的关系为

$$S_A = a + bS \tag{2.1-4}$$

式中，对于标准海水则有 $a=0, b=1.004\ 88$；对于大洋的海水也可以取 $a=0$；随着海水成分的变化，系数 a 和 b 也随之变化。

实用盐度标度的计算式由 Lewis 于 1980 年提出：

$$S = \sum_{i=0}^{5} a_i K_{15}^{i/2} \tag{2.1-5}$$

式中，$a_0=0.008\ 0, a_1=-0.169\ 2, a_2=25.385\ 1, a_3=14.094\ 1, a_4=-7.026\ 1, a_5=2.708\ 1$；$K_{15}$ 表示水样在 15 ℃和 101.325 kPa 压强下的电导率 $C(S, 15, 0)$ 与标准 KCl 溶液(质量比为 $32.435\ 6\times10^{-3}$)的电导率 $C_{\mathrm{KCl}}(32.435\ 6, 15, 0)$ 的比值，当 $K_{15}=1$ 时，S 恰好等于 35。依照新规定不再使用单位符号‰，由此可见实用盐度值是旧定义盐度值的 1 000 倍。

在此之后，上述四个国际组织(UNESCO、ICES、SCOR 和 IAPSO)采纳了 JPOTS 的建议并出版了新的“国际海洋常用表”，附有计算实用盐度标度的方法。至于氯度，IAPSO 所属的物理海洋学“符号、单位及术语”工作组在 1979 年建议将氯度改为“沉淀海水样品中含有的卤化物所需纯标准银(即原子量银)的质量与海水质量之比的 0.328 523 4 倍”，并以符号“Cl”表示氯度，同时以 10^{-3} 替换了原符号中的‰。该建议现已被 IAPSO 采纳。

2.1.2.4 实用盐度标度计算

根据(2.1-5)计算的实用盐度标度，有以下三种情况：

1. 若盐度测量仪器带有 15 ℃(±0.001 ℃)恒温槽，则可以测定 R_{15}，即用 R_{15} 代替 K_{15}，并依据(2.1-5)计算实用盐度标度 S；若具备 PSS78 的用表，则可以从表中直接查出 S 值。

2. 若盐度测量仪器无恒温槽，则测量结果实际为 R_T，计算公式为

$$S = \sum_{j=0}^{5} a_j R_T^{j/2} + \Delta S \tag{2.1-6}$$

式中，a_j 的取值与(2.1-5)相同；ΔS 是温度 T 不等于 15 ℃时必要的盐度修正项，其表达式如下：

$$\Delta S = \frac{T-15}{1+k(T-15)} \sum_{j=0}^{5} b_j R_T^{j/2} \tag{2.1-7}$$

式中，$k=0.016\ 2$；$b_0=0.000\ 5$；$b_1=-0.005\ 6$；$b_2=-0.006\ 6$；$b_3=-0.037\ 5$；$b_4=0.063\ 6$；$b_5=-0.014\ 4$，并且 $\sum_{j=0}^{5} b_j = 0.000\ 0$。特别地，此公式适用的温度和盐度范围分别是−2～35 ℃和 2～42。目前已有表格可供查阅。

3. 由 CTD 现场观测的电导率 R 必须经过处理才能求得盐度。R 可进行如下的分解：

$$R = R_P R_T \gamma_T = \frac{C(S,T,P)}{C(S,T,0)} \cdot \frac{C(S,T,0)}{C(35,T,0)} \cdot \frac{C(35,T,0)}{C(35,15,0)} \tag{2.1-8}$$

式中，R_P 体现了压力的影响。未有特殊说明和指明的情况下，这里的“压力”是指“海压”。R_P 可由下式给出：

$$R_P = 1 + \frac{P \cdot (A_1 + A_2 P + A_3 P^2)}{1 + B_1 T + B_2 T^2 + B_3 R + B_4 RT} \tag{2.1-9}$$

式中,Perkin-Lewis 计算方法的压力单位为 dbar;如果采用 SI,则 P 的单位应该改为 Pa,此时对于(2.1-9)需要在分子前面乘以一个匹配因数 k,$k=10^{-4}$。表达式中的其他参数如下:$A_1=2.070\times10^{-5}$;$A_2=-6.370\times10^{-10}$;$A_3=3.989\times10^{-15}$;$B_1=3.426\times10^{-2}$;$B_2=4.464\times10^{-4}$;$B_3=4.215\times10^{-1}$;$B_4=-3.107\times10^{-3}$。

电导比 γ_T 体现了温度的影响,详细的表达式(多项式)如下:

$$\gamma_T = c_0 + c_1 T + c_2 T^2 + c_3 T^3 + c_4 T^4 \tag{2.1-10}$$

式中,$c_0=6.766\ 097\times10^{-1}$;$c_1=2.005\ 64\times10^{-2}$;$c_2=1.104\ 259\times10^{-4}$;$c_3=-6.969\ 8\times10^{-7}$;$c_4=1.003\ 1\times10^{-9}$,温度适用范围是-2~35 ℃。通过式(2.1-9)和式(2.1-10)的计算,再代入式(2.1-8)即可求得 R_T。目前,有些 CTD 已经配置了专业的换算程序,即通过探头所测得的温度、压力和电导率,直接计算出盐度。

2.1.2.5 需要注意的问题

新旧盐度定义不仅体现在计算结果数量级的差别,而且由于盐度定义随年代的变化是巨大的,同样使盐度的计算值产生了显著的偏差。为了最大限度地利用历史资料,同时使其可与最新的资料相比较,现有下列做法可供参考。

1. 对于 1966 年之后的资料,若盐度为 33~37,此时可用 UNESO 和英国国立海洋研究所(NIO)于 1966 年联合颁布的"国际海洋常用表"与 PSS78 常用表(两者的盐度差绝对值不超过 0.01)。目前海洋调查所使用的 CTD 系统,其精度与其相当,也就是说,上述两个常用表无论实验室还是现场观测,均可直接使用。

2. 如果需要重新计算,则有下列方案:

(1)按照 PSS78 定义式,即式(2.1-5)、式(2.1-6)对原始观测数据进行核实并重新计算。

(2)使用 Lewis-Perkin 计算方法。"*The Practical Salinity Scale 1978: conversion of existing data*"一文给出了修正数据表,并介绍了 ΔK 和 ΔS 转换方法。其优势在于不要求已知原始数据对应的电导率,实用价值更高。具体用法和技术细节详见原文。

(3)对于早于 1966 年的资料,建议先用式(2.1-2)计算盐度,再查 1966 年国际海洋常用表,求出 R_{15} 之后代替 K_{15},用式(2.1-5)计算出实用盐度标度。事实上这种转换计算方式不符合 PSS78 定义,会带来计算误差,但该误差量级有限(-0.03~0.03);而当盐度在 25~38 时,该误差可进一步减少至±0.001 范围内,因此仍然具有一定的使用价值。

2.1.2.6 世界大洋的盐度场和盐度分布

世界大洋的总盐量约为 4.9×10^{19} kg,假设将其全部析出并且均匀铺满地球表面,厚度可达 150 m。各个大洋的平均盐度值以大西洋最高(34.90),其次为印度洋(34.76),太平洋则只有 34.62。不同区域的海洋表层盐度差异极大,其中在部分边缘海及内陆海可观测到很高的盐度值,例如地中海的盐度平均值为 39.10,红海甚至超过 42.00;内海或者海湾的盐度很低,最有代表性的是波罗的海,其盐度为3~20,另外黑海、孟加拉湾和几内亚湾的盐度也不高。

上述分布特点的成因在于水量收支:部分区域的蒸发量大于降水量,径流稀少导致其盐度偏高;而盐度偏低的区域则存在蒸发小于降水,或者存在大量的地表径流注入淡水的情况。就大洋表面盐度的平均值来说,盐度呈纬向带状分布:低纬度地区盐度较低,副热带海区盐度最高,高纬度地区盐度最低。在所有大洋中,大西洋的表层盐度居首位,最大值甚至可超过37.00,其原因在于蒸发远超过降水;与之相反,太平洋的表层盐度平均值最低。在靠近极区的海域,盐度值则不足34.00。除了蒸发和降水差值的影响,还需要额外考虑极区融冰的影响。例如在北冰洋、哈得孙湾及白令海,盐度值甚至可以低于30.00。然而在大西洋东北部的挪威海等区域,盐度相对同纬度的其他区域仍然很高,这是由盐量的平流输送造成的,即北大西洋流和挪威海流可以把高盐度的海水输运到这些高纬度海域。

大洋表层盐度的季节分布只有在受季风影响特别显著的海域具有明显差异(如孟加拉湾和南海北部区域)。这些海域夏季的降水量很大,表层盐度降低;冬季降水量减少而蒸发增强,表层盐度相比夏季有所回升。至于表层之下的盐度分布,因蒸发、降水和地表径流等影响的减弱甚至消失,区域性的差异也逐渐变小,且随着层次的加深,差异越不明显。例如在大洋500 m层,不同区域的盐度差缩小到2.5以内,而到了大洋2 000 m附近则只有0.6。大洋深层和近底层海水,其盐度基本上是均匀的。

2.1.2.7 海水盐度的垂向分布

大洋表层之下的盐度分布,与表层有很大的不同。低纬度区域的表层低盐度海水仅存在于海洋上层,厚度有限,其下方即为深厚的高盐度海水。从图2-3来看,这样的高盐度水层和从南半球亚热带海面向下延伸的高盐水舌是相连的;高盐水舌可以穿过赤道一直向北延伸至北纬5°附近。相比之下,北半球亚热带的高盐水舌延伸性较弱。高盐水舌的核心,在南大西洋和南太平洋均可超过36.00,其中南太平洋的核心甚至可以达到37.00以上。从高盐度核心继续往下,等值线较为密集,形成垂向的盐度跃层,中心基本分布在200~700 m的深度区间。跃层上下的盐度差值,在南太平洋和南印度洋可大于1.0,在南大西洋则大于2.5。

在盐度跃层之下,存在一个低盐度水层,源于南半球靠近极区的海面。在南纬45°~65°围绕南极洲的南大洋海面,这一低盐度的水体先是下沉,随后在500~1 500 m的深度层中向北延伸扩展,并进入三大洋(大西洋、太平洋和印度洋)的中低纬度海域。在大西洋,该水体甚至越过赤道直至北纬20°附近;在太平洋亦可接近赤道。而在印度洋,这样的延伸则受到了源自红海和波斯湾高盐度海水的阻滞。高盐度海水在下沉之后也在同样的深度范围向南延伸,从而严重影响低盐水层向北扩展。在北大西洋的中层,也有相应的低盐度和高盐度中层水。前者在纬度上尽管与南极中层水的发源地相当,但范围小且盐度值高;后者为发源于地中海的高盐度海水,它与红海水基本接近,同样是世界大洋中最显著的中层高盐度海水。地中海的海水在北大西洋的影响范围巨大,东北方向最远可以到达爱尔兰,西南可到海地岛。在北太平洋,也存在着低盐度的中层水,其形成机制与南太平洋不同,并且在这里未发现与地中海水、红海水相对应的高盐度中层海水。

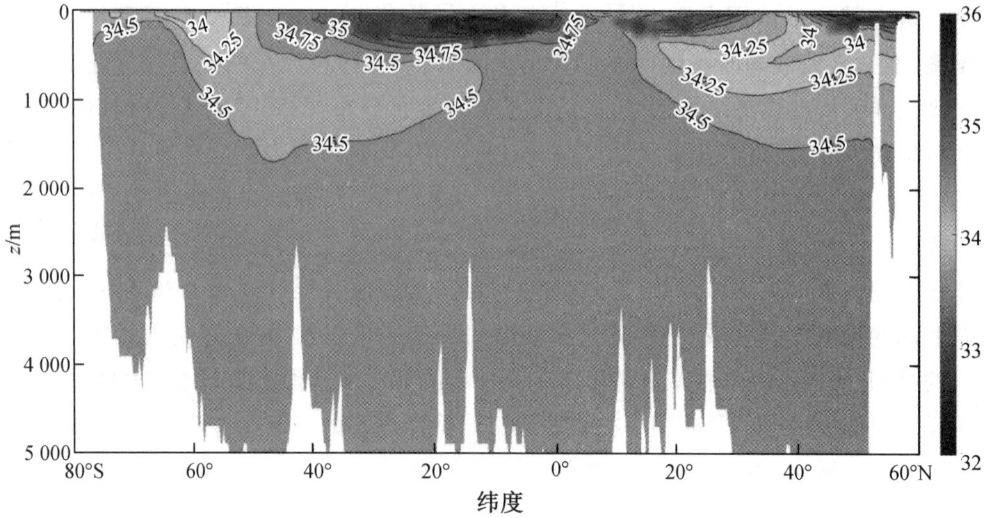

图 2-3　太平洋 170°W 经向断面的盐度分布(1993—2012 年 GLORYS2V4 再分析资料平均值)

在低盐度的中层水之下,盐度值有所回升,随后缓慢下降。在大洋的底部,盐度通常在 34.70 以下。由于这些水体的温度也很低,甚至降到 0 ℃以下,密度并没有因盐度的下降而降低,因此能稳定地分布在大洋底层。

在大洋不同纬度带的海面上,分别存在高盐度水和低盐度水下沉并能在不同深度层散布,关键在于其自身密度的大小,另外也受到大洋环流的限制。盐度不同的海水,在不同纬度带的海面下沉,又分布在不同的深度层,这就塑造了盐度的垂向分布特点,并随不同气候带海域形成了不同的特征。图 2-4 中给出了热带、温带和寒带海域盐度的垂向剖面曲线。显然,在 2 000 m 以上特别是在海洋上层与中层(0~1 000 m),三个气候带的剖面形态差异极大:热带海域的表层和上层的盐度较高,但厚度不超过 200 m,随着深度的增加急剧降低,在 800~1 000 m 易出现盐度的极小值,随后盐度再次缓慢升高;在温带,受季节变化的影响,海域表层和上层的盐度也随之具有显著的季节变化特征,在中下层则与热带相似,但盐度在 1 000 m 层附近的极小值是三个气候带里最突出的;至于寒带,表层的盐度最低,但随着深度的增加呈现递增趋势并在 200 m 层达到极大值,此后变化趋于缓和。

2.1.2.8　盐度的日变化

大洋表层盐度的日变化,低纬度海域较小(不超过 0.05)。根据"实践号""向阳红 09 号"的调查,其结论也基本符合上述特征。但需要注意的是,中层和下层海水受到内波的作用,存在盐度的日变化大于表层的情况。

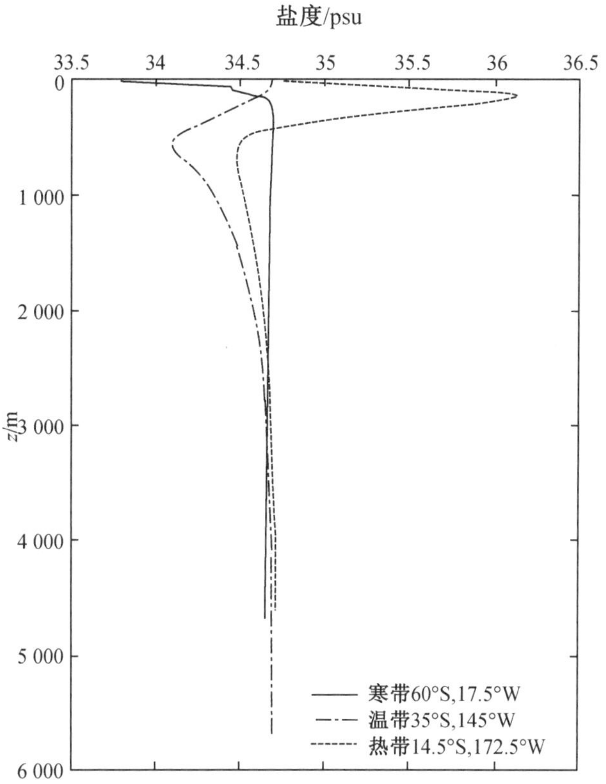

图 2-4 热带、温带和寒带海域盐度的垂向剖面曲线(均来自 2010 年 GLORYS2V4 再分析资料)

在浅海,季节性跃层的深度更小,内波等引发的盐度日较差增大的现象也可出现在更浅的深度层中。近岸海水盐度的日变化则主要受潮流影响。

2.1.2.9 盐度的年变化

由于降水与蒸发、结冰和融冰都有强烈的年周期变化,所以海洋表层的盐度变化也具有明显的年周期性。例如以白令海和鄂霍次克海为代表的亚寒带海域,由于 4 月前后易发生融冰,表层盐度在此时也出现了最低值;冬季疾风引起强烈蒸发及结冰排出盐分,则使得表层与上层海水的盐度达到最高值。中纬度海域(如黄海和东海),表层最低盐度则发生在夏季,此时在季风影响下,降水最丰沛,地表径流量最大,盐度最高值则出现在冬季(蒸发量高于降水量)。在季节性跃层变化的影响下,中下层盐度的变化是复杂多样的。

2.1.3 海水的温度

2.1.3.1 热容和比热容

温度是表示物体冷热程度的物理量,从微观上来讲温度体现了物体分子热运动的剧烈程度。海水温度升高 1 K(K 为热力学温标“开尔文”)时所吸收的热量,称为海水的热容

(heat capacity)。当海水热量增加 dQ(J),水温升高 dT(K),则热容为

$$C=\frac{dQ}{dT} \tag{2.1-11}$$

单位为 J/K。热容量除以海水的质量,得到的即为单位质量海水的热容,称为比热容(specific heat capacity),单位为 J/(kg·K)。由此可知,海水的热容与海水的质量成正比,而比热容只与海水自身性质有关。海水的比热容可以进一步划分为比定压热容(specific heat capacity at constant pressure)和比定容热容(specific heat capacity at constant volume),分别记为 C_p 和 C_V,海洋学中以前者最常使用。

C_p 和 C_V 都是海水温度、盐度和压力的函数。随着国际实用温标的改变,比热容的计算值也会因此发生一定变化。因为在不同的温标之间,1 ℃的间隔存在差异。例如,对 θ_{48} 和 θ_{68} 而言,在 0 ℃时则有 $d\theta_{48}/d\theta_{68}=1.000\ 44$。然而,实用温标改变后的差异与计算 C_p 的精度基本相近,尤其是对计算位温的影响可以忽略不计。

由于比热容在海洋学中具有重要意义,许多学者对 C_p 的计算方法进行了深入研究。其中 Millero 等的贡献较大,所提出的经验公式已被 UNESCO 采纳,其形式为

$$C_p(S,\theta,0)=C_p(0,\theta,0)+AS+BS^{3/2} \tag{2.1-12}$$

式中

$$\begin{cases} C_p(0,\theta,0)=4.217\ 4\times10^3-3.720\ 283\theta_{68}+0.141\ 285\ 5\theta_{68}^2- \\ \qquad 2.654\ 387\times10^{-3}\theta_{68}^3+2.093\ 236\times10^{-5}\theta_{68}^4 \\ A=-7.643\ 575+0.107\ 276\ 3\theta_{68}-1.383\ 85\times10^{-3}\theta_{68}^2 \\ B=0.177\ 038\ 3-4.077\ 18\times10^{-3}\theta_{68}+5.148\times10^{-5}\theta_{68}^2 \end{cases}$$

式(2.1-12)的适用范围为水温 0~35 ℃(θ_{68}),盐度为 0~40,标准差为 0.5 J/(kg·K)。

参考式(2.1-12)能够计算出气压为 $1.013\ 25\times10^5$ Pa 时海面处的比定压热容 C_p,可以绘制出图 2-5 所示的曲线簇。不难发现,在不同盐度值下 C_p 随温度变化的情况。淡水($S=0$)和低盐度水($S\leqslant10$)的 C_p 随温度的升高而减小。当盐度增加,其随温度的变化趋势较为复杂:盐度 20~35 的海水在 10~35 ℃(θ_{68})范围内,C_p 随温度升高而增加;但温度高于 35 ℃(θ_{68})后,C_p 的变化趋于缓和甚至有所降低。

比定压热容 C_p 随压强的增大而降低,考虑到国际标准单位制(SI)的规定,可得以下多项式:

$$C_p(S,\theta,p)=C_p(S,\theta,0)+\Delta_1C_p(0,\theta,p)+\Delta_2C_p(S,\theta,p) \tag{2.1-13}$$

对于淡水,即 $S=0$,则有

$$\Delta_1C_p(0,\theta,p)=(a_0+a_1\theta+a_2\theta^2+a_3\theta^3+a_4\theta^4)(np)+(b_0+b_1\theta+b_2\theta^2+b_3\theta^3+b_4\theta^4)(np)^2+(c_0+c_1\theta+c_2\theta^2+c_3\theta^3)(np)^3 \tag{2.1-14}$$

式中 $a_0=-4.959\ 2\times10^{-1}$,$a_1=1.457\ 47\times10^{-2}$,$a_2=-3.138\ 85\times10^{-4}$,$a_3=2.035\ 7\times10^{-5}$,$a_4=1.716\ 8\times10^{-8}$;$b_0=2.493\ 1\times10^{-4}$,$b_1=-1.086\ 45\times10^{-5}$,$b_2=2.875\ 33\times10^{-7}$,$b_3=-4.002\ 7\times10^{-9}$,$b_4=2.295\ 6\times10^{-11}$;$c_0=-5.422\times10^{-8}$,$c_1=2.638\ 0\times10^{-9}$,$c_2=-6.563\ 7\times10^{-11}$,$c_3=6.136\times10^{-13}$。

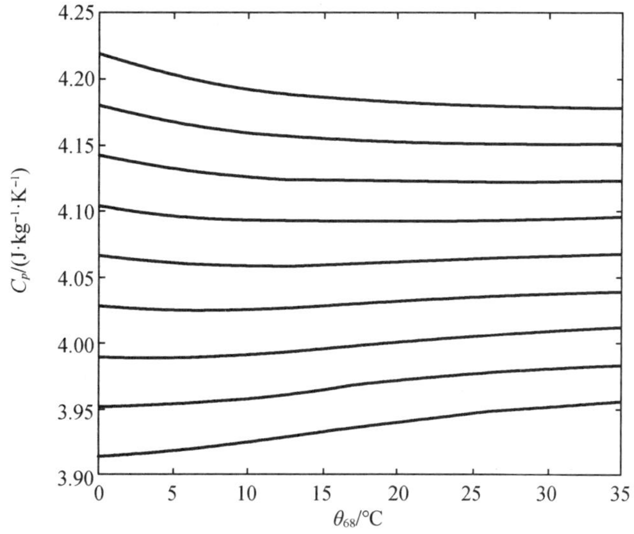

图 2-5 气压为 1.013 25×10⁵ Pa 时海面不同盐度海水的比定压热容 C_p 随温度的变化(从上至下依次为盐度 S = 0,5,10,15,20,25,30,35,40)

对于含盐水体,多项式为

$$\Delta_2C_p(S,\theta,p)=[(d_0+d_1\theta+d_2\theta^2+d_3\theta^3+d_4\theta^4)S+(e_0+e_1\theta+e_2\theta^2)S^{3/2}](np)+[(f_0+f_1\theta+f_2\theta^2+f_3\theta^3)S+(g_0)S^{3/2}](np)^2+[(h_0+h_1\theta+h_2\theta^2)S+j_1\theta S^{3/2}](np)^3 \quad (2.1-15)$$

式中,$d_0=4.924\ 7\times10^{-3}$,$d_1=-1.283\ 15\times10^{-4}$,$d_2=9.802\times10^{-7}$,$d_3=2.594\ 1\times10^{-8}$,$d_4=-2.917\ 9\times10^{-10}$;$e_0=-1.233\ 1\times10^{-4}$,$e_1=-1.517\times10^{-6}$,$e_2=3.122\times10^{-8}$;$f_0=-2.955\ 8\times10^{-6}$,$f_1=1.170\ 54\times10^{-7}$,$f_2=-2.390\ 5\times10^{-9}$,$f_3=1.844\ 8\times10^{-11}$;$g_0=9.971\times10^{-8}$;$h_0=5.540\times10^{-10}$,$h_1=-1.768\ 2\times10^{-11}$,$h_2=3.513\times10^{-13}$;$j_1=-1.430\ 0\times10^{-12}$。

在上述各表达式中,S 为实用盐度标度,适用范围为 0~40。温度 θ 为 θ_{68},若改换 θ_{90},可参考 2.1.1 节中的对应表达式进行变换。p 为海压,Millero 等(1973)原文使用的单位为“巴”(bar),因数 $n=1$;按照 SI,p 的单位应为“帕”(Pa),相应地,因数 $n=10^{-5}$。

海水的比定压热容 C_p 随压强增大而减小。在盐度相同的情况下,压力对 C_p 的影响在低温状态比高温更明显。例如 $S=35$ 的海水,在 0 ℃时压力由 0 增加至 10^7 Pa,C_p 减少了 33.2 J/(kg · ℃),而在 30 ℃时 C_p 仍然减少了 21.0 J/(kg · ℃)。温度相同时的压强对 C_p 的影响,低盐比高盐要大一些。附表 1 列出了不同条件下的比定压热容的值。

比定容热容 C_V 的量级略小于比定压热容 C_p,一般而言,C_p/C_V 为 1~1.02。

从热量的传输来看,海水对气温变化的影响也是巨大的。例如海洋性气候优于大陆性气候,与此有相当紧密的联系。大气的比热容小,气温容易产生剧烈变化;陆地的比热容不仅量级小,且温度的升降仅在地表层进行,因此温度变化更为剧烈。与它们相反,海水的比热容大,在混合效应的作用下温度的变化涉及相当厚的水层,故海水温度的变化相对缓和。

2.1.3.2 体积热膨胀

在海水温度高于 θ(max)的情况下,如果海水持续吸收热量,除了会增加海水自身的内能以外，还会发生体积膨胀。在恒压、定盐的条件下，当温度升高 1 K 时，单位体积海水的体积增量称为体积热膨胀系数(cubic thermal expansion coefficient)，亦可称为热膨胀率(thermal expansibility)，记作 α_V：

$$\alpha_V = \frac{1}{V}\left(\frac{\partial V}{\partial T}\right)_{p,s} \tag{2.1-16}$$

其单位为 K^{-1}。表达式中 V 是海水体积，T 为热力学温标下的温度(即 $T=273.15+\theta_{90}$)。表 2-1 给出了在固定气压值条件下的海水体积热膨胀系数。

表 2-1　在气压为 1.013 25×10⁵ Pa 条件下海水的体积热膨胀系数($\alpha_V/10^{-6}\ K^{-1}$)

S	θ_{68}/℃			
	0	10	20	30
0	-67	88	207	303
10	-30	113	222	314
20	5	135	237	324
30	36	157	251	332
35	51.5	166.8	257.0	333.9

海水的体积热膨胀系数比纯水的大，并且随水温及盐度的升高而增大。由表 2-1 还可以观察到，在低温、低盐时 α_V 为负值，也就是说此时海水表现出反常膨胀的特点。α_V 由负值转正值时的温度即为 $\theta(\max)$，该温度值随海水盐度的增大而降低。对盐度稳定大于 0 的外海海水，则有如下的经验计算式：

$$\theta(\max) = 3.95-2.0\times10^{-1}S-1.1\times10^{-3}S^2+0.2\times10^{-4}S^3 \tag{2.1-17}$$

在液态的物质中，海水的体积热膨胀系数是比较小的，因此温度变化所引发的海水密度变化事实上并不显著，进而由此产生的压力梯度也较小。因此，由水平温度梯度而产生的海水运动也相对较弱。这是制约海水运动速度，使之远小于空气的因素之一。值得注意的是，海水的体积热膨胀系数随压强的增大而升高，特别是在低温条件下，效应更为明显。例如盐度为 35 的海水，假设此时温度为 0 ℃，1 000 m 深时的体积热膨胀系数比海面的数值约高 0.6；而当温度为 20 ℃时，仅偏高不足 0.05。由于高纬度地区的海温远低于低纬度海域的海温，因而上述影响在高纬度海域更为显著。

2.1.3.3　压缩、绝热与位温

1. 海水的压缩性

单位体积的海水，当压强增加 1 Pa 时，其体积的负增量即为压缩系数。海水微团在被压缩期间，由于和周围海水存在热量交换而得以维持水温不变，则称之为等温压缩。定盐条件下的等温压缩系数为

$$\kappa_T = -\frac{1}{V}\left(\frac{\partial V}{\partial p}\right)_{T,S} \tag{2.1-18}$$

其单位为 Pa^{-1},表达式中的 V 为海水体积,p 为压强。

假如海水微团在被压缩期间没有与外界产生热量交换,则称为绝热压缩。定盐条件下的绝热压缩系数为

$$\kappa_S = -\frac{1}{V}\left(\frac{\partial V}{\partial p}\right)_S \tag{2.1-19}$$

海水的压缩系数随着水温、盐度及压力的增大而减小。与其他液体相比,海水的压缩系数相对较小,通常不足 $4.6\times10^{-10}\ Pa^{-1}$,而在低温、低盐、低压条件下才可超过 $4.7\times10^{-10}\ Pa^{-1}$,这与海水的体积热膨胀系数偏小相对应,这也是导致海水运动速度相对大气运动偏小、偏弱的原因之一。鉴于海水压缩性小,因此在海洋动力学中为了简化求解,通常把海水视为不可压缩流体。然而在海洋声学中,压缩系数是重要的参数。此外,若考虑大洋的深度,海水的压缩量是相当可观的。根据估算,假设海水绝对"不可压缩",则海平面将比现今的测量值高出 30 cm 左右。

2. 绝热变化

由于海水的压缩系数并不绝对为 0,因此当某一海水微团在海洋中发生了垂向位移时,受到了不同的压力,其体积会发生相应的变化。在绝热变化过程中,海水微团下沉,压力增大,其体积被压缩,外力对微团做的功增加了微团的内能,导致其温度升高;反之,绝热上升时微团体积膨胀,则消耗自身内能而导致降温。海水温度在绝热变化过程中随压力的变化称为绝热温度梯度(adiabatic temperature gradient),亦可称为绝热递减率(adiabatic lapse rate)。参考 SI 及 UNESCO 的标准,绝热温度梯度 Γ 的计算式如下:

$$\Gamma = \frac{\alpha_V g T}{C_p} \tag{2.1-20}$$

式中,α_V 为体积热膨胀系数;C_p 为比定压热容;g 为重力加速度常数;T 为热力学温度。考虑海洋中的现场压强与水深有关,这里 Γ 的单位可以使用 K/m。

根据前面小节的描述,可以推知 Γ 是关于盐度、温度和压力的函数,即 $\Gamma=\Gamma(S,\theta,p)$,因此,可以通过状态方程和比热容来计算绝热温度梯度。考虑到 SI 的规定,可将其用下列多项式表示:

$$\begin{aligned}\Gamma(S,\theta,p) = {} & a_0+a_1\theta+a_2\theta^2+a_3\theta^3+(b_0+b_1\theta)(S-35)+ \\ & [c_0+c_1\theta+c_2\theta^2+c_3\theta^3+(d_0+d_1\theta)(S-35)]\cdot kp+ \\ & (e_0+e_1\theta+e_2\theta^2)(kp)^2\end{aligned} \tag{2.1-21}$$

式中,$a_0=3.580\ 3\times10^{-5}$,$a_1=8.525\ 8\times10^{-6}$,$a_2=-6.836\ 0\times10^{-8}$,$a_3=6.622\ 8\times10^{-10}$;$b_0=1.893\ 2\times10^{-6}$,$b_1=-4.239\ 3\times10^{-8}$;$c_0=1.874\ 1\times10^{-8}$,$c_1=-6.779\ 5\times10^{-10}$,$c_2=8.733\ 0\times10^{-12}$,$c_3=-5.448\ 1\times10^{-14}$;$d_0=-1.135\ 1\times10^{-10}$,$d_1=2.775\ 9\times10^{-12}$;$e_0=-4.620\ 6\times10^{-13}$,$e_1=1.867\ 6\times10^{-14}$,$e_2=-2.168\ 7\times10^{-16}$;$S$ 为实用盐度标度,θ 为水温(单位:℃,θ_{68});$k=10^{-4}$ 为海压 p 的单位匹配因数。绝热温度梯度的计算比较烦琐,为了方便,附表 2 给出了不同温度、盐度条件下绝热温度梯度值可供查表。

3. 位温

海水微团从海洋某一深度(压力为 p)绝热上升到海面(压力为大气压)时所具有的温

度称为位温(potential temperature),记为 Θ。海水微团此时相应的密度,即为位密 ρ^*。假设该微团未上升之前的现场温度为 θ,绝热上升至海面以后的温度降低了 $\Delta\theta$,则该深度层的海水位温为

$$\Theta=\theta-\Delta\theta \tag{2.1-22}$$

通过对绝热温度梯度进行积分处理,可以得出位温。设微团初始的现场温度为 θ_0,盐度为 S_0,海压为 p_0,绝热移动到海压 p_r 处,则位温 $\Theta(S_0, \theta_0, p_0, p_r)$ 可用 Fofonoff 提出的 4 阶 Runge-Kutta 积分程序计算出足够精确的数值。迭代计算过程如下:

$$\begin{cases}\Delta\theta_1=k\Delta p\cdot\Gamma(S_0,\theta_0,p_0),\Theta_1=\theta_0+\dfrac{\Delta\theta_1}{2}\\ \Delta\theta_2=k\Delta p\cdot\Gamma\left(S_0,\Theta_1,p_0+\dfrac{\Delta p}{2}\right),\Theta_2=\Theta_1+\left(1-\dfrac{1}{\sqrt{2}}\right)(\Delta\theta_2-q_1)\\ \Delta\theta_3=k\Delta p\cdot\Gamma\left(S_0,\Theta_2,p_0+\dfrac{\Delta p}{2}\right),\Theta_3=\Theta_2+\left(1+\dfrac{1}{\sqrt{2}}\right)(\Delta\theta_3-q_2)\\ \Delta\theta_4=k\Delta p\cdot\Gamma(S_0,\Theta_3,p_0+\Delta p),\Theta_4=\Theta_3+\dfrac{1}{6}(\Delta\theta_4-2q_3)\end{cases} \tag{2.1-23}$$

式中,$q_1=\Delta\theta_1, q_2=(2-\sqrt{2})\Delta\theta_2+\left(\dfrac{3}{\sqrt{2}}-2\right)q_1, q_3=(2+\sqrt{2})\Delta\theta_3-\left(\dfrac{3}{\sqrt{2}}+2\right)q_2$;$\Delta\theta=p_r-p_0$,单位为 Pa;匹配因数 $k=10^{-4}$。Θ_4 即为 $\Theta(S_0, \theta_0, p_0, p_r)$。对于 $\Delta p=10^8$ Pa,式(2.1-23)积分的误差不超过 1×10^{-4}℃。

由此可见,对于盐度为 35 的海水微团,在 10^8 Pa 处(约 8 000 m)现场温度为 0 ℃,则其位温为-0.781 3 ℃。也就是说,当这里的微团绝热上升至海面时,温度降至-0.781 3 ℃。这就意味着,海面上温度为-0.78 ℃的海水,并不比 8 000 m 现场温度为 0 ℃的海水“冷”。因而在比较不同深度层的海水温度时,如果仅以现场温度值直观地下定论是不合适的;在分析深海区的水温剖面结构时,也应当考虑绝热变化的影响。在分析大洋深处,甚至近底层的海水运动时,由于各处水温差别很小,绝热变化效应逐渐明显,因此基于位温的分析比使用现场水温更合理有效。

2.1.3.4 比蒸发潜热与饱和蒸汽压

1. 海水的比蒸发潜热

1 kg 海水汽化为同温度的蒸汽所需要的热量,即为海水的比蒸发潜热,单位是 J/kg 或 $J\cdot kg^{-1}$。其具体量值受盐度变化的影响很小,一般忽略不计,也就是说只考虑温度对纯水的影响。比蒸发潜热有许多经验计算公式,下面只给出 Djetfich 于 1980 年提出的形式:

$$L=(2\,502.9-2.72\theta)\times10^3(J\cdot kg^{-1}) \tag{2.1-24}$$

式中,θ 表示水温(℃),适用范围为 0~30 ℃。

水的特殊性之一是比蒸发潜热在所有物质中最大,海水亦是如此。伴随着海水蒸发,大量的热量从海洋中散失,这对海面的热平衡和海上大气的热状况都产生了很大的影响。例如,西北太平洋和南海的热带低压(风力接近 8 级),逐步增强为热带风暴(风力在 8~9

级)、强热带风暴(风力10~11级)、台风(风力12级以上),直至加强为超强台风的生成条件之一是必须在广阔的高温洋面上,这有助于气旋“暖心”结构的形成与维持。而上升气流所导致的水汽凝结放热,是“暖心”结构最重要的热量来源之一。台风登陆之后强度迅速地削弱,除了地面摩擦的作用,水汽来源的骤减也是重要原因之一。

由于海水的比热容很大,因此从海面至3 m深的薄层海水热容量,即与地球大气的总热容相当。事实上,海洋每年蒸发平均失去约1.3 m厚的一层水,致使气温发生激烈而迅速的变化,然而因海水的热容量极大,故水温的变化相对气温要缓慢得多。

2. 饱和蒸汽压

制约海水温度变化缓慢的另一个因素,是海水的饱和蒸汽压较小。因为蒸发现象的实质是水分子从海面逃逸的过程,当盐度升高,单位面积的海面平均水分子数将减少,从而使水分子逃逸出海面的概率也减小。所谓饱和蒸汽压,是指水分子经由海面逃出和重回海水的过程达到动态平衡时水汽所具有的压强。随着海水盐度的增大,单位面积的海面平均水分子数降低,这使得饱和蒸汽压随之降低。海面蒸发量与饱和差(相当于表面水温的饱和蒸汽压和现场蒸汽压的差值)具有比例关系,所以当饱和蒸汽压减小时就不利于海水蒸发。因此,海洋由蒸发导致的热量和水量的损失,相对而言也就降低了。事实上,海水属于较难蒸发的液体。

2.1.3.5 热传导

当相邻的海水出现温度的差异时,由于海水分子或者海水块体的交换,会使热量从高温处向低温处转移,这就是热传导。单位时间内通过某一截面(断面)的热量称为热流率(heat flow rate),记为Φ,单位为W。通过单位面积的热流率称为热流率密度(density of heat flow rate),记为q或者φ,单位为$W \cdot m^{-2}$。其量值的大小不仅与海水自身的热传导性能紧密相关,还与垂直于该传热面的温度梯度有关:

$$q=-\lambda \frac{\partial T}{\partial n} \tag{2.1-25}$$

式中,n为传热面的法向;λ为热导系数,单位为$W \cdot m^{-1} \cdot K^{-1}$或$W \cdot m^{-1} \cdot ℃^{-1}$。假设热量的传递仅由海水分子的不规则运动所引发,则称为分子热传导,分子热导系数记为λ_T,在$1.013\,25\times10^5$ Pa和10 ℃时,纯水的$\lambda_T=0.582\ W \cdot m^{-1} \cdot ℃^{-1}$,30 ℃时,纯水的$\lambda_T=0.607\ W \cdot m^{-1} \cdot ℃^{-1}$,即分子热导系数随温度的升高而增大。水的热导系数在液体中除水银($\lambda_T=7.8\ W \cdot m^{-1} \cdot ℃^{-1}$)以外是最大的。

海水的热导系数比纯水略低,且随盐度的增加而略有缩小。例如,$\theta=17.5$ ℃时纯水的$\lambda_T=0.586\ W \cdot m^{-1} \cdot ℃^{-1}$;当盐度增加至20,$\lambda_T=0.567\ W \cdot m^{-1} \cdot ℃^{-1}$,而$S=40$时,$\lambda_T=0.561\ W \cdot m^{-1} \cdot ℃^{-1}$。

如果热量的传递是由海水块体的随机运动所引起的,即为涡动热传导,又称为湍流热传导。涡动热传导系数记为λ_A,λ_A和海水的运动状况关系很大,并在不同的海区和不同的季节也有较大的差异。通常来说,海水运动多为涡动形式,且λ_A比λ_T大得多,所以涡动热传导在海洋的热量传输中起主要的作用。当然,分子热传导也有一定的作用,因为热量传输的最终过程还是依赖于分子热传导来完成的。

类似于热量的传导,盐量也能扩散传输,然而其分子扩散系数仅为分子热导系数的 1%左右。这种显著的差异,会导致双扩散对流,从而加速了海洋内部的混合。

2.1.3.6 沸点与冰点

纯水的沸点和冰点与同族化合物相比是反常的,并且与其相对分子质量相近的物质相比也很特殊。海水与纯水又有不同:随着海水盐度的增大,其沸点升高而冰点降低。鉴于海水的现场温度基本不会超过 36 ℃;而南极、北极附近广阔的高纬度海域却低于冰点,所以人们更关心海水冰点随温度的变化。Doherty 和 Kester 给出了下面的关系式:

$$\theta_f = -0.0137 - 0.051990S - 0.00007225S^2 - 0.000758d \qquad (2.1\text{-}26)$$

式中,d 是海水所在的深度层,单位为 m。在上述关系式的基础上,Millero 和 Leung 又提出了新的计算式,并被 UNESCO 所采纳,依照 SI 的规定,算式的形式如下:

$$\theta_f = -0.0575S + 0.001710523S^{3/2} - 0.0002154996S^2 - 0.000753kp \qquad (2.1\text{-}27)$$

式中,S 为实用盐度标度,压强 p 的单位为 Pa,匹配因数 $k=10^{-4}$。在 5×10^6 Pa 时,其误差仅为 0.003 ℃。

虽然 $\theta(\max)$ 和 θ_f 都随盐度的增大而降低,但前者的下降速度更快。当 $S=24.695$ 时两者均为-1.33 ℃,而当盐度继续增大时,$\theta(\max) < \theta_f$。除了河口的淡水,海水的盐度均高于 24.70。因此,当水温一直下降到冻结时,海水仍然未达到最大密度。也就是说,只要海水未冻结,海水的密度就仍然继续增大。

海水的这一特性,导致其冷却过程与纯水大不相同。冷却的仅为纯水的表层,至于表层以下直到很深的水底,在被冻结之前仍然可以保持 3.984 ℃(θ_{90})。原因在于纯水在低于该温度时,密度减小并浮于表层,继续冷却的还是表层水。而对于海水来说,表层水在冷却之后,其密度增大而下沉,下层温度高且密度小的海水随之上升。对流混合的效应,一方面使表层水的冷却速度变慢;另一方面则使深层水的冷却加快。这种特性对大洋底层水团的形成和世界大洋环流结构的影响至关重要。

2.1.3.7 水温的空间变化

世界大洋总体的水温平均值约为 3.8 ℃,位温约为 3.59 ℃。其中,太平洋的现场温度与位温的平均值分别为 3.7 ℃和 3.36 ℃;大西洋为 4.0 ℃和 3.73 ℃;而印度洋为 3.8 ℃和 3.72 ℃。事实上,世界大洋和各海区水温的实际分布,远比这种平均值的分布要复杂得多。

海水的温度具有高度的时空变化性,具体来说即 $\theta=\theta(x,\ y,\ z,\ t)$。虽然表示成函数(场函数)的形式,但其解析表达式很难精确给出,因此我们常常借助于分布图(例如序列、垂向断面、垂向剖面曲线等)形象地描述其时空变化特点及分布。最常用的水温大面分布或断面分布图,就是固定了场函数中的时间轴 t 和一个空间分量得到的,从而给出固定时间点或者某一时段平均值的等温面分布。

1. 世界大洋的水温分布

世界大洋表层(特指常规的海洋调查的层次,即 0~3 m)水温基本呈带状分布,从赤道到两极温度逐渐降低。各大洋温度略有差异，大洋东西部也有所不同。表层最高温度出现在西太平洋和印度洋附近的赤道海域，达到了 28~29 ℃。西太平洋的高温区域面积冬季略小，位置偏南；夏季的高温区域面积较大，位置偏北。大西洋同样具有这种变化规律。

由赤道向两极，水温沿着经度线逐渐降低，至极圈附近时水温已接近 0 ℃。在极地冰盖之下的水温则更低，接近于对应盐度值的冰点温度，例如南极冰架之下的水温纪录甚至低于 -2 ℃。大洋表层的等温线沿着纬向伸展，特别在 40° S 以南，等温线几乎与纬度线平行，且在冬季这一现象的明显程度大于夏季。这与太阳辐射的经向变化特点密切相关。

在北半球，从亚热带至温带的海域，等温线自西向东逐渐发散，在太平洋和大西洋北部便形成了如下的水温分布格局：从亚热带至温带海域，西部的水温高于东部，而在亚寒带至极地海域，情况相反。两侧水温的这种差异，大西洋比太平洋更为显著，夏季的温度差在 6 ℃左右，而在冬季，这一温度差甚至可以达到 10 ℃以上。如此分布特征的形成与平流热输送的关系极大。在太平洋和大西洋的西侧，低纬度至中纬度海域，有大洋中最强的暖流——日本暖流（黑潮）和湾流，东侧分别有加利福尼亚寒流和加那利寒流；在高纬度海域，西侧分别是千岛寒流（亲潮）和拉布拉多寒流，而东侧则是日本暖流和湾流的延伸。在南半球的中高纬度海域，三大洋（大西洋、印度洋和太平洋）连成一片，存在南极绕极流，所以各大洋东西两侧的水温并没有北半球那样显著的差异。

海流对水温分布的另一个重要影响是，在寒流与暖流交汇处的等温线非常密集，也就是说水温在这里的水平梯度显著增大。这一现象在日本暖流与亲潮、湾流与拉布拉多寒流交汇区域表现得最为典型，所谓的“极锋”（the polar front）就出现在这样水平梯度特别大的海域。在大洋的边缘海区（黄海、东海），由于海流的影响也会出现温度锋面，差别在于其具有季节变化大的特点，并不像“极锋”那样明显且稳定。

由于太阳辐射的直接影响有限，仅作用在厚度不大的海洋上层，所以大洋次表层以下的水温分布及天文性的带状特征已不明显，甚至不复存在，而海洋环流对水温分布的影响则表现得更为突出。例如在 500 m 深处，水温的经向梯度大幅度减小，而在大洋西部的边界流区域，出现了高温中心。大西洋和太平洋的南部高温区高于 10 ℃，在太平洋北部甚至可以超过 12 ℃，北大西洋最高，达到 15 ℃以上。在 1 000 m 深度层的水温经向变化更小，但由于高温高盐的地中海水从直布罗陀海峡溢出后再次下沉，使得北大西洋东部海域出现大片高温区；红海和波斯湾的高温高盐海水下沉，也使得北印度洋产生了相应的高水温区域。深度更深的层（例如 4 000 m），温度分布更为均匀。至于近底层的海水水温，主要受南极底层水团的影响。

2. 海洋水温的垂向分布

分析水温在垂向的分布，最常用的手段是断面图和垂向剖面曲线图，前者能形象地展示出海水等温面与海洋垂向剖面的交线分布，后者则描绘出 $\theta=\theta(z)$ 的函数变化曲线。图 2-6 为大西洋 30°W 经向断面的水温分布。低纬度海域的暖水只局限于浅薄的表层之内。随着深度的增加，水温的垂向梯度值随之变大，这里即为温跃层（主温跃层）。位于温跃层中的水温可由 17 ℃快速降到 7 ℃，相对于深度更浅的季节性温跃层，又被称为永久温跃层。主温跃层之下，水温仍然随深度不断降低，但下降速度缓慢，垂向梯度不大。大洋深处的水温更低,如大西洋超过 1 200 m 深度层的各个区域,水温普遍低于 7 ℃;而在太平洋,3 000 m 层的平均水温不足 2 ℃。假设以 12 ℃等温面作为主温跃层的核心水层,不难发现主温跃层并不随着纬度变化而单调增高或降低。其在赤道附近的海域上升,在亚热带区域下降,至中纬度海域又再次上升,到了极区则上升至海面,形成“极锋”。

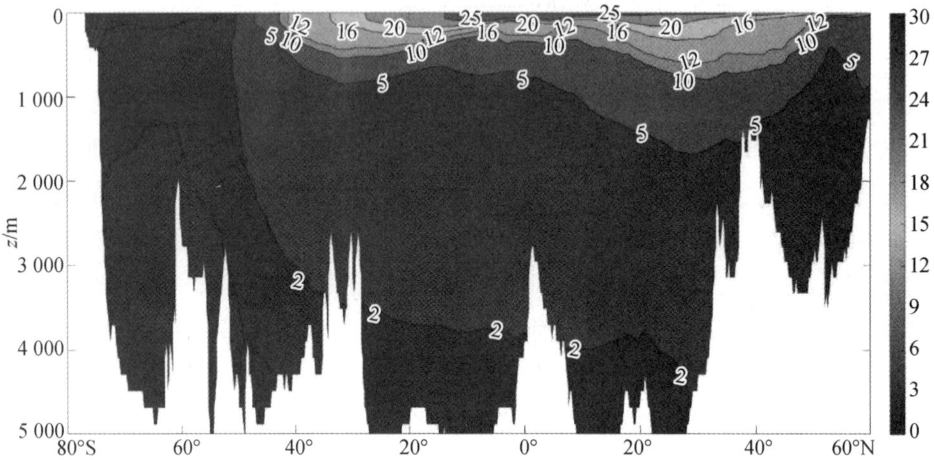

图 2-6　大西洋 30°W 经向断面的水温分布

以主温跃层为分界,可以将大洋水体划分为两部分:其上部分为水温较高的暖水区,其下部分的水温很低,垂向梯度小,称为冷水区。主温跃层以上的暖水区由于受到动力(风力和波浪搅拌)和热力(蒸发增盐、降温增密)等因素的共同作用,促进了上层及表层海水的垂向混合,从而形成了大洋的“水温准均匀层”。“水温准均匀层”的厚度在不同海域或不同季节存在较大差异。例如在中纬度和亚极地海域,夏季时季节性温跃层以上的均匀层基本不超过 60 m;而在亚热带和热带,上均匀层的厚度能够达到 100 m 甚至更深。冬季时,在蒸发增盐、降温、增密的作用下,对流混合可以影响到更深层,比如在大洋的亚热带海域的上均匀层厚度可以达到 200 m,中纬度海域的上均匀层厚度更是达到了 300~400 m。对于以地中海为代表的内海,该厚度直达海底。在极锋靠近极地的一侧,虽然已不属于暖水区,同样具有上层的准均匀层,冬季也存在对流混合。

大西洋水温分布的特点,在太平洋和印度洋也存在。综合分析各大洋中不同气候带的水温垂向分布,可见在热带、温带和寒带海域,中层和深层水温的垂向梯度较小,这是共同的特征;而在上层,特点有很大的不同。由图 2-7 可知,在热带和温带海域,接近海面的水温均匀层之下,存在着很强的正温跃层,而寒带海域则出现逆温层。许多现场观测的数据与资料证实,夏季在寒带海域表层升温之后,也能形成正温跃层,但由于混合深度与冬季的对流深度相比远不及后者,在温跃层之下,往年冬季冷却下沉的冷水仍然较好地维持着,从而形成了“冷中间层”或称为“中间冷水”。其形成的原因是多样的:平流作用、对流作用及对流和平流混合作用。在“冷中间层”以下,逆温分布又形成“暖中间层”,这与暖平流不无关系。例如在北冰洋中,因为来自大西洋的暖平流较强,所以暖中间层分布很广而且强度较高。

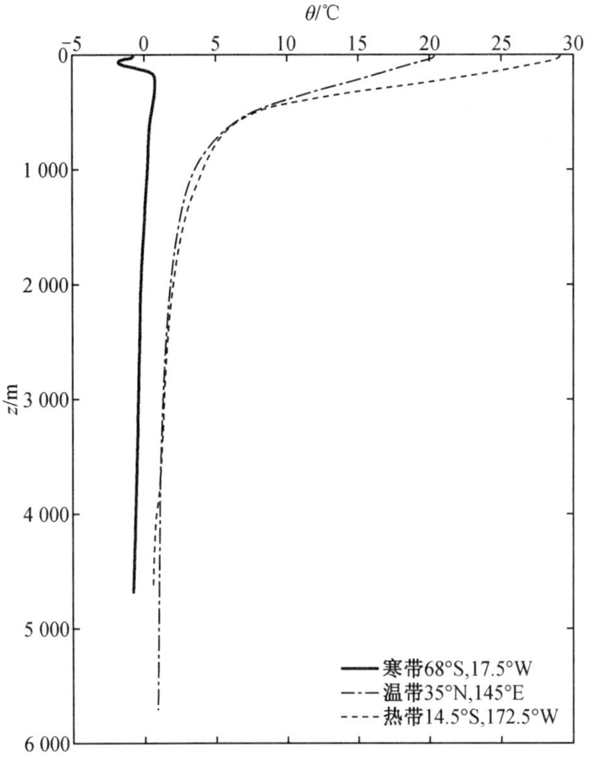

图 2-7 寒带、温带和热带海域温度的垂向剖面曲线(资料来源同图 2-3)

中间冷水不仅出现在高纬度海域,在我国近海的某些区域比如黄海和东海,春末夏初也常出现中间冷水层。中间冷水的温度与对应海区的冬季温度有很好的相关性。上层海水在春季升温之后的涡动混合深度一般达不到往年冬季对流混合的深度,于是在涡动混合的下界形成了正温跃层,跃层的形成同时还阻碍了上层热量的向下传输,所以中层仍然可以保持冬季的低温特征;下层则受到了台湾暖流和黄海暖流增温的影响,又构成了正向的温度梯度(温度随深度的增加而升高),结果中层呈现出低温的特点。根据上述特点,从成因分析,我国近海区域的中间冷水属于对流和平流混合作用的结果。

2.1.3.8 水温的时间变化

根据温度分布函数 $\theta=\theta(x,\ y,\ z,\ t)$,可以固定地点以讨论水温随时间的变化特征,即 $\theta=\theta(x_0,\ y_0,\ z_0,\ t)$。假如函数中的时间轴 t 的长度为一年,则为该点水温的年变化;而当 t 为 24 h,则主要展示的是水温的日变化特点。

1. 水温的日变化

大量的实测资料及研究表明,大洋水温的日变化极其有限。水温日变化与正弦曲线形式相近,日较差小于 0.5 ℃,最高温度出现在下午(通常为当地时间 15~16 时),最低温度发生在当地时间 5~6 时。

低纬度海域的水温日较差很小。根据早期的现场观测记录,得到表层水温的日较差为

0.25 ℃,在 50 m 深度层则不足 0.05 ℃。依照“实践号”“向阳红 09 号”调查船的资料,5 个观测站位的结果详见表 2-2。

表 2-2　太平洋低纬度观测站位的水温日较差　　单位:℃

调查船	实践号		向阳红 09 号			平均
站位	7°59.5′S 173°16.8′E	3°50.8′S 173°17.3′E	0°1.8′N 164°59.8′E	3°0.9′N 165°2.7′E	5°N 165°1.1′E	
时间	1979.5.11-12	1979.5.18-19	1979.4.30-5.1	1979.5.7-8	1979.5.10-12	
0 m	0.27	0.60	0.08	0.45	0.17	0.29
50 m	0.64	0.17	0.11	0.05	0.11	0.10
100 m	1.27	0.72	1.35	0.65	1.59	1.12
150 m	1.62	0.67	2.89	1.74	1.97	1.78

其结果与现场观测的结果接近。50 m 的平均日较差小于表层,但不能一概类推下层的日较差都小于上层,原因在于跃层内波可导致表层之下的水温日较差超过表层。从表 2-2 可知,100 m 和 150 m 层的日较差都远远超过表层,甚至在(2°N,160°E)曾观测到 200 m 层的日较差超过 4 ℃。

浅海和边缘海中的日变化更为复杂。仅是在海水表层,不但受制于太阳辐射的日变化,还与海域潮流等多种动力或热力因素有关。因此,水温的日变化曲线包括但不限于单个峰值和低谷的正弦形式,不同海区不同月份的水温日较差也多有差异。如表 2-3 所示,中国近海各海区表层水温的平均日较差,以渤海最大,黄海南部最小;从季节变化的视角,除长江口附近以外,其他海区的日较差都是春季最大而秋冬季最小,长江口附近则是春季和夏季最大,冬季偏小。

表 2-3　中国近海各海区表层水温的平均日较差　　单位:℃

月份	渤海	黄海北部	黄海南部	长江口附近
1~3	1.4	0.8	0.7	0.7
4~6	2.3	2.3	1.3	1.4
7~9	1.8	2.1	1.0	1.5
10~12	1.3	0.7	0.6	0.9

2. 水温的年变化

由于地轴倾斜和日-地距离的变化,太阳辐射能具有明显的年变化特点,因此海洋水温也具有相应的年变化。大洋表层水温受太阳辐射的影响最直接,从而具有正弦曲线的年变化特征,这在中纬度、高纬度海域更为明显;热带海域由于一年内太阳有两次当顶直射,故有半年周期的变化。最高、最低水温的出现时间及年较差的大小,则受不同海域的盛行风、海流、结冰和融冰的影响，水温的变化更为多样。

赤道海域的表层水温年较差小于 1 ℃，这与该海域太阳辐射年变化较小有直接关系。南极大陆周围海域表层的水温年较差也不足 1 ℃，这与海冰的影响有关。冬季结冰可以释放出结晶热，而海冰的导热性不足又进一步减少了海水热容的散失，使水温的下降减缓；夏季融冰时要吸收大量的融解热，则压制了夏季增温的幅度。亚热带海域特别是温带海域，表层水温的年较差相当大，这与当地明显的四季交替有关。由于受到寒流与暖流的影响，海洋锋区的年较差更为“悬殊”。例如，在湾流和拉布拉多寒流的锋区，年较差接近 15 ℃，在日本东北部的黑潮与千岛寒流交汇区甚至达到了 17 ℃。南半球对应海域由于洋面宽阔，南北向洋流不及北半球的强度，故年较差有限，这与北半球的情况形成了鲜明对比。

在边缘海、浅海和内海，表层水温的年较差也相当显著：日本海、黑海、黄海及渤海都可以达到或者超过 20 ℃；随着纬度降低，即使是黄海南部与东海北部也不低于 15 ℃；而在某些沿岸区域甚至达到 25 ℃以上。以黄海为例，其水温在 8 月达到一年中的最高值，而最低温则出现在 3 月。也就是说，该海域的升温过程持续大约 5 个月，降温占据了余下 7 个月，因而其年变化趋势对应的曲线并非标准的正弦曲线。

2.1.4 海水的密度

在推行国际标准单位制（SI）以前相当长的时期内，常用的密度单位是 g/cm^3。纯水的密度基本等于 1，当讨论其他物质的质量时，常以纯水的密度作为参照标准。除了在讨论 4 ℃左右的密度反常变化以外，通常忽略纯水的密度变化。不同于纯水，海水的密度分布与变化不仅非常复杂，且对海洋的许多过程都有很重要的作用，因此密度是除盐度与温度之外，物理海洋学研究中一个极为重要的参数。

2.1.4.1 海水的密度与比容

单位体积海水质量定义为海水的密度，用符号 ρ 表示，单位为 kg/m^3。此外在物理海洋学中，常用的概念还有“比容”（specific volume），它指的是体积除以相应的质量，用 α 表示，单位为 m^3/kg，它与海水的密度具有如下换算关系：

$$\alpha=\frac{1}{\rho} \tag{2.1-28}$$

海水的密度是盐度、温度和压力的函数，因此常用 $\rho(S,\ \theta,\ p)$ 表示盐度 S、水温 θ（单位为℃）、海压 p（单位为 MPa）条件下的海水密度。当按照上述限定的 S、θ、p 的顺序书写，且又使用了上述规定的单位时，温度和压力的单位可以省略。这一规定也适用于比容的书写。

以前在海洋学相关的文献中，一般是将圆括号内部的参数写成下标形式，即 $\rho_{S,\ \theta,\ p}$。当前，按照 SI 的推荐，优先使用前文中带圆括号的写法。

2.1.4.2 密度的简略表示法

用千克每立方米表示的海水密度值，可以由 6 至 7 位有效数字组成，且具有 1×10^3 的精确度。为书写简便,需要借助下列两个参数。

1. Knudsen 参数 σ

σ 是 Knudsen 首先引用,用以简略表示密度的参数。考虑到在一般正常的温盐范围内,海水密度值的前两位数字都相同,该参数被表示成下列形式:

$$\sigma_{S,\theta,p}=[\rho(S,\theta,p)-1]\times10^3 \tag{2.1-29}$$

在海面,海压为0,海水密度仅为温度和盐度的函数,记为

$$\sigma_\theta=[\rho(S,\theta,0)-1]\times10^3 \tag{2.1-30}$$

称为"条件密度"。当温度为0 ℃时记为 σ_0,其只随盐度而改变,相应地,将位密记为 σ_θ,它是位温和盐度的函数。

正如SI强调的那样,σ 事实上是与相对密度对应的。所谓相对密度,指的是某物质在给定物理条件下的密度和 $1.013\ 25\times10^5$ Pa 气压下的、没有溶解气体的4 ℃纯水密度的比值,用符号 d 表示,显然它是无量纲的参数。例如 $d=\rho/\rho(\max)=1.028\ 723$。当我们既想简略又想同样精确表示这一密度值时可以表示为 $\sigma=(d-1)\times10^3=28.723$,这个数值结果只有3位小数,便于记录。

注意,根据SI公布的文件(UNESCO, 1985),Knudsen 参数 σ 已不推荐使用,σ_θ 则属于强烈不推荐使用的符号。

2. 密度超量 γ

与此同时,SI推荐了一种新的密度简略表示法,即密度超量(density excess)。其定义为

$$\gamma=\rho-1\ 000\ \mathrm{kg\cdot m^{-3}} \tag{2.1-31}$$

其单位与密度相同($\mathrm{kg\cdot m^{-3}}$)。

于是,当密度值 $\rho=1\ 028.723\ \mathrm{kg\cdot m^{-3}}$ 时,按照定义式便可以写为 $\gamma=\rho-1\ 000\ \mathrm{kg\cdot m^{-3}}=28.723\ \mathrm{kg\cdot m^{-3}}$。

2.1.4.3 比容偏差与比热容偏差

假设海水样品的现场比容为 $\alpha(S,\ \theta,\ p)$,则有

$$\delta=\alpha(S,\theta,p)-\alpha(35.0,0,p) \tag{2.1-32}$$

称为比容偏差(specific volume anomaly),也可以将其记为 $\delta(S,\ \theta,\ p)$。表达式中 $\alpha(35.0,\ 0,\ p)$ 是参照海水盐度为35.0、温度0 ℃及海压 p 的比容值。

海洋学中还常用比热容偏差(thermosteric anomaly),也可称为"热盐比容偏差",符号为 Δ 或 $\Delta(S,\ \theta)$,它表示海压为0时的偏差值:

$$\Delta(S,\theta)=\alpha(S,\theta,0)-\alpha(35.0,0,0) \tag{2.1-33}$$

显然它只与温度和盐度有关。

在海洋上层,例如深度小于1 000 m的层,海水密度或者比容主要取决于水温和盐度的变化,因此 $\Delta(S,\ \theta)$ 经常用作表述上层海洋密度特征的一种参数,由于 $\alpha(35.0,\ 0,\ 0)=0.972\ 662\ 04\times10^{-3}\ \mathrm{m^3\cdot kg^{-1}}$,由式(2.1-31)和式(2.1-33)可得

$$\Delta(S,\theta)=\left(\frac{1\ 000}{1\ 000+\gamma}-0.972\ 662\ 04\right)\times10^{-3}\ \mathrm{m^3\cdot kg^{-1}} \tag{2.1-34}$$

2.1.5 海水状态方程

表层海水的密度虽然可以直接测量,但操作较为繁复,而表层以下的海水现场密度很难直接测量。海水因体积热膨胀系数和压缩系数较小,导致密度变化并不剧烈,但由于海洋空间尺度大,海水在大尺度空间上的密度差异,其影响不可忽视。基于此,研究人员开展了大量的研究,以便通过温度、盐度和压力间接而精确地计算海水的现场密度。

海水的状态方程是描述海水状态参数之间关系的方程式。最常用的海水状态方程,即为描述海水现场密度$\rho(S,\ \theta,\ p)$或现场比容$\alpha(S,\ \theta,\ p)$与其盐度、温度和压力之间关系的经验公式,也可以将海水状态方程称为海水的“P-V-T 性质”。根据海水状态方程,代入实测的现场温盐和压强资料,即可计算出海水的现场密度或者比容。

已有很多海洋学家提出了海水状态方程,形式各异,大体上可分为三种类型:多项式型的状态方程;通过热力学、物理化学公式表达的状态方程;根据声速导出的海水状态方程。其中,下列几种具有代表性。

2.1.5.1 Knudsen-Ekman 经典状态方程

1901 年,Knudsen 提出了计算条件密度的公式:

$$\sigma_t=\Sigma_T+(\sigma_0+0.1324)[1-A_T+B_T(\sigma_0-0.1324)] \tag{2.1-35}$$

式中,σ_0 即为温度为 0 ℃的条件密度;Σ_T、A_T 和 B_T 是与温度有关的系数。

Ekman 于 1908 年提出了下列表达式:

$$\alpha_{STp}=\sigma_{STp}(1-\mu p) \tag{2.1-36}$$

式中,μ 被定义为 0~p bar 的海水平均(等温)压缩系数。以上两个表达式的结合即为 Knudsen-Ekman 经典状态方程,依其可以计算现场密度和比容。为便于计算,他们将式中的有关参量计算后编写了参数表以供查找,从而方程得到广泛应用。

2.1.5.2 Bjerknes 和 Sandström 状态方程

尽管 Knudsen-Ekman 经典状态方程为我们提供了一种可行的计算模式,然而其计算过程过于烦琐。为此,Bjerknes 和 Sandström 于 1910 年通过泰勒级数展开,得到了状态方程的多项式形式:

$$\alpha_{STp}=\alpha_{35,0,p}+\Delta_{S,T}+\delta_{S,T}+\delta_{T,p}+\delta_{S,T,p} \tag{2.1-37}$$

多项式中 δ 表示相应下标的物理量订正值,$\Delta_{S,\ T}$ 为比热容偏差。同时,他们也计算并编写了参数表以供查找。

2.1.5.3 Chen-Millero 状态方程

上述状态方程多年来在海洋学中得到了广泛应用。然而 Grasshoff 指出,使用 Knudsen-Ekman 经典状态方程计算比容存在误差:假设 S 为 35.0,气压为 1.01325×10^5 Pa,水温为 0~25 ℃,其平均误差为$(8.7\pm1.0)\times10^{-9}\ \mathrm{m^3\cdot kg^{-1}}$;海压为 500 bar(即 5.0×10^7 Pa,水深接

近 5 000 m)时,偏差增加至 $33\times10^{-9}\ m^3\cdot kg^{-1}$;在 1 000 bar(即 10^8 Pa,水深接近 10 000 m)的条件下,Ekman 的高压状态方程偏差基本在 $80\times10^{-9}\ m^3\cdot kg^{-1}$ 以上。而上述误差的产生,与盐度的定义及测量精度有关,因此对该状态方程的改进很有必要。

1973 年,Millero 等借助磁性浮子密度计和悬浮密度计,在一个大气压($1.013\ 25\times10^5$ Pa)下测定了经过稀释和蒸发的标准海水在盐度 0.5~40、温度 0~40 ℃范围内的相对密度。依据测定结果提出了"一个大气压下的海水状态方程":

$$\rho-\rho_0=AS+BS^{3/2}+CS^2 \tag{2.1-38}$$

式中,S 仍为盐度;A 和 B 为与温度相关的参数;C 为常数,通过加权最小二乘法求取;ρ_0 为纯水密度。该状态方程适用于较大的温盐范围,且计算精度高于先前提出的各个状态方程式。

随后,Chen 和 Millero 于 1976 年使用高压磁性浮子密度计在温度 0~40 ℃、海压 0~10^8 Pa 和盐度 5~40 范围内测定了高压海水的比容,并按照实验结果提出:

$$K=\frac{a^0p}{a^0-a^p}=K^0+Ap+Bp^2 \tag{2.1-39}$$

式中,$K=\frac{a^0p}{a^0-a^p}$,是海压为 p 时的割线体积模量(the secant bulk modulus),可由海水比容测定数据求得;a^0 和 a^p 分别是外加压力为 0 和 p 时的海水的比容;K^0 为大气压下的割线体积模量;A 和 B 分别是温度和盐度相关的参数。需要特别说明的是式(2.1-39)中的 p,其单位为 bar。

使用式(2.1-39)计算海水的比容、热膨胀系数和等温压缩系数,可适用于较大的温度、盐度和海压范围,且相较于其他状态方程更为精确。其缺点是计算 K^0、A、B 的过程中需要动用 48 个参数,复杂度很高。为此 Chen 和 Millero 于 1977 年又提出了只需要 24 个参数的简化版算法,其在计算比容和热膨胀系数时,与 1976 年提出的 Chen-Millero 状态方程偏差很小,因此适用性更强。

2.1.5.4 根据声速导出的海水状态方程

基于海水中声速可以精确测定,而声速与海水密度又有密切关系,1962 年,Crease 通过海水声速导出海水状态方程。该方程依据实测声速来确定压缩系数。Millero 在此声速实验的基础上,仍然以式(2.1-39)的多项式形式给出状态方程式:

$$K=\frac{a_W^0p}{a^0-a^p}=B+A_1p+A_2p^2 \tag{2.1-40}$$

式中,a_W^0 是在海面气压下的纯水比容;a^0 和 a^p 分别是外加压力为 0 和 p 时的海水的比容;B、A_1、A_2 分别是与温度和盐度相关的参数,可通过实测声速求出(依照交互计算法)。Millero 认为,根据声速数据得到的状态方程比以前的更好。

2.1.5.5 国际海水状态方程(EOS80)

海洋学常用表和标准联合专家小组(JPOTS)于 1980 年在第 10 次报告中公布了新的国

际海水状态方程。这些方程是在 Millero 等开展的工作基础上提出的。UNESCO、ICES、SCOR 和 IAPSO 于 1982 年的联合通告中接受了 JPOTS 的推荐,决定自 1982 年 1 月 1 日起正式启用 1980 年国际海水状态方程(即 EOS80)。

1. 一个大气压下的海水状态方程

根据 UNESCO(1981),其定义如下:

在一个标准大气压($p=0$)的条件下,海水密度(ρ,单位为 $kg\cdot m^{-3}$)根据实用盐度标度(S)和温度(θ_{68},单位为℃)按照下列方程计算:

$$\rho(S,\theta,0)=\rho_W+AS+BS^{3/2}+CS^2 \tag{2.1-41}$$

其中,

$$\begin{cases}A=8.244\ 93\times10^{-1}-4.089\ 9\times10^{-3}\theta+7.643\ 8\times10^{-5}\theta^2-8.246\ 7\times10^{-7}\theta^3+5.387\ 5\times10^{-9}\theta^4\\B=-5.724\ 66\times10^{-3}+1.022\ 7\times10^{-4}\theta-1.654\ 6\times10^{-6}\theta^2\\C=4.831\ 4\times10^{-4}\end{cases} \tag{2.1-42}$$

ρ_W 是基准水的密度(详情参考 SMOW, IUPAC, 1976),可当作纯水参考标准,由下式给出:

$$\rho_W=999.842\ 594+6.793\ 952\times10^{-2}\theta-9.095\ 290\times10^{-3}\theta^2+1.001\ 685\times10^{-4}\theta^3-1.120\ 083\times10^{-6}\theta^4+6.536\ 332\times10^{-9}\theta^5 \tag{2.1-43}$$

该表达式是 Bigg 于 1967 年首次给出的,将来或可能出现更可靠的基准水密度方程。按照 SI 的建议,将 SMOW(standard mean ocean water)的符号记为 ρ^0。Millero 和 Poisson 于 1981 年指出了式(2.1-41)的适用范围:温度为 $-2\sim40$ ℃(θ_{68});实用盐度标度为 $0\sim42$;计算密度的标准差为 3.6×10^{-3} kg/m^3。

2. 高压国际海水状态方程

根据 UNESCO(No. 38, 1981)及 SI,高压国际海水状态方程定义如下:

高压海水密度(ρ,单位为 $kg\cdot m^{-3}$)可以根据实用盐度标度(S)、温度(θ_{68},单位为℃)和海压(p,Pa)按照下列方程计算:

$$\rho(S,\theta,p)=\rho(S,\theta,0)\cdot\left[1-\frac{np}{K(S,\theta,p)}\right]^{-1} \tag{2.1-44}$$

式中,$\rho(S,\theta,0)$ 如式(2.1-41)所示;$K(S,\theta,p)$ 为割线体积模量,由下式给出:

$$K(S,\theta,p)=K(S,\theta,0)+A(np)+B(np)^2 \tag{2.1-45}$$

其中,

$$K(S,\theta,0)=K_W+(54.674\ 6-0.603\ 459\theta+1.099\ 87\times10^{-2}\theta^2-6.167\ 0\times10^{-5}\theta^3)S+(7.944\times10^{-2}+1.648\ 3\times10^{-2}\theta^2-6.167\ 0\times10^{-4}\theta^2)S^{3/2} \tag{2.1-46}$$

$$A=A_W+(2.283\ 8\times10^{-3}-1.098\ 1\times10^{-5}\theta-1.607\ 8\times10^{-6}\theta^2)S+1.910\ 75\times10^{-4}S^{3/2} \tag{2.1-47}$$

$$B=B_W+(-9.934\ 8\times10^{-7}+2.081\ 6\times10^{-8}\theta+9.169\ 7\times10^{-10}\theta^2)S \tag{2.1-48}$$

割线体积模量中的纯水项由下列表达式给出:

$$K_W = 19\ 652.21+148.420\ 6\theta-2.327\ 105\theta^2+1.360\ 477\times10^{-2}\theta^3-5.155\ 288\times10^{-5}\theta^4 \tag{2.1-49}$$

$$A_W = 3.239\ 908+1.437\ 13\times10^{-3}\theta+1.160\ 92\times10^{-4}\theta^2-5.779\ 05\times10^{-7}\theta^3 \tag{2.1-50}$$

$$B_W = 8.509\ 35\times10^{-5}-6.122\ 93\times10^{-6}\theta+5.279\ 7\times10^{-8}\theta^2 \tag{2.1-51}$$

该方程的适用范围:温度-2~40 ℃(θ_{68}),实用盐度标度 0~42,海压 0~10^8 Pa,压力匹配因子 $n=10^{-5}$。

式(2.1-44)也可以写成计算比容的形式:

$$\alpha(S,\theta,p)=\alpha(S,\theta,0)\cdot\left[1-\frac{np}{K(S,\theta,p)}\right] \tag{2.1-52}$$

高压状态方程的一个优点是比原有其他形式的状态方程更准确。Millero 等对方程进行了大量的演算,多达 1 908 个数据(其中,纯水数据 298 个,海水数据 1 610 个),总的比容标准差为 $9.0\times10^{-9}\ m^3\cdot kg^{-1}$,而在大洋海水的温盐与压力范围内,标准差缩小至仅有 $5.0\times10^{-9}\ m^3\cdot kg^{-1}$。高压状态方程用于计算海水体积热膨胀系数或压缩系数等参数,其计算精度也很高。

该方程的另一个优点是结构简明,能清晰地标示出决定海水体积模量的"纯水项""标准大气压项"和"高压项",这给理论研究、实验和计算带来很大的方便。而且,若调整方程的"纯水项"或其他,如"标准大气压项""高压项"时,可不影响其他项的计算。

3. 完整的国际海水状态方程

Millero 等早先提出的状态方程(详情回顾 2.1.5.3 节),是分别对一个大气压和高压两种情况而言,即式(2.1-38)和式(2.1-39)。他们在 1980 年以后已经将上述两种情况结合起来,提出了"完整的国际海水状态方程",其形式如式(2.1-44)和式(2.1-52)所示。其中,式(2.1-44)随后被正式命名为"1980 年高压国际海水状态方程",简记为 EOS80;式(2.1-52)是式(2.1-44)的变换形式,有时亦可通称为 EOS80。

随着 ITS—90 温标的正式公布,国际海水状态方程中的温度也相应地从 θ_{68} 换算为 θ_{90}。两者之间存在下列的线性关系:

$$\theta_{68}=1.000\ 24\theta_{90} \tag{2.1-53}$$

2.2 海水动力过程和表示方法

2.2.1 连续介质假设

海洋动力学研究海水的运动,而海水作为一种流体,当我们把牛顿第二定律应用于海水时,需要考虑其适用性。

海洋动力学属于流体力学的范畴,流体力学是基于连续介质的基础上建立起来的。流体由大量分子组成,其微观结构具有非均匀性、离散性和随机性;而宏观结构则具有均匀性、连续性与确定性。流体力学主要研究的是流体的宏观结构,研究方法有统计物理,即从分子和原子的运动出发,采用统计平均的方法建立宏观物理量满足的方程,进而确定流体的性质;以连续介质假设为基础,假定流体质点连续地充满了流体所在的整个空间。流体质点所具有的宏观物理量(如质量、速度、压力和温度等)满足一切应当遵循的物理定律及物理性质,如牛顿定律、质能守恒定律、热力学定律,以及扩散、黏性、热传导等输运性质。

连续介质假设的基础是由于宏观问题的特征尺度和特征时间与分子间的距离和碰撞时间相比相差悬殊,个别分子的行为几乎不影响大量分子统计平均后的宏观物理量,因此在考虑流体的宏观运动时,可不必直接考虑流体的分子结构,而采用连续介质这一近似的理论模型。连续介质假设认为,真实流体所占有的空间,可近似地看成是由"流体质点"连续地、无空隙地充满。在这里,流体质点指的是微观上充分大、宏观上充分小的分子团。

有了连续介质假设,在研究流体宏观运动的过程中,即可把一个本来是大量离散分子或原子的运动近似为连续充满整个空间的流体质点的运动问题,而且每个空间点和时间轴上的每个时刻都有确定的物理量,它们都是空间坐标和时间维度的连续函数,从而可以利用强有力的数学工具。正因为如此,连续介质假设是流体力学中第一个根本性的假设。

介质的密度一般是非均匀的,而压缩性又致使其密度发生变化,这就出现了矛盾:连续即为质点之间没有空隙,然而密度能够变化又意味着介质内部仍然有空间可供填充。因此,连续介质只是一种抽象的概念,提出这种抽象的概念会使我们极大地简化流体力学的研究,可把牛顿第二定律应用于流体。

2.2.2 拉格朗日与欧拉表示法

拉格朗日与欧拉表示法是在不考虑外力作用的前提下研究已发生的流体运动,叙述或描述流体运动的方法及其分析表达(运动学)。设流体质点在空间中运动,我们的任务是确定并描述流体运动的方法并且将它用数学方程式表达出来。

2.2.1.1 拉格朗日方法

着眼于流体质点本身,拉格朗日方法设法描述出每个流体质点自始至终的运动过程,即它们的位置随时间变化的过程。

首先,采用某种数学方法区别不同的流体质点。通常利用初始时刻流体质点的坐标作为区别不同流体质点的标志,即 $t=t_0$ 时:

$$\boldsymbol{r}=\boldsymbol{r}(a,b,c,t) \tag{2.2-1}$$

式中,$\boldsymbol{r}$ 为流体质点矢径,在直角坐标系中:

$$\begin{cases}x=x(a,b,c,t)\\ y=y(a,b,c,t)\\ z=z(a,b,c,t)\end{cases} \tag{2.2-2}$$

变量 a、b、c、t 称为拉格朗日变量。在式(2.2-1)中,假如固定 a、b、c,只有时间 t 发生改变,则可以得到某一流体质点的运动过程;如果固定时间 t 而令 a、b、c 改变,则可以得到同一时刻不同流体质点的位置分布。应该指出,在拉格朗日的观点中,$\boldsymbol{r}$ 矢径函数的定义区域不是“场”,因为它不是空间坐标的函数,而是质点标号的函数。

从式(2.2-1)出发,可进一步求取流体质点的速度及加速度。假设式(2.2-1)确定的函数具有二阶连续偏导数,则速度和加速度是对于同一质点而言的单位时间内位移变化率和速度变化率,表达式如下:

$$\begin{cases} \boldsymbol{V}=\dfrac{\partial \boldsymbol{r}(a,b,c,t)}{\partial t} \\ \dfrac{\partial \boldsymbol{V}}{\partial t}=\dfrac{\partial^2 \boldsymbol{r}(a,b,c,t)}{\partial t^2} \end{cases} \tag{2.2-3}$$

对于同一质点而言,其空间坐标(即 a、b、c)不变,因而式(2.2-3)表达的是对时间 t 的偏导数。在直角坐标系中,速度和加速度的表达式为

$$\begin{cases} U=\dfrac{\partial x(a,b,c,t)}{\partial t} \\ V=\dfrac{\partial y(a,b,c,t)}{\partial t} \\ W=\dfrac{\partial z(a,b,c,t)}{\partial t} \end{cases} \tag{2.2-4}$$

及

$$\begin{cases} \dfrac{\partial U}{\partial t}=\dfrac{\partial^2 x(a,b,c,t)}{\partial t^2} \\ \dfrac{\partial V}{\partial t}=\dfrac{\partial^2 y(a,b,c,t)}{\partial t^2} \\ \dfrac{\partial W}{\partial t}=\dfrac{\partial^2 z(a,b,c,t)}{\partial t^2} \end{cases} \tag{2.2-5}$$

2.2.1.2 欧拉表示法

描述流体运动的另一种观点和方法,即为欧拉表示法。与拉格朗日方法不同,欧拉方法的关注点不是流体质点,而是空间点。该方法试图在空间中每一个点上描述出流体运动随时间的变化状况。如果每个点的流体运动都已经获知,则整个流体的运动情况也就明晰了。因为不同时刻将有不同流体质点经过空间某固定点,所以站在固定点上就无法观测和记录掠过的流体质点以前和以后的详细历史。虽然如此,不同时刻经过固定点的流体质点速度是可以测算出的,因此可以采用速度矢量描绘固定点流体运动的变化状况,而不管经过该固定点的质点。速度矢量的表达形式如下:

$$\boldsymbol{V}=\boldsymbol{V}(\boldsymbol{r},t) \tag{2.2-6}$$

在直角坐标系中:

$$\begin{cases}U=U(x,y,z,t)\\V=V(x,y,z,t)\\W=W(x,y,z,t)\end{cases} \tag{2.2-7}$$

若要完全描述流体的运动状况，还需要给定状态函数，如温度、盐度、密度、压强等(2.1节)：

$$\theta=\theta(x,y,z,t),S=S(x,y,z,t),\rho=\rho(x,y,z,t),p=p(x,y,z,t)$$

变量 x、y、z、t 即为欧拉变量。当 x、y、z 固定，仅有 t 变化时，式(2.2-7)中的函数表示空间中某固定点上速度随时间的变化规律。需要说明的是，由式(2.2-7)确定的速度函数被定义在空间点上，它们是空间点的坐标 x、y、z 的函数，所以不同于拉格朗日方程，这里研究的是“场”，如速度场、压力场、密度场等。因此当我们用欧拉观点描述流体运动时，就可以广泛地采用场论。若场内的函数不依赖于时间 t，称为定常场；反之则称为不定常场。

在气象观测中(气象站点资料)，广泛使用欧拉方法。在海洋观测中，多船定点同步观测，采用的是欧拉方法；而卫星跟踪海洋观测浮标，使用的是拉格朗日方法。

假设速度函数即式(2.2-6)具有一阶连续偏导，就可基于该方程(组)求取质点的加速度。假设某质点在场内运动，在 t 时刻，该质点位于 M 点，速度为 $\boldsymbol{V}(M,t)$，过了 Δt 时刻之后，该点运动至 N 点，此时的速度记为 $\boldsymbol{V}(N,t+\Delta t)$。加速度是对某一质点而言，即观测某确定质点在运动过程中其本身速度随时间的变化率。因此，加速度是“紧跟”流体质点的微分，称为随体导数或“实质微商”。对于任何物理量来说，实质微商都是指“跟随”某个确定流体质点观测出来的该物理量的变化率。

根据定义，加速度的表达式为

$$\frac{\mathrm{d}\boldsymbol{V}}{\mathrm{d}t}=\lim_{\Delta t\to 0}\frac{\boldsymbol{V}(N,t+\Delta t)-\boldsymbol{V}(M,t)}{\Delta t} \tag{2.2-8}$$

从式(2.2-8)可以看出，加速度的获得主要由下列两个原因引发：一方面，当质点由 M 点运动至 N 点时，时间过去了 Δt，由于场的不定常性，速度将发生变化；另一方面，与此同时 M 点在场内沿着轨迹线移动了 MN 的距离，由于场的非均匀性，同样可以引起速度的变化。流体质点在 M 点的 t 时刻速度 $\boldsymbol{V}(M,t)$，即为 M 点 t 时刻的欧拉速度。$\boldsymbol{V}(M,t)$ 是 M 和 t 的函数，所以当 t 发生变化，$\boldsymbol{V}$ 变化，则为非定常；M 变化，则为非均匀。根据这样的思考，表达式(2.2-8)等号右边可拆分为两部分：

$$\begin{aligned}\frac{\mathrm{d}\boldsymbol{V}}{\mathrm{d}t}&=\lim_{\Delta t\to 0}\frac{\boldsymbol{V}(N,t+\Delta t)-\boldsymbol{V}(N,t)}{\Delta t}+\lim_{\Delta t\to 0}\frac{\boldsymbol{V}(N,t)-\boldsymbol{V}(M,t)}{\Delta t}\\&=\lim_{\Delta t\to 0}\frac{\boldsymbol{V}(N,t+\Delta t)-\boldsymbol{V}(N,t)}{\Delta t}+\lim_{\Delta t\to 0}\frac{MN}{\Delta t}\lim_{MN\to 0}\frac{\boldsymbol{V}(N,t)-\boldsymbol{V}(M,t)}{MN}\end{aligned}$$

当上述表达式右边第一项为 $\Delta t\to 0$ 时，$N\to M$，因此 $\frac{\partial \boldsymbol{V}(M,t)}{\partial t}$ 这一项表示场的不定常性引起的速度变化，称为局部导数(微商)或“就地导数”。右边第二项为 $V\frac{\partial \boldsymbol{V}(M,t)}{\partial s}$，它表示由于场的不均匀性引起的速度变化，称为对流导数(微商)或“位变导数”，其中后半部分代表沿着 s 方向移动单位长度引起的速度变化，当前在单位时间内移动了 V 的距离。这样总

的速度变化(加速度),即为局部导数(微商)与对流导数(微商)之和:

$$\frac{\mathrm{d}\boldsymbol{V}}{\mathrm{d}t}=\frac{\partial \boldsymbol{V}}{\partial t}+V\frac{\partial \boldsymbol{V}}{\partial s}$$

从场论中可知:

$$\frac{\partial \boldsymbol{V}}{\partial s}=(\boldsymbol{s}_0\cdot\nabla)\boldsymbol{V}$$

式中,$\boldsymbol{s}_0$ 是曲线 L 上的单位切向矢量。考虑到 $V\boldsymbol{s}_0=\boldsymbol{V}$,进而得到

$$\frac{\mathrm{d}\boldsymbol{V}}{\mathrm{d}t}=\frac{\partial \boldsymbol{V}}{\partial t}+(\boldsymbol{V}\cdot\nabla)\boldsymbol{V} \tag{2.2-9}$$

这是矢量形式的加速度表达式。

在直角坐标系中:

$$\begin{cases}\dfrac{\mathrm{d}U}{\mathrm{d}t}=\dfrac{\partial U}{\partial t}+U\dfrac{\partial U}{\partial x}+V\dfrac{\partial U}{\partial y}+W\dfrac{\partial U}{\partial z}\\[2ex]\dfrac{\mathrm{d}V}{\mathrm{d}t}=\dfrac{\partial V}{\partial t}+U\dfrac{\partial V}{\partial x}+V\dfrac{\partial V}{\partial y}+W\dfrac{\partial V}{\partial z}\\[2ex]\dfrac{\mathrm{d}W}{\mathrm{d}t}=\dfrac{\partial W}{\partial t}+U\dfrac{\partial W}{\partial x}+V\dfrac{\partial W}{\partial y}+W\dfrac{\partial W}{\partial z}\end{cases} \tag{2.2-10}$$

经过函数微分,直接得到:

$$\boldsymbol{V}=\boldsymbol{V}(x,y,z,t)=\boldsymbol{V}(x(t),y(t),z(t),t)$$

考虑到

$$U=\frac{\mathrm{d}x}{\mathrm{d}t},\quad V=\frac{\mathrm{d}y}{\mathrm{d}t},\quad W=\frac{\mathrm{d}z}{\mathrm{d}t}$$

推导出

$$\begin{aligned}\frac{\mathrm{d}\boldsymbol{V}}{\mathrm{d}t}&=\frac{\partial \boldsymbol{V}}{\partial t}+\frac{\partial \boldsymbol{V}}{\partial x}\frac{\mathrm{d}x}{\mathrm{d}t}+\frac{\partial \boldsymbol{V}}{\partial y}\frac{\mathrm{d}y}{\mathrm{d}t}+\frac{\partial \boldsymbol{V}}{\partial z}\frac{\mathrm{d}z}{\mathrm{d}t}\\&=\frac{\partial \boldsymbol{V}}{\partial t}+U\frac{\partial \boldsymbol{V}}{\partial x}+V\frac{\partial \boldsymbol{V}}{\partial y}+W\frac{\partial \boldsymbol{V}}{\partial z}\\&=\frac{\partial \boldsymbol{V}}{\partial t}+(\boldsymbol{V}\cdot\nabla)\boldsymbol{V}\end{aligned}$$

对矢量 $\boldsymbol{a}$ 和标量 φ 均成立:

$$\frac{\mathrm{d}\boldsymbol{a}}{\mathrm{d}t}=\frac{\partial \boldsymbol{a}}{\partial t}+(\boldsymbol{V}\cdot\nabla)\boldsymbol{a} \tag{2.2-11}$$

$$\frac{\mathrm{d}\varphi}{\mathrm{d}t}=\frac{\partial \varphi}{\partial t}+\boldsymbol{V}\cdot\nabla\varphi \tag{2.2-12}$$

采用欧拉方法描写流体运动通常优于拉格朗日方法。其主要体现在广泛利用场论及一阶导数比二阶导数更容易处理。在实际海洋观测中,假如用船舶跟着流体质点跑,因流体质点随潮流做周期性运动,故很难实现。但可以用多艘船同步观测,在欧拉场中得出“实质微商”。

2.3 海水运动控制方程

海洋中的海水时刻不停地处于运动之中。而海水运动一方面受到动力因素的影响，另一方面受到温度、盐度等热力学因素的作用。一般来说，可用速度场 u、v、w，压力 p，密度 ρ，温度 θ 及盐度 S 来描述运动和变化中的海洋。这七个物理量(或称为场)通常是时间 t 和空间(x, y, z)的函数。海水或者包含海水中的物质或热量的运动和变化总是遵循一定的物理定律，根据这些物理定律，人们可以用上述物理量(场)来建立一套描述海水运动和变化规律的完全基本方程(即控制方程)。

为了求解这套控制方程，还必须确立定解条件。通常，当我们研究海水运动的某些特殊运动形式时，需要做出一些近似和假定，从而忽略一些因素起到的作用，其结果并不影响反映研究对象的主要特征。这些近似和假定实际上简化了控制方程，便于其求解。但是，在做出这些近似和假定之前，必须找到如此做的理论依据，以确保这些近似和假定之下的研究结果具有实际意义。

2.3.1 海水运动方程

海水运动遵循牛顿第二定律。按照这个定律，一个物体(质量为 m)运动速度的改变(加速度 a)与作用于这个物体上的合力(F)成正比，方向沿着合力的方向，记为

$$F=ma \tag{2.3-1}$$

运用这个定律到流体微团，我们可将式(2.3-1)改写为

$$a=\frac{F}{m} \tag{2.3-2}$$

出于简化，考虑“单位体积”受力的作用下的运动(图2-8所示)，一个流体微团的定义式为

$$m=\rho V=\rho\cdot \mathrm{d}x\mathrm{d}y\mathrm{d}z \tag{2.3-3}$$

对于单位体积质量有 $m=\rho$，因此作用在单位体积流体微团方程(2.3-3)等于

$$a=\frac{F}{\rho} \tag{2.3-4}$$

式(2.3-4)说明海洋运动方程可以在一个给定的合力情况下导出。这里的“合力”存在多个力同时作用的情况。事实上，运动是由一些力的合成驱动的。

海洋中有两类力，即初级力和次级力。在这里，初级力定义为直接引起运动的力，包括重力、风应力和压力；次级力定义为由运动产生的力，如科氏力、摩擦力。

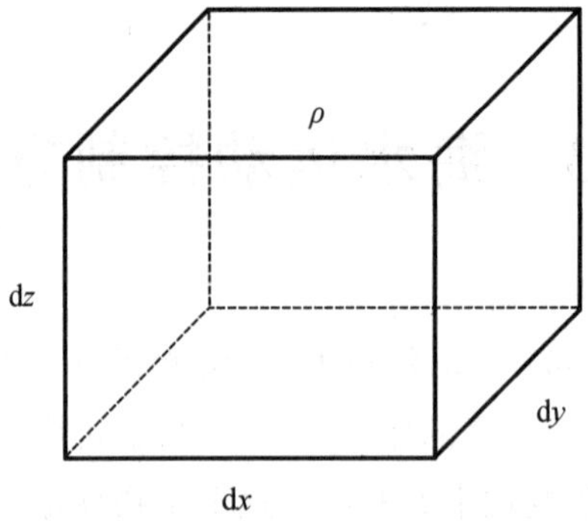

图 2-8　流体微团体积

2.3.1.1　重力

重力为作用于整个水体质量上的力,等于引力和离心力的合力。牛顿万有引力指出宇宙中任意两个物体相互吸引,其吸引力正比于它们的质量,反比于它们之间距离的平方。假设两个物体的质量为 M 和 m,相距 $r=|\boldsymbol{r}|$(其中,矢量 $\boldsymbol{r}$ 指向如图 2-9 所示。r 表示矢量 $\boldsymbol{r}$ 的绝对值)。由于引力的作用,质量为 M 的物体作用于质量 m 的力为

$$F_{g'}=-\frac{GMm}{r^2}\left(\frac{\boldsymbol{r}}{r}\right) \tag{2.3-5}$$

式中,G 为万有引力常数。假设地球质量为 M,海洋质量为 m,那么由于地球引力吸引,作用于海洋上的单位质量力为

$$g^*=\frac{F_{g'}}{m}=-\frac{GM}{r^2}\left(\frac{\boldsymbol{r}}{r}\right) \tag{2.3-6}$$

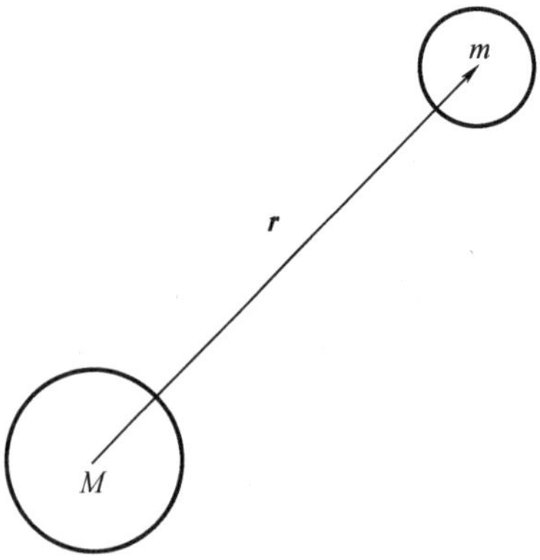

图 2-9　重力示意图(两个球形物体,质量分别为 M 和 m,球形中心相距 r)

2.3.1.2　离心力

假定一个系于细绳上质量为 m 的球,以恒定角速度 ω 做半径为 r 的运动。从一个观测者的角度,球的速度是恒定的,但运动方向不停变化,因此速度矢量也是变化的。细绳的作

用如同一个力,把球向旋转轴的方向牵拉。这个力对球产生了一个加速度。为计算加速度,如图 2-10 所示,在时间间距 Δt 内,球转动角度的变化为 $\Delta\theta$,速度矢量变化记为 $\Delta\boldsymbol{V}$。$\Delta\boldsymbol{V}$ 的量值为 $|\Delta\boldsymbol{V}|=|\boldsymbol{V}|\Delta\theta$。如果将其对时间进行微分,并考虑 $\Delta t\to0$ 的情况,$\Delta\boldsymbol{V}$ 指向旋转轴,可得

$$\frac{\mathrm{d}\boldsymbol{V}}{\mathrm{d}t}=|\boldsymbol{V}|\frac{\mathrm{d}\theta}{\mathrm{d}t}\left(-\frac{\boldsymbol{r}}{r}\right) \tag{2.3-7}$$

因为 $|\boldsymbol{V}|=\omega r$ 及 $\frac{\mathrm{d}\theta}{\mathrm{d}t}=\omega$,据此可得

$$\frac{\mathrm{d}\boldsymbol{V}}{\mathrm{d}t}=-\omega^2\boldsymbol{r} \tag{2.3-8}$$

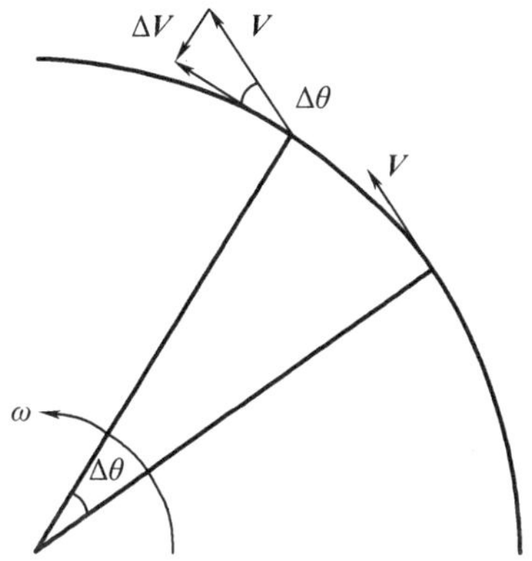

图 2-10 离心力示意图

从固定坐标系看,它是一个指向旋转轴且具有均匀加速度的运动,等于角速度的平方乘以与旋转轴的距离。这个加速度称为向心加速度,是系于球上细绳的力所引起的。

现在,假设我们是在随球旋转的坐标系中观测运动。在旋转系统中,球是静止的,但仍有一个力作用于球上,即细绳的拉力。因此,为了应用牛顿第二定律描述相对于旋转坐标系的运动,我们必须引入一个额外的表现力,称为"离心力",其恰好平衡细绳作用于球上的力。因此,离心力等于球的惯性反应,与向心加速度的量级相等,方向相反,即

$$\boldsymbol{F}_{ef}=\Omega^2\boldsymbol{R} \tag{2.3-9}$$

式中,Ω 为地球转动的角速度;$\boldsymbol{R}$ 为从旋转轴指向物体的矢量;$\boldsymbol{F}_{ef}$ 为离心力。

综上,可以进一步给出重力表达式。在随地球旋转的相对坐标系内部观测,位于地球表面的单位质量静止物体,受到离心力作用。作用于物体上重力应等于引力 $\boldsymbol{g}^*$ 和离心力 $\boldsymbol{F}_{ef}$ 之和

$$\boldsymbol{g}=\boldsymbol{g}^*+\boldsymbol{F}_{ef}=\boldsymbol{g}^*+\Omega^2\boldsymbol{R} \tag{2.3-10}$$

引力指向地心,而离心力背离旋转轴。因而除了在极地和赤道,重力方向都偏离地心(详见图 2-11)。如果地球为一个正圆的球体,重力将有一个平行于表面且指向赤道的分量。假设地球在赤道处为凸出的形状(地球大致为一个椭球体),则地球已做出调整来补偿这个指向赤道的分量,因而任意地点的重力垂直于地表,或者称为"局地垂向"。

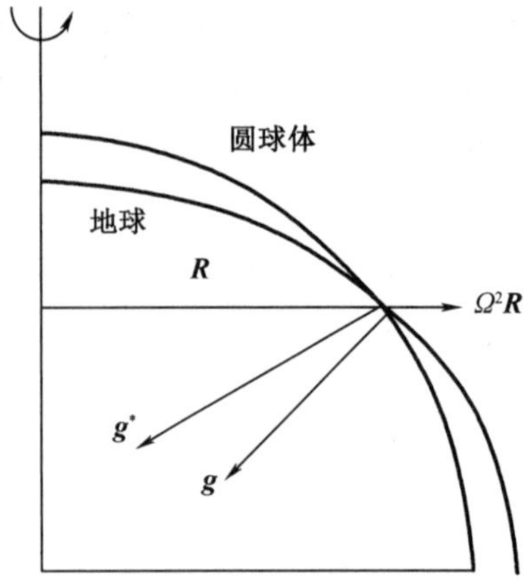

图 2-11　引力、离心力、重力和地球形状的关系

2.3.1.3　天体引潮力

天体引潮力 $\boldsymbol{F}_T$ 主要包括月球引潮力 $\boldsymbol{F}_M$ 和太阳引潮力 $\boldsymbol{F}_S$，而其他天体引潮力贡献较小，可以忽略不计。因此有

$$\boldsymbol{F}_T=\boldsymbol{F}_M+\boldsymbol{F}_S \tag{2.3-11}$$

首先讨论月球引潮力。在地月系统中，地球和月球绕缔约公共质心运动，若暂不考虑地球自转运动，则当它们绕公共质心运动一周之后，地球中心在空间的轨迹近似为一个以地月公共质心为中心、以地心到公共质心的距离为半径的圆。由于地球绕地月公共质心的运动为平动(在不考虑地转的情况下)，因此地球上任意一点像地心一样，也在空间留下一个大小相同的圆形轨迹。设 ω_0 为地心绕地月公共质心做圆运动的角速度，a_0 为圆半径，则对以地球作为参照系的观察者来说，地球上任意地点单位质量均受到一个大小和方向相同的惯性离心力，其大小为 $N=\omega_0^2 a_0$，方向为背离月球的方向。如图 2-12 所示，设 D 表示地心到月心的距离，$\frac{\boldsymbol{D}}{D}$为月心指向地心的方向；L 表示地球上任意一点 A 到月心的距离，$\frac{\boldsymbol{L}}{L}$为月心指向 A 点的方向；O 为地心，P 为月心；r 为地心到 A 点的距离；θ 为月球天顶距。在地心处，单位质量所受月球的引力为

$$\boldsymbol{K}(O)=-\frac{\mu_0 M}{D^2}\frac{\boldsymbol{D}}{D} \tag{2.3-12}$$

式中，μ_0 为引力常数，M 为同球质量。
所受的惯性离心力为

$$\boldsymbol{N}=\omega_0^2 a_0\frac{\boldsymbol{D}}{D} \tag{2.3-13}$$

两者的合力应为零，即

$$\boldsymbol{N}+\boldsymbol{K}(O)=\omega_0^2 a_0\frac{\boldsymbol{D}}{D}-\frac{\mu_0 M}{D^2}\frac{\boldsymbol{D}}{D}=0 \tag{2.3-14}$$

由于地球上任意一点 A 所受到的月球引力为

$$\boldsymbol{K}(A)=-\frac{\mu_0 M}{L}\frac{\boldsymbol{L}}{L} \tag{2.3-15}$$

其与惯性离心力的合力为

$$\boldsymbol{F}_{\mathrm{M}}=\boldsymbol{K}(A)+\boldsymbol{N}=\boldsymbol{K}(A)-\boldsymbol{K}(O)=-\frac{\mu_0 M}{L^2}\frac{\boldsymbol{L}}{L}+\frac{\mu_0 M}{D^2}\frac{\boldsymbol{D}}{D} \tag{2.3-16}$$

称为月球引潮力。式(2.3-16)表明,地球上任意一点的物体在月球引潮力的作用下做相对于地心的运动。

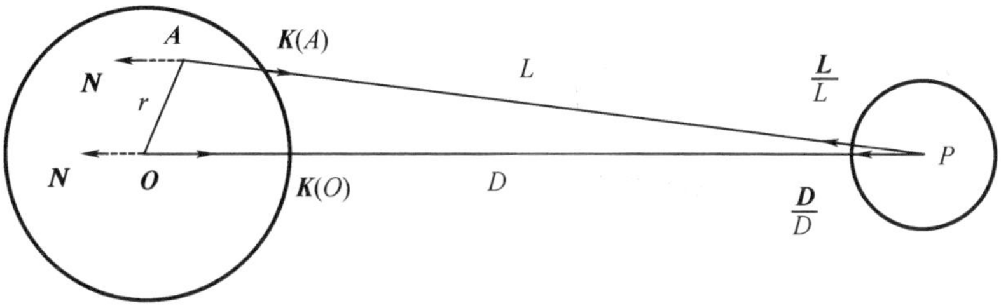

图 2-12 地球上任意一点 *A* 处和地心 *O* 处所受到的月球引力和惯性离心力、月球引潮力示意图

另外,式(2.3-16)中 A 点单位质量所受的月球引力 $\boldsymbol{K}(A)$ 的势为

$$\varphi_1=-\int_{\infty}^{L}\boldsymbol{K}(A)\cdot \mathrm{d}\boldsymbol{L}=\int_{\infty}^{L}\frac{\mu_0 M}{L^2}\frac{\boldsymbol{L}}{L}\cdot \mathrm{d}\boldsymbol{L}=-\frac{\mu_0 M}{L}$$

而 A 点所受惯性离心的势为

$$\varphi_2=-\int_0^r N\cdot \mathrm{d}\boldsymbol{r}=-\int_0^r \frac{\mu_0 M}{D^2}\frac{\boldsymbol{D}}{D}\cdot \mathrm{d}\boldsymbol{r}=\frac{\mu_0 M}{D^2}r\cos\theta$$

进而 A 点月球引潮力 $\boldsymbol{F}_{\mathrm{M}}$ 的势为

$$\Omega_{\mathrm{M}}=\varphi_1+\varphi_2=-\frac{\mu_0 M}{L}+\frac{\mu_0 M}{D^2}r\cos\theta$$

这里可以选取地心所在位置的势为0,为此在上式中加上$\frac{\mu_0 M}{D}$,于是月球引潮势可以表示为

$$\Omega_{\mathrm{M}}=-\mu_0 M\left(\frac{1}{L}-\frac{1}{D}-\frac{r}{D^2}\cos\theta\right) \tag{2.3-17}$$

如果将式(2.3-17)中的月球质量 M 换为太阳的质量 S;地月之间的距离 D 换成地日之间的距离 D_{S};A 点到月心的距离 L 换成 A 点到日心的距离 L_{S};A 点的月球天顶距 θ 换成太阳的天顶距 θ_{S},即可得到地日系统中的太阳引潮势为

$$\Omega_{\mathrm{S}}=-\mu_0 S\left(\frac{1}{L_{\mathrm{S}}}-\frac{1}{D_{\mathrm{S}}}-\frac{r}{D_{\mathrm{S}}^2}\cos\theta_{\mathrm{S}}\right) \tag{2.3-18}$$

天体引潮势为式(2.3-17)与式(2.3-18)之和,即天体引潮势的表达式为

$$\Omega=\Omega_{\mathrm{M}}+\Omega_{\mathrm{S}}=-\mu_0 M\left(\frac{1}{L}-\frac{1}{D}-\frac{r}{D^2}\cos\theta\right)-\mu_0 S\left(\frac{1}{L_{\mathrm{S}}}-\frac{1}{D_{\mathrm{S}}}-\frac{r}{D_{\mathrm{S}}^2}\cos\theta_{\mathrm{S}}\right) \tag{2.3-19}$$

由此,天体引潮力可以表示为

$$F_{\mathrm{T}}=-\nabla\Omega \tag{2.3-20}$$

用天体引潮势的梯度来表示天体引潮力,这是研究海洋潮波基本方程中强迫项的传统表达形式。在球坐标系统中,式(2.3-20)可以改写成

$$F_{\mathrm{T}}=-\left(\frac{\partial}{r\cos\varphi\cdot\partial\lambda}\boldsymbol{\lambda}+\frac{\partial}{r\cdot\partial\varphi}\boldsymbol{\varphi}+\frac{\partial}{\partial r}\boldsymbol{r}\right)\Omega \tag{2.3-21}$$

式中,λ 表示地理经度,φ 表示地理纬度,r 表示到地心的距离;$\boldsymbol{\lambda}$、$\boldsymbol{\varphi}$、$\boldsymbol{\Omega}$ 为单位向量,分别取向东、向北和向上为正。如果研究的范围不大,可以使用更简便的直角坐标系。相应地,式(2.3-21)可以改写成

$$F_{\mathrm{T}}=-\left(\frac{\partial}{\partial x}\boldsymbol{i}+\frac{\partial}{\partial y}\boldsymbol{j}+\frac{\partial}{\partial z}\boldsymbol{k}\right)\Omega \tag{2.3-22}$$

式中,x、y 和 z 轴的方向通常分别取为向东、向北和向上为正。

2.3.1.4 科氏力

正如我们在前面讨论的,为了使牛顿第二定律应用于相对旋转坐标系静止的物体,我们需要引入一个力,即离心力。如果物体相对于旋转坐标系运动,另外一个力的表现,称为科氏力(coriolis force),它的引入可以使牛顿第二定律仍然有效。

为更好地理解上述两个力,以一个随旋转坐标系运动的物体为例,假设该物体初始处于以角速度 Ω 的旋转圆平面上,并假定物体相对于这个平面处于静止状态,它将仅受到离心力的作用。当物体开始做离开旋转轴的直线运动时,在平面上可以观察到该物体的运动路径是弯曲的,原因是受到了一个与平面旋转方向相反的力的作用,这个偏转力即为科氏力。从平面上看,这个相对运动为科氏力和离心力共同作用的加速运动。科氏力与速度矢量方向垂直,仅改变物体运动的方向。离心力辐射向外,在运动方向具有一个分量,当物体以螺旋轨迹向外运动时,相对于旋转坐标系能增加物体的速度。

接下来,将导出在地球系统中科氏力的数学表达式。考虑在旋转无摩擦的地球表面,单位质量物体自由运动。假设物体相对于地球初始状态是静止的,地球转动作用于物体上的力仅为引力和离心力,正如前文讨论的,这两个力的合力为重力,其与局地水平面垂直。现在假设物体受到脉冲力的作用开始向东运动,事实上当前物体旋转得比地球快,因此物体的离心力将增加,设 ω 为地球角加速度值,$\boldsymbol{R}$ 为从旋转坐标轴指向物体的正向矢量,u 为物体相对于地表的速度(向东),则该物体的总离心力为 $\left(\omega+\frac{u}{R}\right)^2\boldsymbol{R}$,其中 u/R 为物体相对于地球的角速度,是从角速度的定义推导而来的。假定物体在时间间隔 Δt 内移动距离为 Δs,其间角速度变化 $\Delta\theta$ 等于 $\Delta s/R$,因此 $\Delta\theta/\Delta t=(\Delta s/\Delta t)/R$,取 $\Delta t\to 0$,则有 $\mathrm{d}\theta/\mathrm{d}t=(\mathrm{d}s/\mathrm{d}t)/R=u/R$。

基于上述假设与分析过程,总离心力可以改写为

$$\left(\omega+\frac{u}{R}\right)^2\boldsymbol{R}=\omega^2\boldsymbol{R}+\frac{2\omega u\boldsymbol{R}}{R}+\frac{u^2\boldsymbol{R}}{R^2} \tag{2.3-23}$$

右边第一项是由地球旋转产生的离心力,它当然包含在重力中。其他两项代表偏向力,沿矢量 $\boldsymbol{R}$ 方向向外。通过计算,能够比较出第二项大于第三项。因为 $\omega R \geqslant u$,所以在一级近似处理后可以忽略等式右边的第三项。而第二项即为“科氏力”,它源自平行于纬度圈的相对运动。进一步,科氏力可以被分成垂向分量和径向分量。设 φ 为纬度,$(F_c)_y$ 和 $(F_c)_z$ 为经向和垂向科氏力的分量,则有

$$\begin{cases}(F_c)_y=-2\omega u\sin\varphi \\ (F_c)_z=2\omega u\cos\varphi\end{cases} \tag{2.3-24}$$

式中,u 为纬向速度分量(向东为正)。在垂直方向,科氏力分量远小于重力,因而对运动的影响极其有限,一般这一项可以忽略不计。从式(2.3-24)可以看到,北半球的物体,在水平面内向东运动,受到科氏力的作用后向南偏转,而向西运动的物体则向北偏转。我们也可以得出平行于经度圈做相对运动的科氏力。在这种情况下 x 方向的科氏力为

$$(F_c)_x=2\omega v\sin\varphi \tag{2.3-25}$$

因此,如果流体微团向南运动,即 $v<0$,则科氏力在北半球偏西。一般情况下,作用于以速度 $\boldsymbol{V}$ 运动的物体的科氏力为

$$\begin{cases}(F_c)_x=2\omega v\sin\varphi \\ (F_c)_y=-2\omega u\sin\varphi\end{cases}$$

在海洋中,科氏力参数通常被定义为

$$f=2\omega\sin\varphi \tag{2.3-26}$$

因此

$$\begin{cases}(F_c)_x=vf \\ (F_c)_y=-uf\end{cases} \tag{2.3-27}$$

2.3.1.5 压强梯度力

考虑具有体积 $\Delta x\Delta y\Delta z$ 的流体微元(图 2-13),作用于 A 面和 B 面上的压力分别为

$$\begin{cases}F_{xPA}=-P_A\Delta y\Delta z \\ F_{xPB}=P_B\Delta y\Delta z\end{cases}$$

两个作用面的压力差为

$$\Delta F_x=-(P_A-P_B)\Delta y\Delta z=-\Delta P\Delta y\Delta z$$

作用于单位质量上的压强梯度力在 x 方向分量为

$$\frac{-\Delta P\Delta y\Delta z}{\rho\Delta x\Delta y\Delta z}=-\frac{1}{\rho}\frac{\Delta P}{\Delta x}$$

设 $\Delta x\to 0$,可以导出单位质量压强梯度力分量(x 方向)为

$$P_x=-\frac{1}{\rho}\frac{\partial P}{\partial x} \tag{2.3-28}$$

同理,我们可以导出压强梯度力在 y 和 z 方向的分量分别为

$$P_y=-\frac{1}{\rho}\frac{\partial P}{\partial y} \tag{2.3-29}$$

$$P_z=-\frac{1}{\rho}\frac{\partial P}{\partial z} \tag{2.3-30}$$

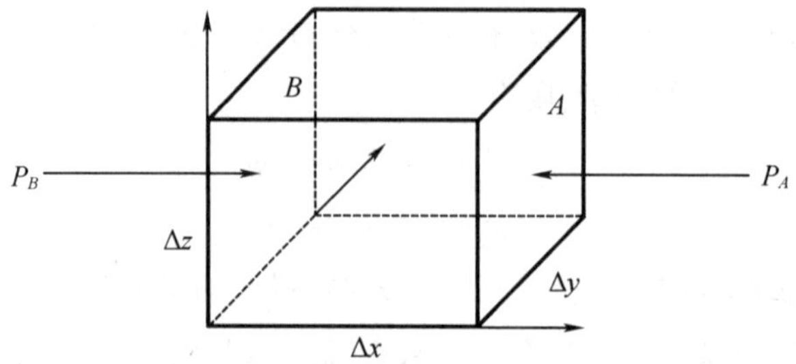

图 2-13　作用在流体微元 $\Delta x\Delta y\Delta z$ 上 x 方向的压强梯度力

2.3.1.6　摩擦力

如果海水运动处于层流状态，则运动受海水分子黏滞性的影响。通常近似地认为海水是不可压缩的，因此，分子黏滞性摩擦力的合力在球坐标系中的分量为

$$\begin{cases}F_\lambda=\dfrac{\mu}{\rho}\left(\Delta u-\dfrac{u}{r^2\cos^2\varphi}-\dfrac{2\tan\varphi}{r^2\cos\varphi}\dfrac{\partial v}{\partial\lambda}+\dfrac{2}{r^2\cos\varphi}\dfrac{\partial w}{\partial\lambda}\right)\\ F_\varphi=\dfrac{\mu}{\rho}\left(\Delta v-\dfrac{v}{r^2\cos^2\varphi}-\dfrac{2\tan\varphi}{r^2\cos\varphi}\dfrac{\partial u}{\partial\lambda}+\dfrac{2}{r^2}\dfrac{\partial w}{\partial\varphi}\right)\\ F_r=\dfrac{\mu}{\rho}\left(\Delta w-\dfrac{2}{r^2}w+\dfrac{2}{r^2}v-\dfrac{2}{r^2\cos\varphi}\dfrac{\partial u}{\partial\lambda}-\dfrac{2}{r^2}\dfrac{\partial v}{\partial\varphi}\right)\end{cases} \tag{2.3-31}$$

式中，μ 为海水黏度（动力黏度）；u、v、w 分别为 λ、φ 和 r 方向的速度分量；Δ 为球坐标系中的拉普拉斯算子，即

$$\Delta=\frac{1}{r^2\cos^2\varphi}\frac{\partial^2}{\partial\lambda^2}+\frac{1}{r^2\cos\varphi}\frac{\partial\left(\cos\varphi\dfrac{\partial}{\partial\varphi}\right)}{\partial\varphi}+\frac{1}{r^2}\frac{\partial\left(r^2\dfrac{\partial}{\partial r}\right)}{\partial r}$$

在直角坐标系中，分子黏性摩擦力的合力为

$$\begin{cases}F_x=\dfrac{\mu}{\rho}\Delta u\\ F_y=\dfrac{\mu}{\rho}\Delta v\\ F_z=\dfrac{\mu}{\rho}\Delta w\end{cases} \tag{2.3-32}$$

式中，Δ 为直角坐标系中的拉普拉斯算子，即

$$\Delta=\frac{\partial^2}{\partial x^2}+\frac{\partial^2}{\partial y^2}+\frac{\partial^2}{\partial z^2}$$

式（2.3-31）和式（2.3-32）中的海水黏度 μ 与海水的热运动状态有关，且随着温度的增加而减小。$\nu=\dfrac{\mu}{\rho}$，为海水运动黏度。不同温度情况下水的黏度详见表 2-4。

表 2-4 水的黏度

θ/℃	ρ/(kg · m^{-3})	μ/(Pa · s)	ν/(m^2 · s^{-1})
0	0.999×10^3	1.787×10^{-3}	1.787×10^{-5}
10	0.999×10^3	1.304×10^{-3}	1.304×10^{-5}
20	0.998×10^3	1.002×10^{-3}	1.004×10^{-5}

2.3.1.7 海水质点加速度与运动控制方程

在球坐标系中,海水质点加速度$\dfrac{\mathrm{d}\boldsymbol{V}}{\mathrm{d}t}$在 λ、φ 和 r 方向的加速度分量为

$$\begin{cases}\dfrac{\mathrm{d}u}{\mathrm{d}t}=\dfrac{\partial u}{\partial t}+\dfrac{u}{r\cos\varphi}\dfrac{\partial u}{\partial\lambda}-\dfrac{uv}{r}\tan\varphi+\dfrac{v}{r}\dfrac{\partial u}{\partial\varphi}+\dfrac{wu}{r}+w\dfrac{\partial u}{\partial r}\\ \dfrac{\mathrm{d}v}{\mathrm{d}t}=\dfrac{\partial v}{\partial t}+\dfrac{u}{r\cos\varphi}\dfrac{\partial v}{\partial\lambda}+\dfrac{u^2}{r}\tan\varphi+\dfrac{v}{r}\dfrac{\partial v}{\partial\varphi}+\dfrac{wv}{r}+w\dfrac{\partial v}{\partial r}\\ \dfrac{\mathrm{d}w}{\mathrm{d}t}=\dfrac{\partial w}{\partial t}+\dfrac{u}{r\cos\varphi}\dfrac{\partial w}{\partial\lambda}+\dfrac{v}{r}\dfrac{\partial w}{\partial\varphi}+w\dfrac{\partial w}{\partial r}-\dfrac{u^2+v^2}{r}\end{cases}\tag{2.3-33}$$

在直角坐标系中,海水质点加速度$\dfrac{\mathrm{d}\boldsymbol{V}}{\mathrm{d}t}$在 x、y 和 z 方向的分量为

$$\begin{cases}\dfrac{\mathrm{d}u}{\mathrm{d}t}=\dfrac{\partial u}{\partial t}+u\dfrac{\partial u}{\partial x}+v\dfrac{\partial u}{\partial y}+w\dfrac{\partial u}{\partial z}\\ \dfrac{\mathrm{d}v}{\mathrm{d}t}=\dfrac{\partial v}{\partial t}+u\dfrac{\partial v}{\partial x}+v\dfrac{\partial v}{\partial y}+w\dfrac{\partial v}{\partial z}\\ \dfrac{\mathrm{d}w}{\mathrm{d}t}=\dfrac{\partial w}{\partial t}+u\dfrac{\partial w}{\partial x}+v\dfrac{\partial w}{\partial y}+w\dfrac{\partial w}{\partial z}\end{cases}\tag{2.3-34}$$

最后,根据以上讨论,海洋运动的控制方程在球坐标系下为

$$\begin{cases}\dfrac{\partial u}{\partial t}+\dfrac{u}{r\cos\varphi}\dfrac{\partial u}{\partial\lambda}+\dfrac{v}{r}\dfrac{\partial u}{\partial\varphi}+w\dfrac{\partial u}{\partial r}-\dfrac{uv}{r}\tan\varphi+\dfrac{wu}{r}\\ =fv-\dfrac{1}{\rho r\cos\varphi}\dfrac{\partial p}{\partial\lambda}-\dfrac{1}{r\cos\varphi}\dfrac{\partial\Omega}{\partial\lambda}+\dfrac{\mu}{\rho}\left(\Delta u-\dfrac{u}{r^2\cos^2\varphi}-\dfrac{2\tan\varphi}{r^2\cos\varphi}\dfrac{\partial v}{\partial\lambda}+\dfrac{2}{r^2\cos\varphi}\dfrac{\partial w}{\partial\lambda}\right)\\ \dfrac{\partial v}{\partial t}+\dfrac{u}{r\cos\varphi}\dfrac{\partial v}{\partial\lambda}+\dfrac{v}{r}\dfrac{\partial v}{\partial\varphi}+w\dfrac{\partial v}{\partial r}+\dfrac{u^2}{r}\tan\varphi+\dfrac{v}{r}\dfrac{\partial v}{\partial\varphi}\\ =-fu-\dfrac{1}{\rho r}\dfrac{\partial p}{\partial\varphi}-\dfrac{1}{r}\dfrac{\partial\Omega}{\partial\varphi}+\dfrac{\mu}{\rho}\left(\Delta v-\dfrac{v}{r^2\cos^2\varphi}+\dfrac{2\tan\varphi}{r^2\cos\varphi}\dfrac{\partial u}{\partial\lambda}+\dfrac{2}{r^2}\dfrac{\partial w}{\partial\varphi}\right)\\ \dfrac{\partial w}{\partial t}+\dfrac{u}{r\cos\varphi}\dfrac{\partial w}{\partial\lambda}+\dfrac{v}{r}\dfrac{\partial w}{\partial\varphi}+w\dfrac{\partial w}{\partial r}-\dfrac{u^2+v^2}{r}\\ =-\dfrac{1}{\rho}\dfrac{\partial p}{\partial r}-\dfrac{\partial\Omega}{\partial r}-g+\dfrac{\mu}{\rho}\left(\Delta w-\dfrac{2w}{r^2}+\dfrac{2\tan\varphi}{r^2}v-\dfrac{2}{r^2\cos\varphi}\dfrac{\partial u}{\partial\lambda}-\dfrac{2}{r^2}\dfrac{\partial v}{\partial\varphi}\right)\end{cases}\tag{2.3-35}$$

其在直角坐标系中,表示为

$$\begin{cases}\dfrac{\partial u}{\partial t}+u\dfrac{\partial u}{\partial x}+v\dfrac{\partial u}{\partial y}+w\dfrac{\partial u}{\partial z}=fv-\dfrac{1}{\rho}\dfrac{\partial p}{\partial x}-\dfrac{\partial \Omega}{\partial x}+\dfrac{\mu}{\rho}\Delta u\\ \dfrac{\partial v}{\partial t}+u\dfrac{\partial v}{\partial x}+v\dfrac{\partial v}{\partial y}+w\dfrac{\partial v}{\partial z}=-fu-\dfrac{1}{\rho}\dfrac{\partial p}{\partial y}-\dfrac{\partial \Omega}{\partial y}+\dfrac{\mu}{\rho}\Delta v\\ \dfrac{\partial w}{\partial t}+u\dfrac{\partial w}{\partial x}+v\dfrac{\partial w}{\partial y}+w\dfrac{\partial w}{\partial z}=-\dfrac{1}{\rho}\dfrac{\partial p}{\partial z}-g+\dfrac{\mu}{\rho}\Delta w\end{cases} \tag{2.3-36}$$

2.3.2 连续方程

海水在运动过程中,其质量场随之重新分布,但是这种因运动引起的质量分布的变化,必须遵守质量守恒基本法则,即海水在运动过程中,其总量既不会自动产生,也不会凭空消失。对于流场中任意选定的固定几何空间来说,单位时间内在该空间流体质量的增加量必然等于同一时间内通过该空间的边界流入其内部的流体量。若取任意一个由闭合曲面 σ 所围成的固定集合空间,其体积为 τ,在单位时间所选取空间内,海水质量的增加量为

$$\iiint_{\tau}\frac{\partial \rho}{\partial t}\mathrm{d}\tau$$

而对于同一单位时间内通过闭合曲面 σ 进入所选取固定空间的海水质量为

$$-\iint_{\sigma}\rho \boldsymbol{V}_n\mathrm{d}\sigma$$

式中,$\boldsymbol{V}_n$ 为沿着闭合曲面 σ 外法线方向上的海水质点速度分量。根据质量守恒原理,应有

$$\iiint_{\tau}\frac{\partial \rho}{\partial t}\mathrm{d}\tau=-\iint_{\sigma}\rho \boldsymbol{V}_n\mathrm{d}\sigma$$

对上式应用曲面积分的高斯公式,可得

$$-\iiint_{\tau}\frac{\partial \rho}{\partial t}\mathrm{d}\tau+\iiint_{\tau}\nabla\cdot(\rho \boldsymbol{V})\,\mathrm{d}\tau=0$$

由于所选取的空间 τ 的大小和形状是任意的,因此有

$$\frac{\partial \rho}{\partial t}+\nabla\cdot(\rho \boldsymbol{V})=0 \tag{2.3-37}$$

进一步可写成

$$\frac{\mathrm{d}\rho}{\mathrm{d}t}+\rho\,\nabla\cdot\boldsymbol{V}=0 \tag{2.3-38}$$

式(2.3-37)或式(2.3-38)即称为“质量连续方程”。质量连续方程在球坐标系和直角坐标系中的形式分别为

$$\frac{\mathrm{d}\rho}{\mathrm{d}t}+\rho\left[\frac{1}{r\cos\varphi}\frac{\partial u}{\partial \lambda}+\frac{1}{r\cos\varphi}\frac{\partial(r\cos\varphi)}{\partial \lambda}+\frac{1}{r^2}\frac{\partial(r^2w)}{\partial r}\right]=0 \tag{2.3-39}$$

和

$$\frac{\mathrm{d}\rho}{\mathrm{d}t}+\rho\left(\frac{\partial u}{\partial x}+\frac{\partial v}{\partial y}+\frac{\partial w}{\partial z}\right)=0 \tag{2.3-40}$$

由于海水的压缩性微小,因此在研究海水运动时,通常可以认为海水是不可压缩的,即

流体微团在运动过程中，其形状可以发生变化，但其体积及封闭曲面中的海水密度不应发生变化。不可压缩性可以描述为

$$\frac{d\rho}{dt}=0$$

至此，质量连续方程变成体积连续方程，即(球坐标系)

$$\nabla\cdot \boldsymbol{V}=\frac{1}{r\cos\varphi}\frac{\partial u}{\partial\lambda}+\frac{1}{r\cos\varphi}\frac{\partial(r\cos\varphi)}{\partial\lambda}+\frac{1}{r^2}\frac{\partial(r^2 w)}{\partial r}=0 \tag{2.3-41}$$

其直角坐标系形式为

$$\nabla\cdot \boldsymbol{V}=\frac{\partial u}{\partial x}+\frac{\partial v}{\partial y}+\frac{\partial w}{\partial z}=0 \tag{2.3-42}$$

2.3.3 温度、盐度方程

2.3.3.1 盐量扩散方程

溶解于海水中的盐量在海水运动过程中既不会产生也不会消失。对于海水中选定的固定空间，单位时间内在该空间的盐量增加量等于两部分之和：一部分是通过该空间表面随海水流动进入空间内部的盐量；另一部分是由于盐分子的不规则运动而进入该空间的盐量(假设海水处于层流状态)。因为盐度的分布是不均匀的，所选定空间内部的盐浓度与其外部的盐浓度存在差异，故高浓度的一边必然向低浓度的一边运动，这一现象称为扩散，其结果是缩小了两边的浓度差别。若选取一个封闭曲面 σ 所围成的空间，其体积为 τ，则在单位时间内所取体积内的盐量增加为

$$\iiint_\tau \frac{\partial\rho s}{\partial t}d\tau$$

式中，s 为单位质量海水所含的盐量(近似等于盐度)。由于海水流动，在同一单位时间内流经曲面 σ 进入所选取空间的盐量为

$$-\iint_\sigma \rho s\boldsymbol{V}_n d\sigma$$

同 2.3.2 节，$\boldsymbol{V}_n$ 为沿着闭合曲面 σ 外法线方向上的流速分量。另外，盐分子在同一时间内扩散进入所取空间的盐量为

$$-\iint_\sigma \boldsymbol{S}_n d\sigma$$

式中，$\boldsymbol{S}_n$ 为其外法线方向的分量，表示由于分子不规则运动通过封闭曲面的单位面积所进入的盐量。根据盐量守恒原理，具有下列关系：

$$\iiint_\tau \frac{\partial\rho s}{\partial t}d\tau=-\iint_\sigma \rho s\boldsymbol{V}_n d\sigma-\iint_\sigma \boldsymbol{S}_n d\sigma$$

进一步可推导出

$$\iiint_\tau\left[\frac{\partial\rho s}{\partial t}+\nabla\cdot(\rho s\boldsymbol{V})+\nabla\cdot \boldsymbol{S}\right]d\tau=0$$

由于所选空间大小和形状的任意性,则

$$\frac{\partial \rho s}{\partial t}+\nabla \cdot (\rho s \boldsymbol{V})+\nabla \cdot \boldsymbol{S}=0 \tag{2.3-43}$$

利用质量连续方程,式(2.3-43)的结果进一步变为

$$\frac{\partial s}{\partial t}+\boldsymbol{V} \cdot \nabla s=-\frac{1}{\rho}\nabla \cdot \boldsymbol{S} \tag{2.3-44}$$

因为 S 可近似表示为盐量 s 的梯度,即 $\boldsymbol{S}=-k\nabla s$,其中 k 为比例系数,于是表达式变成

$$\frac{\partial s}{\partial t}+\boldsymbol{V} \cdot \nabla s=\frac{k}{\rho}\Delta s \tag{2.3-45}$$

该式称为盐量扩散方程,$k_D=\frac{k}{\rho}$是分子盐扩散系数,在 15 ℃时,$k_D=1.1\times10^{-9}\ \mathrm{m^2/s}$,$k_D\Delta s$ 称为分子盐通量。式(2.3-45)在球坐标系和直角坐标系中分别有如下形式:

$$\frac{\partial s}{\partial t}+\frac{u}{r\cos\varphi}\frac{\partial s}{\partial \lambda}+\frac{v}{r}\frac{\partial s}{\partial \varphi}+w\frac{\partial s}{\partial r}=\frac{k}{\rho}\left[\frac{1}{r^2\cos^2\varphi}\frac{\partial^2 s}{\partial \lambda^2}+\frac{1}{r^2\cos\varphi}\frac{\partial\left(\cos\varphi\frac{\partial s}{\partial\varphi}\right)}{\partial\varphi}+\frac{1}{r^2}\frac{\partial\left(r^2\frac{\partial s}{\partial r}\right)}{\partial r}\right] \tag{2.3-46}$$

$$\frac{\partial s}{\partial t}+u\frac{\partial s}{\partial x}+v\frac{\partial s}{\partial y}+w\frac{\partial s}{\partial z}=\frac{k}{\rho}\left(\frac{\partial^2 s}{\partial x^2}+\frac{\partial^2 s}{\partial y^2}+\frac{\partial^2 s}{\partial z^2}\right) \tag{2.3-47}$$

2.3.3.2 热传导方程

同样,在海水中任取一个封闭曲面 σ 所包围的体积为 τ 的空间,此空间单位时间内热量的增加量为

$$\iiint_\tau \frac{\partial \rho C_p\theta}{\partial t}\mathrm{d}\tau$$

式中,C_p 为比定压热容(详见 2.1.3.1 节);$\rho C_p\theta$ 为单位体积的热量。由于海水流动,在同一单位时间内流经曲面 σ 进入所选取空间 τ 的热量为

$$-\iint_\sigma \rho C_p\theta \boldsymbol{V}_n\mathrm{d}\sigma$$

而由分子运动产生的进入所取空间的热量为

$$-\iint_\sigma \boldsymbol{H}_n\mathrm{d}\sigma$$

式中,$\boldsymbol{H}_n$ 为曲面 σ 外法线方向的分量。如果系统的总热量守恒,则有

$$\iiint_\tau \frac{\partial \rho C_p\theta}{\partial t}\mathrm{d}\tau=-\iint_\sigma \rho C_p\theta \boldsymbol{V}_n\mathrm{d}\sigma-\iint_\sigma \boldsymbol{H}_n\mathrm{d}\sigma$$

进一步

$$\frac{\partial \rho C_p\theta}{\partial t}+\nabla \cdot (\rho C_p\theta \boldsymbol{V}_n)+\nabla \cdot \boldsymbol{H}=0 \tag{2.3-48}$$

假定分子热通量仅依赖于温度梯度,方向指向温度减少的方向,$\boldsymbol{H}$ 为分子热通量密

度,即

$$\boldsymbol{H}=-\kappa\ \nabla\theta$$

于是有

$$\frac{\partial\rho C_p\theta}{\partial t}+\nabla\cdot(\rho C_p\theta\boldsymbol{V}_n)=\kappa\ \nabla\theta \tag{2.3-49}$$

进一步设 C_p 为一个常数,将质量连续方程(2.3-37)乘以 θC_p,得到

$$\theta C_p\left[\frac{\partial\rho}{\partial t}+\nabla\cdot(\rho\boldsymbol{V})\right]=0 \tag{2.3-50}$$

由式(2.3-49)减去式(2.3-50),最后得到

$$\frac{\partial\theta}{\partial t}+\boldsymbol{V}\cdot\nabla\theta=k_\theta\Delta\theta \tag{2.3-51}$$

该方程即为热传导方程。其中 $k_\theta=\dfrac{\kappa}{\rho C_p}$是分子热传导系数,$k_\theta\approx1.4\times10^{-7}\ \mathrm{m^2/s}$。$k_\theta\Delta\theta$ 为分子热传导通量。式(2.3-50)在球坐标系和直角坐标系中的形式分别为

$$\begin{cases}\dfrac{\partial\theta}{\partial t}+\dfrac{u}{r\cos\theta}\dfrac{\partial\theta}{\partial\lambda}+\dfrac{v}{r}\dfrac{\partial\theta}{\partial\varphi}+w\dfrac{\partial\theta}{\partial r}=\dfrac{\kappa}{\rho C_p}\left[\dfrac{1}{r^2\cos^2\varphi}\dfrac{\partial^2\theta}{\partial\lambda^2}+\dfrac{1}{r^2\cos\varphi}\dfrac{\partial\left(\cos\varphi\dfrac{\partial\theta}{\partial\varphi}\right)}{\partial\varphi}+\dfrac{1}{r^2}\dfrac{\partial\left(r^2\dfrac{\partial\theta}{\partial r}\right)}{\partial r}\right]\\ \dfrac{\partial\theta}{\partial t}+u\dfrac{\partial\theta}{\partial x}+v\dfrac{\partial\theta}{\partial y}+w\dfrac{\partial\theta}{\partial z}=\dfrac{\kappa}{\rho C_p}\left(\dfrac{\partial^2\theta}{\partial x^2}+\dfrac{\partial^2\theta}{\partial y^2}+\dfrac{\partial^2\theta}{\partial z^2}\right)\end{cases} \tag{2.3-52}$$

2.3.3.3 热膨胀方程

由 2.1.5 节可知,海水状态方程式为表示海水密度、温度、盐度和压强之间关系的方程式,即

$$F(\rho,\theta,S,p)=0 \tag{2.3-53}$$

通常以温度(θ)、盐度(S)和压强(p)来表示密度,即

$$\rho=\rho(S,\theta,p) \tag{2.3-54}$$

密度有许多不同的表达形式,详见 2.1.5 节。在应用海水状态方程的过程中,为了简化问题,通常忽略与压强有关的项,并在盐度变化不大的前提下(例如大洋)忽略盐度对密度的影响,而仅仅考虑温度对密度的作用。在上述前提下,海水状态方程可表示为

$$\rho=\rho_0(1-K\theta) \tag{2.3-55}$$

该方程即为热膨胀方程,其中 ρ_0 为 0 ℃时的海水密度,K 为海水的热膨胀系数。

2.3.4 边界条件

前一小节在导出海水运动基本方程的过程中,认为变量 u、v、w、p、θ、S 和 ρ 都是空间和时间的连续函数。由于海洋是有界的,与大气、海底和海岸线之间都存在着不连续面。即使是在海水内部,也存在着像密度跃层那样的显著不连续层,也可以用不连续界面来表示。

在这些界面上,不能应用基于连续性的海水运动基本方程,必须以边界条件来定义它们。

在海洋中,边界条件是十分重要的,因为所有影响海水运动的外力,除了重力、科氏力、天体引潮力可以直接对海水内部每个质点产生作用外,其余的比如大气压力和风应力等,仅仅作用于海面,然后再通过海面对海水内部起作用。海面的降水和蒸发也是通过海面对海水内部起作用。海底和海岸对海水运动的限制同样也是值得重视的,这种限制必然影响海水内部的运动。本小节将讨论各种边界条件的具体形式。

2.3.4.1 运动学边界条件

在不连续面处,连续方程必须用运动学边界条件取代。选取相对于地球固定的直角坐标系,随时间而运动的界面可表示为

$$F(x,y,z,t)=0 \tag{2.3-56}$$

设运动界面上的任意几何点(x, y, z)在t时刻的速度为$C=(C_x, C_y, C_z)$,经过dt时刻之后,该几何点位于$(x+C_x dt, y+C_y dt, z+C_z dt)$,它仍然位于界面上,从而满足

$$F(x+C_x dt, y+C_y dt, z+C_z dt)=0 \tag{2.3-57}$$

展开上式可得

$$F(x,y,z,t)+\left(\frac{\partial F}{\partial t}+\frac{\partial F}{\partial x}C_x+\frac{\partial F}{\partial y}C_y+\frac{\partial F}{\partial z}C_z\right)dt=0 \tag{2.3-58}$$

于是有

$$\frac{\partial F}{\partial t}+\frac{\partial F}{\partial x}C_x+\frac{\partial F}{\partial y}C_y+\frac{\partial F}{\partial z}C_z=0$$

或

$$\frac{\partial F}{\partial t}+\boldsymbol{C}\cdot\nabla F=0 \tag{2.3-59}$$

设界面上面和下面的流体速度分别为$\boldsymbol{V}_1$和$\boldsymbol{V}_2$。如果界面两边的流体不存在质量交换,应当满足:

$$\boldsymbol{V}_1\cdot\boldsymbol{n}=\boldsymbol{V}_2\cdot\boldsymbol{n}=\boldsymbol{C}\cdot\boldsymbol{n} \tag{2.3-60}$$

式中,$\boldsymbol{n}=\dfrac{\nabla F}{|\nabla F|}$为界面的法向单位向量。由式(2.3-60)可得

$$\boldsymbol{C}\cdot\boldsymbol{n}=-\frac{\dfrac{\partial F}{\partial t}}{|\nabla F|}$$

将其代入式(2.3-60)之后可以导出:

$$\frac{\partial F}{\partial t}+\boldsymbol{V}_1\cdot\nabla F=0 \tag{2.3-61}$$

$$\frac{\partial F}{\partial t}+\boldsymbol{V}_2\cdot\nabla F=0 \tag{2.3-62}$$

以上两个表达式为界面两边流体应当满足的运动学边界条件,表面界面两边的流体不能穿越界面,只能沿界面的切线方向运动。

如果不连续界面为海面，则 $\boldsymbol{V}_2$ 代表海面之下的海水质点的运动 $\boldsymbol{V}$。设直角坐标系的原点位于静止海面，则运动的海面为 $z=\zeta(x, y, t)$，即界面方程为

$$F(x,y,z,t)=z-\zeta(x,y,t)=0 \tag{2.3-63}$$

将式(2.3-63)代入式(2.3-62)，得到自由海面的运动学边界条件为

$$\frac{\partial\zeta}{\partial t}+\boldsymbol{V}_H\cdot\nabla\zeta-w=0 \tag{2.3-64}$$

式中，$\boldsymbol{V}_H$ 为海面海水质点运动速度的水平分量，$w=\mathrm{d}z/\mathrm{d}t$ 为海面海水质点的垂向速度。

如果界面为海底，则 $\boldsymbol{V}_1$ 代表海底的海水质点运动速度 $\boldsymbol{V}$。由海面起开始计算的海底深度为 $z=-h(x, y)$，界面方程为

$$F(x,y,z)=z+h(x,y) \tag{2.3-65}$$

将式(2.3-65)代入式(2.3-64)，可以推导出海底的运动学边界条件：

$$\boldsymbol{V}_H\cdot\nabla h+w=0 \tag{2.3-66}$$

2.3.4.2 自由海面的盐量边界条件

通常情况下，海水和空气通过自由海面进行质量交换，包括蒸发、降水等。这些质量交换过程的总效应可以用单位时间垂向单位面积上的纯水通量 b 来表示。由于质量交换是纯水交换，盐分因故始终留在海水中。设 ρ_{w} 和 ρ_{s} 分别为纯水密度和盐分密度，$\boldsymbol{V}_{\mathrm{w}}$ 和 $\boldsymbol{V}_{\mathrm{s}}$ 分别为纯水流速和盐分速度，则在自由海面处，应该有

$$\rho_{\mathrm{w}}(\boldsymbol{V}_{\mathrm{w}}-\boldsymbol{C})\cdot\boldsymbol{n}=b\cos\gamma \tag{2.3-67}$$

$$\rho_{\mathrm{s}}(\boldsymbol{V}_{\mathrm{s}}-\boldsymbol{C})\cdot\boldsymbol{n}=0 \tag{2.3-68}$$

式中，$\cos\gamma=\cos(n,z)=\dfrac{\frac{\partial F}{\partial z}}{|\nabla F|}$。现在我们引入海水质点惯性中心的速度：

$$\boldsymbol{V}=\frac{\rho_{\mathrm{w}}\boldsymbol{V}_{\mathrm{m}}+\rho_{\mathrm{s}}\boldsymbol{V}_{\mathrm{s}}}{\rho_{\mathrm{w}}+\rho_{\mathrm{s}}} \tag{2.3-69}$$

式中，$\rho_{\mathrm{w}}+\rho_{\mathrm{s}}=\rho$ 为海水密度。将式(2.3-67)和式(2.3-68)相加，并利用式(2.3-69)得到

$$(\boldsymbol{V}-\boldsymbol{C})\cdot\boldsymbol{n}=\frac{b}{\rho}\cos\gamma \tag{2.3-70}$$

利用式(2.3-59)，式(2.3-70)可以变成：

$$\boldsymbol{V}\cdot\boldsymbol{n}+\frac{\frac{\partial F}{\partial t}}{|\nabla F|}=\frac{b}{\rho}\frac{\frac{\partial F}{\partial z}}{|\nabla F|} \tag{2.3-71}$$

或简化成

$$\frac{\partial F}{\partial t}+\boldsymbol{V}\cdot\nabla F=\frac{b}{\rho}\frac{\partial F}{\partial z} \tag{2.3-72}$$

根据自由海面方程(2.3-63)，质量交换的海面运动学边界条件可以表示为

$$\frac{\partial\zeta}{\partial t}+\boldsymbol{V}_H\cdot\nabla\zeta-w=-\frac{b}{\rho} \tag{2.3-73}$$

如果将式(2.3-68)改写成$[\rho_s(\boldsymbol{V}_s-\boldsymbol{V})+\rho_s(\boldsymbol{V}-\boldsymbol{C})]\cdot\boldsymbol{n}=0$,将式(2.3-70)代入该推导式,并注意到$\rho_s=\rho s$,则有

$$\rho s(\boldsymbol{V}_s-\boldsymbol{V})\cdot\boldsymbol{n}=-b\cos\gamma \tag{2.3-74}$$

这是海面盐量边界条件。式(2.3-74)左边是由于分子扩散引起的盐量浓度通量密度,它还有下列表示形式:

$$\boldsymbol{S}=\rho s(\boldsymbol{V}_s-\boldsymbol{V})=-k\nabla s \tag{2.3-75}$$

据此,式(2.3-74)可改写成$\nabla\boldsymbol{S}\cdot\boldsymbol{n}=\dfrac{bs\cos\gamma}{k_D\rho}$,或者

$$\nabla_H\boldsymbol{S}\cdot\nabla\zeta-\frac{\partial s}{\partial z}=\frac{-bs}{\rho k_D} \tag{2.3-76}$$

在海面坡度较小的情况下,海面盐量边界条件即式(2.3-76)能够进一步简化表示为

$$\frac{\partial s}{\partial z}=\frac{bs}{\rho k_D} \tag{2.3-77}$$

2.3.4.3 运动学边界条件

在不连续界面处,运动方程由动力学边界条件所取代。尽管处于界面两边的流体的状态不同,由分子输送过程所引起的动量通量在界面处应该连续,即界面两边分子黏性应力在界面法线方向上相等。以直角坐标系为例,形式如下:

$$\begin{cases}[(p_{xx})_1-(p_{xx})_2]\cos\alpha+[(p_{xy})_1-(p_{xy})_2]\cos\beta+[(p_{xz})_1-(p_{xz})_2]\cos\gamma=0\\ [(p_{yx})_1-(p_{yx})_2]\cos\alpha+[(p_{yy})_1-(p_{yy})_2]\cos\beta+[(p_{yz})_1-(p_{yz})_2]\cos\gamma=0\\ [(p_{zx})_1-(p_{zx})_2]\cos\alpha+[(p_{zy})_1-(p_{zy})_2]\cos\beta+[(p_{zz})_1-(p_{zz})_2]\cos\gamma=0\end{cases} \tag{2.3-78}$$

这就是动力学边界条件,其中分子黏性应力及方向余弦为

$$\begin{cases}p_{xx}=-p+2\mu\dfrac{\partial u}{\partial x},p_{xy}=\mu\left(\dfrac{\partial u}{\partial y}+\dfrac{\partial v}{\partial x}\right),p_{xz}=\mu\left(\dfrac{\partial u}{\partial z}+\dfrac{\partial w}{\partial x}\right)\\ p_{yx}=\mu\left(\dfrac{\partial u}{\partial y}+\dfrac{\partial v}{\partial x}\right),p_{yy}=-p+2\mu\dfrac{\partial v}{\partial y},p_{yz}=\mu\left(\dfrac{\partial v}{\partial z}+\dfrac{\partial w}{\partial y}\right)\\ p_{zx}=\mu\left(\dfrac{\partial u}{\partial z}+\dfrac{\partial w}{\partial x}\right),p_{zy}=\mu\left(\dfrac{\partial v}{\partial z}+\dfrac{\partial w}{\partial y}\right),p_{zz}=-p+2\mu\dfrac{\partial w}{\partial x}\end{cases} \tag{2.3-79}$$

$$\cos\alpha=\frac{\dfrac{\partial F}{\partial x}}{|\nabla F|},\cos\beta=\frac{\dfrac{\partial F}{\partial y}}{|\nabla F|},\cos\gamma=\frac{\dfrac{\partial F}{\partial z}}{|\nabla F|} \tag{2.3-80}$$

将式(2.3-79)与式(2.3-80)代入式(2.3-78)中,可初步获得动力学边界条件:

$$\begin{cases}\left[\left(-p+2\mu\frac{\partial u}{\partial x}\right)_1-\left(-p+2\mu\frac{\partial u}{\partial x}\right)_2\right]\frac{\partial F}{\partial x}+\left[\mu\left(\frac{\partial u}{\partial y}+\frac{\partial v}{\partial x}\right)_1-\mu\left(\frac{\partial u}{\partial y}+\frac{\partial v}{\partial x}\right)_2\right]\frac{\partial F}{\partial y}+\left[\mu\left(\frac{\partial u}{\partial z}+\frac{\partial w}{\partial x}\right)_1-\mu\left(\frac{\partial u}{\partial z}+\frac{\partial w}{\partial x}\right)_2\right]\frac{\partial F}{\partial z}=0\\ \left[\mu\left(\frac{\partial u}{\partial y}+\frac{\partial v}{\partial x}\right)_1-\mu\left(\frac{\partial u}{\partial y}+\frac{\partial v}{\partial x}\right)_2\right]\frac{\partial F}{\partial x}+\left[\left(-p+2\mu\frac{\partial v}{\partial y}\right)_1-\left(-p+2\mu\frac{\partial v}{\partial y}\right)_2\right]\frac{\partial F}{\partial y}+\left[\mu\left(\frac{\partial v}{\partial z}+\frac{\partial w}{\partial y}\right)_1-\mu\left(\frac{\partial v}{\partial z}+\frac{\partial w}{\partial y}\right)_2\right]\frac{\partial F}{\partial z}=0\\ \left[\mu\left(\frac{\partial u}{\partial z}+\frac{\partial w}{\partial x}\right)_1-\mu\left(\frac{\partial u}{\partial z}+\frac{\partial w}{\partial x}\right)_2\right]\frac{\partial F}{\partial x}+\left[\mu\left(\frac{\partial v}{\partial z}+\frac{\partial w}{\partial y}\right)_1-\mu\left(\frac{\partial v}{\partial z}+\frac{\partial w}{\partial y}\right)_2\right]\frac{\partial F}{\partial y}+\left[\left(-p+2\mu\frac{\partial w}{\partial x}\right)_1-\left(-p+2\mu\frac{\partial w}{\partial x}\right)_2\right]\frac{\partial F}{\partial z}=0\end{cases}$$

(2.3-81)

如果对界面方程赋以 $F(x,y,z,t)=0$，则取 $F(x,y,z,t)=z-\zeta(x,y,t)$，动力学边界条件(2.3-81)可以变为

$$\begin{cases}\left[\left(-p+2\mu\frac{\partial u}{\partial x}\right)_1-\left(-p+2\mu\frac{\partial u}{\partial x}\right)_2\right]\frac{\partial \zeta}{\partial x}+\left[\mu\left(\frac{\partial u}{\partial y}+\frac{\partial v}{\partial x}\right)_1-\mu\left(\frac{\partial u}{\partial y}+\frac{\partial v}{\partial x}\right)_2\right]\frac{\partial \zeta}{\partial y}-\left[\mu\left(\frac{\partial u}{\partial z}+\frac{\partial w}{\partial x}\right)_1-\mu\left(\frac{\partial u}{\partial z}+\frac{\partial w}{\partial x}\right)_2\right]=0\\ \left[\mu\left(\frac{\partial u}{\partial y}+\frac{\partial v}{\partial x}\right)_1-\mu\left(\frac{\partial u}{\partial y}+\frac{\partial v}{\partial x}\right)_2\right]\frac{\partial \zeta}{\partial x}+\left[\left(-p+2\mu\frac{\partial v}{\partial y}\right)_1-\left(-p+2\mu\frac{\partial v}{\partial y}\right)_2\right]\frac{\partial \zeta}{\partial y}-\left[\mu\left(\frac{\partial v}{\partial z}+\frac{\partial w}{\partial y}\right)_1-\mu\left(\frac{\partial v}{\partial z}+\frac{\partial w}{\partial y}\right)_2\right]=0\\ \left[\mu\left(\frac{\partial u}{\partial z}+\frac{\partial w}{\partial x}\right)_1-\mu\left(\frac{\partial u}{\partial z}+\frac{\partial w}{\partial x}\right)_2\right]\frac{\partial \zeta}{\partial x}+\left[\mu\left(\frac{\partial v}{\partial z}+\frac{\partial w}{\partial y}\right)_1-\mu\left(\frac{\partial v}{\partial z}+\frac{\partial w}{\partial y}\right)_2\right]\frac{\partial \zeta}{\partial y}-\left[\left(-p+2\mu\frac{\partial w}{\partial x}\right)_1-\left(-p+2\mu\frac{\partial w}{\partial x}\right)_2\right]=0\end{cases}$$

(2.3-82)

对于理想流体，$\mu_1=\mu_2=0$，则式(2.3-82)具备很简单的形式：

$$p_1=p_2 \tag{2.3-83}$$

即界面处压强连续。

如果考虑分子黏性，且界面的坡度很小，从而有 $\frac{\partial \zeta}{\partial x}=\frac{\partial \zeta}{\partial y}=0$，于是式(2.3-82)可以简化为

$$\begin{cases}\mu\left(\frac{\partial u}{\partial z}+\frac{\partial w}{\partial x}\right)_1=\mu\left(\frac{\partial u}{\partial z}+\frac{\partial w}{\partial x}\right)_2\\ \mu\left(\frac{\partial v}{\partial z}+\frac{\partial w}{\partial y}\right)_1=\mu\left(\frac{\partial v}{\partial z}+\frac{\partial w}{\partial y}\right)_2\\ \left(-p+2\mu\frac{\partial w}{\partial x}\right)_1=\left(-p+2\mu\frac{\partial w}{\partial x}\right)_2\end{cases} \tag{2.3-84}$$

2.3.4.4 温度边界条件

在不连续的界面两侧，由于分子热运动产生的热通量在界面法向方向上应该相等，即

$$(\boldsymbol{H}_1-\boldsymbol{H}_2)\cdot\boldsymbol{n}=0 \tag{2.3-85}$$

如果没有质量通过界面，分子热通量可用温度梯度表示为

$$\begin{cases}\boldsymbol{H}_1=-(\kappa\nabla\theta)_1\\ \boldsymbol{H}_2=-(\kappa\nabla\theta)_2\end{cases} \tag{2.3-86}$$

联立式(2.3-85)和式(2.3-86)可得

$$\left(\kappa\frac{\partial\theta}{\partial n}\right)_1-\left(\kappa\frac{\partial\theta}{\partial n}\right)_2=0 \tag{2.3-87}$$

这就是界面温度的边界条件。对于自由海面，热通量来自大气。假设来自大气的沿海

面铅直方向的热通量为 Q,由式(2.3-87)可得

$$\left(\kappa\frac{\partial\theta}{\partial n}\right)_2=Q\cos\gamma$$

或者进一步表示为

$$\nabla_H\theta\cdot\nabla\zeta-\frac{\partial\theta}{\partial z}=-\frac{Q}{k_\theta\rho C_p}\tag{2.3-88}$$

这就是海面温度边界条件的常用形式。

2.3.5 时间平均、垂向平均的运动方程

海水通常情况下处于湍流状态。湍流流体质点的运动轨道是无序的,存在各个质点之间不连续的相对运动,称为脉冲运动。脉冲运动是不规则且随机的,因此研究某个质点在某个时刻的运动是没有意义的,也是困难的。处于这种湍动状态的流体质点具有自己的热力学性质(温度、盐度和密度),在它进行不规则的随机运动过程中,海水中的温度、盐度等也表现出不规则的随机变化。然而,当我们对流速、压力、温度、盐度及密度的精细结构不关心时,转而注意这些物理量在一定时间间隔内的平均情况,这种时间平均值可以表示为

$$\bar{q}_i(x,y,z,t_0,2\Delta t)=\frac{1}{2\Delta t}\int_{t_0-\Delta t}^{t_0+\Delta t}q_i(x,y,z,t)\,\mathrm{d}t\tag{2.3-89}$$

式中,下标 $i\in[1,7]$ 分别指代 u、v、w、p、S、θ、ρ 七个物理量,时间间隔 $2\Delta t$ 原则上应当选取小于所研究性质的时间尺度,而大于脉动的时间尺度。式(2.3-89)的结果反映了物理量随时间变化的平均情况。研究时间平均量的最终目的仍然是为了获得这些平均量的变化规律。在2.3.1节至2.3.3节中,关于海水运动的基本方程组已经给出,对于湍流运动,假设它们仍然正确,并且对这些方程求取时间平均之后能够描述平均量的运动和变化规律。因此需要将海水运动基本方程组写成时间平均的形式。

根据式(2.3-89),可将海水质点的性质表示成两部分之和:

$$q_i(x,y,z,t)=\bar{q}_i(x,y,z,t_0,2\Delta t)+q_i'(x,y,z,t)\tag{2.3-90}$$

这里,q_i'为脉冲值,$t_0-\Delta t\leqslant t\leqslant t_0+\Delta t$。这里需要引入一系列运算时间平均值的规则,即雷诺兹分解,也称为平均涡度分解(mean-eddy decomposition, MED)。设 $a=\bar{a}+a'$ 和 $b=\bar{b}+b'$,则有下列条件:

$$\begin{cases}\overline{a+b}=\bar{a}+\bar{b},\ \overline{ka}=k\bar{a}\\ \bar{m}=m,\ \overline{\bar{a}b}=\bar{a}\bar{b}\\ \overline{\dfrac{\partial a}{\partial l}}=\dfrac{\partial\bar{a}}{\partial l}\end{cases}\tag{2.3-91}$$

式中,k 和 m 为常数,$l=x$、y 或 t。由式(2.3-91)中的条件 $\overline{\bar{a}b}=\bar{a}\bar{b}$,如果取 $b=1$,则可以导出

$$\bar{a}-\overline{\bar{a}\cdot1}=\bar{a}-\bar{a}=\overline{a-\bar{a}}=\overline{a'}=0$$

由上式推导,可得

$$\overline{a'}=0 \tag{2.3-92}$$

如果取 $b=b'$,则可得

$$\overline{\bar{a}b'}=\bar{a}\overline{b'}=0 \tag{2.3-93}$$

如果取 $b=\bar{b}$,则有

$$\overline{\bar{a}\,\bar{b}}=\bar{a}\,\bar{b} \tag{2.3-94}$$

由于

$$\overline{ab}=\overline{(\bar{a}+a')(\bar{b}+b')}=\overline{\bar{a}\,\bar{b}}+\overline{a'b'}+\overline{\bar{a}b'}+\overline{a'\bar{b}}$$

利用式(2.3-92)至式(2.3-94),最后得到

$$\overline{ab}=\bar{a}\bar{b}+\overline{a'b'} \tag{2.3-95}$$

2.3.5.1 基本方程的平均化

应用式(2.3-91)至式(2.3-95)的时间平均处理方法进行基本方程的平均化。首先讨论直角坐标系中的基本方程,详见2.3.1节至2.3.3节。运用时间平均算子 $\overline{\frac{\partial a}{\partial l}}=\frac{\partial \bar{a}}{\partial l}$,可直接得到连续方程(2.3-42)的时间平均形式:

$$\frac{\partial \bar{u}}{\partial x}+\frac{\partial \bar{v}}{\partial y}+\frac{\partial \bar{w}}{\partial z}=0 \tag{2.3-96}$$

在求取运动方程(2.3-36)的时间平均形式之前,先将式(2.3-42)分别乘以 u、v、w:

$$\begin{cases} u\dfrac{\partial u}{\partial x}+u\dfrac{\partial v}{\partial y}+u\dfrac{\partial w}{\partial z}=0 \\ v\dfrac{\partial u}{\partial x}+v\dfrac{\partial v}{\partial y}+v\dfrac{\partial w}{\partial z}=0 \\ w\dfrac{\partial u}{\partial x}+w\dfrac{\partial v}{\partial y}+w\dfrac{\partial w}{\partial z}=0 \end{cases} \tag{2.3-97}$$

然后将式(2.3-97)按照 u、v、w 的顺序代入式(2.3-46)中,得到

$$\begin{cases} \dfrac{\partial u}{\partial t}+\dfrac{\partial u^2}{\partial x}+\dfrac{\partial uv}{\partial y}+\dfrac{\partial uw}{\partial z}=fv-\dfrac{1}{\rho}\dfrac{\partial p}{\partial x}-\dfrac{\partial \Omega}{\partial x}+\dfrac{\mu}{\rho}\Delta u \\ \dfrac{\partial v}{\partial t}+\dfrac{\partial vu}{\partial x}+\dfrac{\partial v^2}{\partial y}+\dfrac{\partial vw}{\partial z}=-fu-\dfrac{1}{\rho}\dfrac{\partial p}{\partial y}-\dfrac{\partial \Omega}{\partial y}+\dfrac{\mu}{\rho}\Delta v \\ \dfrac{\partial w}{\partial t}+\dfrac{\partial wu}{\partial x}+\dfrac{\partial wv}{\partial y}+\dfrac{\partial w^2}{\partial z}=-\dfrac{1}{\rho}\dfrac{\partial p}{\partial z}-g+\dfrac{\mu}{\rho}\Delta w \end{cases} \tag{2.3-98}$$

利用时间平均算子对式(2.3-98)求平均,并做出 $\rho'=0$ 的近似处理,于是有

$$\begin{cases}\dfrac{\partial \bar{u}}{\partial t}+\dfrac{\partial \bar{u}^2}{\partial x}+\dfrac{\partial \overline{uv}}{\partial y}+\dfrac{\partial \bar{u}\,\bar{w}}{\partial z}+\dfrac{\partial \overline{u'u'}}{\partial x}+\dfrac{\partial \overline{u'v'}}{\partial y}+\dfrac{\partial \overline{u'w'}}{\partial z}=f\bar{v}-\dfrac{1}{\rho}\dfrac{\partial \bar{p}}{\partial x}-\dfrac{\partial \Omega}{\partial x}+\dfrac{\mu}{\rho}\Delta \bar{u}\\ \dfrac{\partial \bar{v}}{\partial t}+\dfrac{\partial \bar{v}\,\bar{u}}{\partial x}+\dfrac{\partial \bar{v}^2}{\partial y}+\dfrac{\partial \bar{v}\,\bar{w}}{\partial z}+\dfrac{\partial \overline{v'u'}}{\partial x}+\dfrac{\partial \overline{v'v'}}{\partial y}+\dfrac{\partial \overline{v'w'}}{\partial z}=-f\bar{u}-\dfrac{1}{\rho}\dfrac{\partial \bar{p}}{\partial y}-\dfrac{\partial \Omega}{\partial y}+\dfrac{\mu}{\rho}\Delta \bar{v}\\ \dfrac{\partial \bar{w}}{\partial t}+\dfrac{\partial \bar{w}\,\bar{u}}{\partial x}+\dfrac{\partial \bar{w}\,\bar{v}}{\partial y}+\dfrac{\partial \bar{w}^2}{\partial z}+\dfrac{\partial \overline{w'u'}}{\partial x}+\dfrac{\partial \overline{w'v'}}{\partial y}+\dfrac{\partial \overline{w'w'}}{\partial z}=-\dfrac{1}{\rho}\dfrac{\partial \bar{p}}{\partial z}-g+\dfrac{\mu}{\rho}\Delta \bar{w}\end{cases} \tag{2.3-99}$$

式中的脉冲速度乘积项可以用时间平均速度的梯度表示：

$$\begin{cases}-\overline{u'u'}=A_{xx}\dfrac{\partial \bar{u}}{\partial x},-\overline{u'v'}=A_{xy}\dfrac{\partial \bar{u}}{\partial y},-\overline{u'w'}=A_{xz}\dfrac{\partial \bar{u}}{\partial z}\\ -\overline{v'u'}=A_{yx}\dfrac{\partial \bar{v}}{\partial x},-\overline{v'v'}=A_{yy}\dfrac{\partial \bar{v}}{\partial y},-\overline{v'w'}=A_{yz}\dfrac{\partial \bar{v}}{\partial z}\\ -\overline{w'u'}=A_{zx}\dfrac{\partial \bar{w}}{\partial x},-\overline{w'v'}=A_{zy}\dfrac{\partial \bar{w}}{\partial y},-\overline{w'w'}=A_{zz}\dfrac{\partial \bar{w}}{\partial z}\end{cases} \tag{2.3-100}$$

在这里，A_{ij} 为湍流运动黏滞系数(i 和 j 均为 x、y 或 z)。将时间平均连续方程(2.3-96)分别乘以 $\bar{u}$、$\bar{v}$、$\bar{w}$，得

$$\begin{cases}\bar{u}\dfrac{\partial \bar{u}}{\partial x}+\bar{u}\dfrac{\partial \bar{v}}{\partial y}+\bar{u}\dfrac{\partial \bar{w}}{\partial z}=0\\ \bar{v}\dfrac{\partial \bar{u}}{\partial x}+\bar{v}\dfrac{\partial \bar{v}}{\partial y}+\bar{v}\dfrac{\partial \bar{w}}{\partial z}=0\\ \bar{w}\dfrac{\partial \bar{u}}{\partial x}+\bar{w}\dfrac{\partial \bar{v}}{\partial y}+\bar{w}\dfrac{\partial \bar{w}}{\partial z}=0\end{cases} \tag{2.3-101}$$

将式(2.3-101)再次按照 u、v、w 的顺序代入式(2.3-99)中，并引入式(2.3-100)的表达式，得到

$$\begin{cases}\dfrac{\partial \bar{u}}{\partial t}+\bar{u}\dfrac{\partial \bar{u}}{\partial x}+\bar{v}\dfrac{\partial \bar{u}}{\partial y}+\bar{w}\dfrac{\partial \bar{u}}{\partial z}=f\bar{v}-\dfrac{1}{\rho}\dfrac{\partial \bar{p}}{\partial x}-\dfrac{\partial \Omega}{\partial x}+\dfrac{\mu}{\rho}\Delta \bar{u}+\dfrac{\partial}{\partial x}\left(A_{xx}\dfrac{\partial \bar{u}}{\partial x}\right)+\dfrac{\partial}{\partial y}\left(A_{xy}\dfrac{\partial \bar{u}}{\partial y}\right)+\dfrac{\partial}{\partial z}\left(A_{xz}\dfrac{\partial \bar{u}}{\partial z}\right)\\ \dfrac{\partial \bar{v}}{\partial t}+\bar{u}\dfrac{\partial \bar{v}}{\partial x}+\bar{v}\dfrac{\partial \bar{v}}{\partial y}+\bar{w}\dfrac{\partial \bar{v}}{\partial z}=-f\bar{u}-\dfrac{1}{\rho}\dfrac{\partial \bar{p}}{\partial y}-\dfrac{\partial \Omega}{\partial y}+\dfrac{\mu}{\rho}\Delta \bar{v}+\dfrac{\partial}{\partial x}\left(A_{yx}\dfrac{\partial \bar{v}}{\partial x}\right)+\dfrac{\partial}{\partial y}\left(A_{yy}\dfrac{\partial \bar{v}}{\partial y}\right)+\dfrac{\partial}{\partial z}\left(A_{yz}\dfrac{\partial \bar{v}}{\partial z}\right)\\ \dfrac{\partial \bar{w}}{\partial t}+\bar{u}\dfrac{\partial \bar{w}}{\partial x}+\bar{v}\dfrac{\partial \bar{w}}{\partial y}+\bar{w}\dfrac{\partial \bar{w}}{\partial z}=-\dfrac{1}{\rho}\dfrac{\partial \bar{p}}{\partial z}-g+\dfrac{\mu}{\rho}\Delta \bar{w}+\dfrac{\partial}{\partial x}\left(A_{zx}\dfrac{\partial \bar{w}}{\partial x}\right)+\dfrac{\partial}{\partial y}\left(A_{zy}\dfrac{\partial \bar{w}}{\partial y}\right)+\dfrac{\partial}{\partial z}\left(A_{zz}\dfrac{\partial \bar{w}}{\partial z}\right)\end{cases} \tag{2.3-102}$$

上式等号右边最后三项称为湍流摩擦力的合力。

将连续方程(2.3-42)乘以 s，然后与盐量扩散方程(2.3-45)相加，得到

$$\frac{\partial s}{\partial t}+\frac{\partial us}{\partial x}+\frac{\partial vs}{\partial y}+\frac{\partial ws}{\partial z}=k_D\Delta s \tag{2.3-103}$$

对其进行时间平均，则有

$$\frac{\partial\bar{s}}{\partial t}+\frac{\partial\bar{u}\,\bar{s}}{\partial x}+\frac{\partial\bar{v}\,\bar{s}}{\partial y}+\frac{\partial\bar{w}\,\bar{s}}{\partial z}+\frac{\partial\overline{u's'}}{\partial x}+\frac{\partial\overline{v's'}}{\partial y}+\frac{\partial\overline{w's'}}{\partial z}=k_D\Delta\bar{s} \tag{2.3-104}$$

式中的湍动项可以用时间平均盐度梯度表示，即

$$-\overline{u's'}=K_{sx}\frac{\partial\bar{s}}{\partial x},\quad -\overline{v's'}=K_{sy}\frac{\partial\bar{s}}{\partial y},\quad -\overline{w's'}=K_{sz}\frac{\partial\bar{s}}{\partial z} \tag{2.3-105}$$

式中，K_{sx}、K_{sy}、K_{sz} 为湍流盐扩散系数。我们将 $\bar{s}$ 乘以连续方程的时间平均形式，即式(2.3-96)，然后用式(2.3-104)减去这部分，最后将式(2.3-105)代入，得到时间平均盐量扩散方程：

$$\frac{\partial\bar{s}}{\partial t}+\bar{u}\frac{\partial\bar{s}}{\partial x}+\bar{v}\frac{\partial\bar{s}}{\partial y}+\bar{w}\frac{\partial\bar{s}}{\partial z}=k_D\Delta\bar{s}+\frac{\partial}{\partial x}\left(K_{\theta z}\frac{\partial\bar{s}}{\partial x}\right)+\frac{\partial}{\partial y}\left(K_{\theta z}\frac{\partial\bar{s}}{\partial y}\right)+\frac{\partial}{\partial z}\left(K_{\theta z}\frac{\partial\bar{s}}{\partial z}\right) \tag{2.3-106}$$

方程中的最后三项为湍流盐通量。

同理，将连续方程乘以温度 θ，然后与热传导方程(2.3-51)相加得

$$\frac{\partial\theta}{\partial t}+\frac{\partial u\theta}{\partial x}+\frac{\partial v\theta}{\partial y}+\frac{\partial w\theta}{\partial z}=k_\theta\Delta\theta \tag{2.3-107}$$

经过时间平均的运算之后，得到

$$\frac{\partial\bar{\theta}}{\partial t}+\frac{\partial\bar{u}\,\bar{\theta}}{\partial x}+\frac{\partial\bar{v}\,\bar{\theta}}{\partial y}+\frac{\partial\bar{w}\,\bar{\theta}}{\partial z}+\frac{\partial\overline{u'\theta'}}{\partial x}+\frac{\partial\overline{v'\theta'}}{\partial y}+\frac{\partial\overline{w'\theta'}}{\partial z}=k_\theta\Delta\bar{\theta} \tag{2.3-108}$$

式中，湍动项可以用时间平均温度梯度表示为

$$-\overline{u'\theta'}=K_{\theta z}\frac{\partial\bar{\theta}}{\partial x},\quad -\overline{v'\theta'}=K_{\theta z}\frac{\partial\bar{\theta}}{\partial y},\quad -\overline{w'\theta'}=K_{\theta z}\frac{\partial\bar{\theta}}{\partial z} \tag{2.3-109}$$

式中，$K_{\theta x}$、$K_{\theta y}$、$K_{\theta z}$ 为湍流盐热传导系数。我们将 $\bar{\theta}$ 乘以连续方程的时间平均形式，即式(2.3-96)，然后用式(2.3-108)减去这部分，最后将式(2.3-109)代入，得到时间平均热传导方程：

$$\frac{\partial\bar{\theta}}{\partial t}+\bar{u}\frac{\partial\bar{\theta}}{\partial x}+\bar{v}\frac{\partial\bar{\theta}}{\partial y}+\bar{w}\frac{\partial\bar{\theta}}{\partial z}=k_\theta\Delta\bar{\theta}+\frac{\partial}{\partial x}\left(K_{\theta z}\frac{\partial\bar{\theta}}{\partial x}\right)+\frac{\partial}{\partial y}\left(K_{\theta z}\frac{\partial\bar{\theta}}{\partial y}\right)+\frac{\partial}{\partial z}\left(K_{\theta z}\frac{\partial\bar{\theta}}{\partial z}\right) \tag{2.3-110}$$

上式中最后三项即为湍流热传导通量。

海水状态方程的时间平均形式为

$$\bar{\rho}=\bar{\rho}(\bar{s},\bar{\theta},\bar{p}) \tag{2.3-111}$$

综上，我们将各个物理量对应的时间平均方程中的横线“—”省略，于是直角坐标系中的时间平均基本方程组记为

$$\frac{\partial u}{\partial t}+u\frac{\partial u}{\partial x}+v\frac{\partial u}{\partial y}+w\frac{\partial u}{\partial z}=fv-\frac{1}{\rho}\frac{\partial p}{\partial x}-\frac{\partial\Omega}{\partial x}+\frac{k}{\rho}\Delta u+\frac{\partial}{\partial x}\left(A_{zx}\frac{\partial u}{\partial x}\right)+\frac{\partial}{\partial y}\left(A_{zy}\frac{\partial u}{\partial y}\right)+\frac{\partial}{\partial z}\left(A_{zz}\frac{\partial u}{\partial z}\right) \tag{2.3-112}$$

$$\frac{\partial v}{\partial t}+u\frac{\partial v}{\partial x}+v\frac{\partial v}{\partial y}+w\frac{\partial v}{\partial z}=-fu-\frac{1}{\rho}\frac{\partial p}{\partial y}-\frac{\partial\Omega}{\partial y}+\frac{k}{\rho}\Delta u+\frac{\partial}{\partial x}\left(A_{zx}\frac{\partial v}{\partial x}\right)+\frac{\partial}{\partial y}\left(A_{zy}\frac{\partial v}{\partial y}\right)+\frac{\partial}{\partial z}\left(A_{zz}\frac{\partial v}{\partial z}\right) \tag{2.3-113}$$

$$\frac{\partial w}{\partial t}+u\frac{\partial w}{\partial x}+v\frac{\partial w}{\partial y}+w\frac{\partial w}{\partial z}=-\frac{1}{\rho}\frac{\partial p}{\partial z}-\frac{\partial \Omega}{\partial z}-g+\frac{k}{\rho}\Delta w+\frac{\partial}{\partial x}(A_{zx}\frac{\partial w}{\partial x})+\frac{\partial}{\partial y}(A_{zy}\frac{\partial w}{\partial y})+\frac{\partial}{\partial z}(A_{zz}\frac{\partial w}{\partial z}) \tag{2.3-114}$$

$$\frac{\partial u}{\partial x}+\frac{\partial v}{\partial y}+\frac{\partial w}{\partial z}=0 \tag{2.3-115}$$

$$\frac{\partial s}{\partial t}+u\frac{\partial s}{\partial x}+v\frac{\partial s}{\partial y}+w\frac{\partial s}{\partial z}=k_\theta\Delta s+\frac{\partial}{\partial x}(K_{zx}\frac{\partial s}{\partial x})+\frac{\partial}{\partial y}(K_{zy}\frac{\partial s}{\partial y})+\frac{\partial}{\partial z}(K_{zz}\frac{\partial s}{\partial z}) \tag{2.3-116}$$

$$\frac{\partial \theta}{\partial t}+u\frac{\partial \theta}{\partial x}+v\frac{\partial \theta}{\partial y}+w\frac{\partial \theta}{\partial z}=k_\theta\Delta \theta+\frac{\partial}{\partial x}(K_{\theta x}\frac{\partial \theta}{\partial x})+\frac{\partial}{\partial y}(K_{\theta y}\frac{\partial \theta}{\partial y})+\frac{\partial}{\partial z}(K_{\theta z}\frac{\partial \theta}{\partial z}) \tag{2.3-117}$$

$$\rho=\rho(s,\theta,p) \tag{2.3-118}$$

2.3.5.2 边界条件的平均化

由于自由海面或内部边界上存在脉冲运动，在描述边界条件的过程中会产生困难，因此只能用近似的方法加以处理。一般认为层流理论所确立的边界条件对时间平均的自由海面或界面 $z=\bar{\zeta}(x,y,t)$ 仍然适用。更明确地说，在层流边界条件中，流速、盐度、温度及压强等物理量可以用其对应的时间平均量代替。

对于分子黏性应力

$$(P_{jk})=\begin{bmatrix} p_{xx} & p_{xy} & p_{xz} \\ p_{yx} & p_{yy} & p_{yz} \\ p_{zx} & p_{zy} & p_{zz} \end{bmatrix}$$

来说，可以用雷诺兹应力代替，即

$$(\overline{P}_{jk})=\begin{bmatrix} \overline{p}_{xx} & \overline{p}_{xy} & \overline{p}_{xz} \\ \overline{p}_{yx} & \overline{p}_{yy} & \overline{p}_{yz} \\ \overline{p}_{zx} & \overline{p}_{zy} & \overline{p}_{zz} \end{bmatrix}=\begin{bmatrix} -\overline{p}+\rho A_{xx}\frac{\partial \overline{u}}{\partial x} & \rho A_{xy}\frac{\partial \overline{u}}{\partial y} & \rho A_{xz}\frac{\partial \overline{u}}{\partial z} \\ \rho A_{yx}\frac{\partial \overline{v}}{\partial x} & -\overline{p}+\rho A_{yy}\frac{\partial \overline{v}}{\partial y} & \rho A_{yz}\frac{\partial \overline{v}}{\partial z} \\ \rho A_{zx}\frac{\partial \overline{w}}{\partial x} & \rho A_{zy}\frac{\partial \overline{w}}{\partial y} & -\overline{p}+\rho A_{zz}\frac{\partial \overline{w}}{\partial z} \end{bmatrix} \tag{2.3-119}$$

分子盐通量 $\boldsymbol{S}=-k\,\nabla s$ 用湍流盐通量代替：

$$\overline{\boldsymbol{S}}=\left(-\rho K_{sx}\frac{\partial \overline{s}}{\partial x},-\rho K_{sy}\frac{\partial \overline{s}}{\partial y},-\rho K_{sz}\frac{\partial \overline{s}}{\partial z}\right) \tag{2.3-120}$$

分子热通量 $\boldsymbol{H}=-\kappa\,\nabla\theta$ 用湍流热通量代替(时间平均边界条件)：

$$\overline{\boldsymbol{H}}=\left(-\rho C_p K_{\theta x}\frac{\partial \overline{\theta}}{\partial x},-\rho C_p K_{\theta y}\frac{\partial \overline{\theta}}{\partial y},-\rho C_p K_{\theta z}\frac{\partial \overline{\theta}}{\partial z}\right) \tag{2.3-121}$$

为了简便，略去了表示时间平均意义的横线“—”，得到不同位置的时间平均边界条件：

①自由海面时间平均运动学边界条件

$$\frac{\partial \zeta}{\partial t}+\boldsymbol{V}_H\cdot\nabla\zeta-w=0 \tag{2.3-122}$$

$$\frac{\partial\zeta}{\partial t}+\boldsymbol{V}_H\cdot\nabla\zeta-w=\frac{b}{\rho} \tag{2.3-123}$$

②海底时间平均运动学边界条件

$$\boldsymbol{V}_H\cdot\nabla h+w=0 \tag{2.3-124}$$

③自由海面时间平均盐度边界条件

$$K_{sx}\frac{\partial s}{\partial x}\frac{\partial\zeta}{\partial x}+K_{sy}\frac{\partial s}{\partial y}\frac{\partial\zeta}{\partial y}-K_{sz}\frac{\partial s}{\partial z}=-bs \tag{2.3-125}$$

④自由海面时间平均温度边界条件

$$K_{\theta x}\frac{\partial\theta}{\partial x}\frac{\partial\zeta}{\partial x}+K_{\theta y}\frac{\partial\theta}{\partial y}\frac{\partial\zeta}{\partial y}-K_{\theta z}\frac{\partial\theta}{\partial z}=-Q \tag{2.3-126}$$

⑤界面时间平均动力学边界条件

$$\begin{cases}\left[\left(-\bar{p}+\rho A_{xx}\frac{\partial\bar{u}}{\partial x}\right)_1-\left(-\bar{p}+\rho A_{xx}\frac{\partial\bar{u}}{\partial x}\right)_2\right]\frac{\partial\zeta}{\partial x}+\left[\left(\rho A_{xy}\frac{\partial\bar{u}}{\partial y}\right)_1-\left(\rho A_{xy}\frac{\partial\bar{u}}{\partial y}\right)_2\right]\frac{\partial\zeta}{\partial y}-\left[\left(\rho A_{xz}\frac{\partial\bar{u}}{\partial z}\right)_1-\left(\rho A_{xz}\frac{\partial\bar{u}}{\partial z}\right)_2\right]=0\\ \left[\left(\rho A_{yx}\frac{\partial\bar{v}}{\partial x}\right)_1-\left(\rho A_{yx}\frac{\partial\bar{v}}{\partial x}\right)_2\right]\frac{\partial\zeta}{\partial x}+\left[\left(-\bar{p}+\rho A_{yy}\frac{\partial\bar{v}}{\partial y}\right)_1-\left(-\bar{p}+\rho A_{yy}\frac{\partial\bar{v}}{\partial y}\right)_2\right]\frac{\partial\zeta}{\partial y}-\left[\left(\rho A_{yz}\frac{\partial\bar{v}}{\partial z}\right)_1-\left(\rho A_{yz}\frac{\partial\bar{v}}{\partial z}\right)_2\right]=0\\ \left[\left(\rho A_{zx}\frac{\partial\bar{w}}{\partial x}\right)_1-\left(\rho A_{zx}\frac{\partial\bar{w}}{\partial x}\right)_2\right]\frac{\partial\zeta}{\partial x}+\left[\left(\rho A_{zy}\frac{\partial\bar{w}}{\partial y}\right)_1-\left(\rho A_{zy}\frac{\partial\bar{w}}{\partial y}\right)_2\right]\frac{\partial\zeta}{\partial y}-\left[\left(-\bar{p}+\rho A_{zz}\frac{\partial\bar{w}}{\partial z}\right)_1-\left(-\bar{p}+\rho A_{zz}\frac{\partial\bar{w}}{\partial z}\right)_2\right]=0\end{cases} \tag{2.3-127}$$

2.3.5.3 垂向平均基本方程

尽管我们建立了时间平均基本方程，但求解这些普遍形式的基本方程是很困难的，如果求取从海底到海面的垂向积分并求平均，则三维空间的基本方程可以推导出二维平面方程，而后者的求解方式更容易实现。对某些形式在某些特定条件下的运动，这种垂向平均运动也能反映实际运动的主要特征。然而，二维平面方程的解只能描述平均运动状况，并不能反映运动的垂向变化。本节讨论一个简单但常见的情况，即假设海水是均质的（ρ、S、θ为常量）。

在对基本方程进行垂向积分平均之前，先引入运算的一些规则。设 $q=q(x,y,z,t)$ 是 2.3.5.1 节和 2.3.5.2 节中的时间平均量，它的垂向平均值记为

$$\langle q\rangle=\frac{1}{h+\zeta}\int_{-h}^{\zeta}q\mathrm{d}z \tag{2.3-128}$$

式中，$\langle q\rangle$ 与 z 无关，仅为 x、y、t 的函数。设 q 与 $\langle q\rangle$ 的差值为 q^*，则有

$$q(x,y,z,t)=\langle q(x,y,t)\rangle+q^*(x,y,z,t) \tag{2.3-129}$$

从而，将式(2.3-129)代入式(2.3-128)得

$$\langle q\rangle=\langle\langle q\rangle\rangle+\langle q^*\rangle=\langle q\rangle+\langle q^*\rangle$$

由此得到运算规则：

$$\langle\langle q\rangle\rangle=\langle q\rangle,\quad \langle q^*\rangle=0 \tag{2.3-130}$$

两个时间平均量 q_1 和 q_2 相乘，其乘积的垂向平均可以表示为

$$\langle q_1q_2\rangle=\langle(\langle q_1\rangle+q_1^*)(\langle q_2\rangle+q_2^*)\rangle=\langle q_1\rangle\langle q_2\rangle+\langle q_1^*q_2^*\rangle \tag{2.3-131}$$

时间平均量 q 的偏导数的垂向平均值为

$$\left\langle\frac{\partial q}{\partial l}\right\rangle=\frac{1}{h+\zeta}\int_{-k}^{\zeta}\frac{\partial q}{\partial l}\mathrm{d}z=\frac{1}{h+\zeta}\left(\frac{\partial}{\partial l}\int_{-k}^{\zeta}q\mathrm{d}z-q|_{\zeta}\frac{\partial\zeta}{\partial l}-q|_{-k}\frac{\partial h}{\partial l}\right)$$

简化上式以后,得到

$$\left\langle\frac{\partial q}{\partial l}\right\rangle=\frac{1}{h+\zeta}\left\{\frac{\partial}{\partial l}[(h+\zeta)\langle q\rangle]-q|_{\zeta}\frac{\partial\zeta}{\partial l}-q|_{-k}\frac{\partial h}{\partial l}\right\} \tag{2.3-132}$$

式中,$l=x$ 或 y。同理:

$$\left\langle\frac{\partial q}{\partial z}\right\rangle=\frac{1}{h+\zeta}(q|_{\zeta}-q|_{-k}) \tag{2.3-133}$$

$$\left\langle\frac{\partial q}{\partial l}\right\rangle=\frac{1}{h+\zeta}\left\{\frac{\partial}{\partial t}[(h+\zeta)\langle q\rangle]-q|_{\zeta}\frac{\partial\zeta}{\partial l}\right\} \tag{2.3-134}$$

另外,利用运算规则与式(2.3-132),可以求出

$$\left\langle\frac{\partial(q_1q_2)}{\partial l}\right\rangle=\frac{1}{h+\zeta}\left\{\frac{\partial}{\partial l}[(h+\zeta)\langle q_1\rangle\langle q_2\rangle]+\frac{\partial}{\partial l}[(h+\zeta)\langle q_1^*\rangle\langle q_2^*\rangle]-(q_1q_2)|_{\zeta}\frac{\partial\zeta}{\partial l}-(q_1q_2)|_{-k}\frac{\partial h}{\partial l}\right\} \tag{2.3-135}$$

下面利用垂向平均运算规则对基本方程求取垂向平均。这里以直角坐标系中的基本方程为例,并忽略运动方程中的分子黏性摩擦力的合力项。基于式(2.3-132)与式(2.3-133),由时间连续方程(2.3-115)可得:

$$\frac{1}{h+\zeta}\left\{\frac{\partial}{\partial x}[(h+\zeta)\langle u\rangle]-u|_{\zeta}\frac{\partial\zeta}{\partial x}-u|_{-k}\frac{\partial h}{\partial x}\right\}+\frac{1}{h+\zeta}\left\{\frac{\partial}{\partial y}[(h+\zeta)\langle v\rangle]-v|_{\zeta}\frac{\partial\zeta}{\partial y}-v|_{-k}\frac{\partial h}{\partial y}\right\}+\frac{1}{h+\zeta}(w|_{\zeta}-w|_{-k})=0$$

再利用时间平均海面运动学边界条件式(2.3-122)和时间平均海底运动学边界条件式(2.3-133),上式可进一步推导,变成下列形式:

$$\frac{\partial\zeta}{\partial t}+\frac{\partial[(h+\zeta)\langle u\rangle]}{\partial x}+\frac{\partial[(h+\zeta)\langle v\rangle]}{\partial y}=0 \tag{2.3-136}$$

这就是垂向平均连续方程。

时间平均连续方程(2.3-115)乘以 u,然后与 x 方向的时间平均运动方程(2.3-112)相加,结果为

$$\frac{\partial u}{\partial t}+\frac{\partial u^2}{\partial x}+\frac{\partial uv}{\partial y}+\frac{\partial uw}{\partial z}=fv-\frac{1}{\rho}\frac{\partial p}{\partial x}-\frac{\partial\Omega}{\partial x}+\frac{k}{\rho}\Delta u+\frac{\partial}{\partial x}\left(A_{zx}\frac{\partial u}{\partial x}\right)+\frac{\partial}{\partial y}\left(A_{zy}\frac{\partial u}{\partial y}\right)+\frac{\partial}{\partial z}\left(A_{zz}\frac{\partial u}{\partial z}\right)$$

因为我们已将密度 ρ 假定为常量,再近似地认为在大洋深度范围内引潮力 $\boldsymbol{F}=-\nabla\Omega$ 与 z 无关,而仅仅是 x、y 和 t 的函数。基于这些假定,上式的垂向积分平均可以表示为

$$\frac{1}{h+\zeta}\left\{\frac{\partial}{\partial t}[(h+\zeta)\langle u\rangle]-u|_{\zeta}\frac{\partial\zeta}{\partial t}+\frac{\partial}{\partial x}[(h+\zeta)\langle u\rangle\langle u\rangle]+\frac{\partial}{\partial x}[(h+\zeta)\langle u^*\rangle\langle u^*\rangle]-\right.$$

$$u^2|_{\zeta}\frac{\partial\zeta}{\partial x}-u^2|_{-k}\frac{\partial h}{\partial x}+\frac{\partial}{\partial y}[(h+\zeta)\langle u\rangle\langle v\rangle]+\frac{\partial}{\partial x}[(h+\zeta)\langle u^*\rangle\langle v^*\rangle]-$$

$$\left.(uv)|_{\zeta}\frac{\partial\zeta}{\partial x}-(uv)|_{-k}\frac{\partial h}{\partial x}+(uw)|_{\zeta}-(uw)|_{-k}\right\}$$

$$=f\langle v\rangle+\frac{1}{h+\zeta}\left\{-\frac{1}{\rho}\frac{\partial}{\partial x}[(h+\zeta)\langle p\rangle]+\frac{1}{\rho}p\mid_{\zeta}\frac{\partial\zeta}{\partial x}+\frac{1}{\rho}p\mid_{-k}\frac{\partial h}{\partial x}+\frac{\partial}{\partial x}\left[(h+\zeta)\left\langle A_{xx}\frac{\partial u}{\partial x}\right\rangle\right]-\right.$$

$$\left(A_{xx}\frac{\partial u}{\partial x}\right)\mid_{\zeta}\frac{\partial\zeta}{\partial x}-\left(A_{xx}\frac{\partial u}{\partial x}\right)\mid_{-k}\frac{\partial h}{\partial x}+\frac{\partial}{\partial y}\left[(h+\zeta)\left\langle A_{xy}\frac{\partial u}{\partial y}\right\rangle\right]-\left(A_{xy}\frac{\partial u}{\partial y}\right)\mid_{\zeta}\frac{\partial\zeta}{\partial y}-$$

$$\left.\left(A_{xy}\frac{\partial u}{\partial y}\right)\mid_{-k}\frac{\partial h}{\partial y}+\left(A_{xz}\frac{\partial u}{\partial z}\right)\mid_{\zeta}-\left(A_{xz}\frac{\partial u}{\partial z}\right)\mid_{-k}\right\}-\frac{\partial\Omega}{\partial x}$$

利用海面运动学边界条件式(2.3-122),上式左边大括号内的第二、第五、第九和第十一项之和为零;利用海底运动学边界条件式(2.3-124),该大括号内部的第六、第十和第十二项之和为零。将上面方程中的$\frac{\partial}{\partial x}\left[(h+\zeta)\left\langle A_{xx}\frac{\partial u}{\partial x}\right\rangle\right]$和$\frac{\partial}{\partial x}[(h+\zeta)\langle u^*\rangle\langle u^*\rangle]$合并,并以$\frac{\partial}{\partial x}\left[(h+\zeta)A_{xx}\frac{\partial\langle u\rangle}{\partial x}\right]$表示(因为$\left\langle A_{xx}\frac{\partial u}{\partial x}\right\rangle=-\overline{u'u'}$,对$\langle u^*u^*\rangle$也假定有类似的形式,即$-\langle u^*u^*\rangle=A_{xx}\frac{\partial\langle u\rangle}{\partial x}$)。同样,方程中的$\frac{\partial}{\partial y}\left[(h+\zeta)\left\langle A_{xy}\frac{\partial u}{\partial y}\right\rangle\right]$和$\frac{\partial}{\partial x}[(h+\zeta)\langle u^*\rangle\langle v^*\rangle]$合并,并以$\frac{\partial}{\partial y}\left[(h+\zeta)A_{xy}\frac{\partial\langle u\rangle}{\partial y}\right]$表示。同时,再将上式左边大括号内部的第一、第三项和第七项进一步展开,并利用垂向积分平均连续方程(2.3-136),最后得到 x 方向的垂向平均运动方程,即

$$\frac{\partial\langle u\rangle}{\partial t}+\langle u\rangle\frac{\partial\langle u\rangle}{\partial x}+\langle v\rangle\frac{\partial\langle u\rangle}{\partial y}$$

$$=f\langle v\rangle+\frac{1}{h+\zeta}\left\{-\frac{1}{\rho}\frac{\partial}{\partial x}[(h+\zeta)\langle p\rangle]+\frac{\partial}{\partial x}\left[(h+\zeta)A_{xx}\frac{\partial\langle u\rangle}{\partial x}\right]+\frac{\partial}{\partial y}\left[(h+\zeta)A_{xy}\frac{\partial\langle u\rangle}{\partial y}\right]\right\}-\frac{\partial\Omega}{\partial x}+$$

$$\frac{1}{h+\zeta}\left\{\frac{1}{\rho}p\mid_{\zeta}\frac{\partial\zeta}{\partial x}-\left(A_{xx}\frac{\partial u}{\partial x}\right)\mid_{\zeta}\frac{\partial\zeta}{\partial x}-\left(A_{xy}\frac{\partial u}{\partial y}\right)\mid_{\zeta}\frac{\partial\zeta}{\partial y}+\left(A_{xz}\frac{\partial u}{\partial z}\right)\mid_{\zeta}\right\}_1+$$

$$\frac{1}{h+\zeta}\left\{\frac{1}{\rho}p\mid_{-k}\frac{\partial h}{\partial x}-\left(A_{xx}\frac{\partial u}{\partial x}\right)\mid_{-k}\frac{\partial h}{\partial x}-\left(A_{xy}\frac{\partial u}{\partial y}\right)\mid_{-k}\frac{\partial h}{\partial y}+\left(A_{xz}\frac{\partial u}{\partial z}\right)\mid_{-k}\right\}_2 \tag{2.3-137}$$

类似地,y 方向和 z 方向的垂向平均运动方程如下:

$$\frac{\partial\langle v\rangle}{\partial t}+\langle u\rangle\frac{\partial\langle v\rangle}{\partial x}+\langle v\rangle\frac{\partial\langle v\rangle}{\partial y}$$

$$=-f\langle u\rangle+\frac{1}{h+\zeta}\left\{-\frac{1}{\rho}\frac{\partial}{\partial y}[(h+\zeta)\langle p\rangle]+\frac{\partial}{\partial x}\left[(h+\zeta)A_{yx}\frac{\partial\langle v\rangle}{\partial y}\right]+\frac{\partial}{\partial y}\left[(h+\zeta)A_{yy}\frac{\partial\langle v\rangle}{\partial y}\right]\right\}-$$

$$\frac{\partial\Omega}{\partial y}+\frac{1}{h+\zeta}\left\{\frac{1}{\rho}p\mid_{\zeta}\frac{\partial\zeta}{\partial y}-\left(A_{yx}\frac{\partial v}{\partial x}\right)\mid_{\zeta}\frac{\partial\zeta}{\partial x}-\left(A_{yy}\frac{\partial v}{\partial y}\right)\mid_{\zeta}\frac{\partial\zeta}{\partial y}+\left(A_{yz}\frac{\partial v}{\partial z}\right)\mid_{\zeta}\right\}_1+$$

$$\frac{1}{h+\zeta}\left\{\frac{1}{\rho}p\mid_{-k}\frac{\partial h}{\partial y}-\left(A_{yx}\frac{\partial v}{\partial x}\right)\mid_{-k}\frac{\partial h}{\partial x}-\left(A_{yy}\frac{\partial v}{\partial y}\right)\mid_{-k}\frac{\partial h}{\partial y}+\left(A_{yz}\frac{\partial v}{\partial z}\right)\mid_{-k}\right\}_2 \tag{2.3-138}$$

$$\frac{\partial\langle w\rangle}{\partial t}+\langle u\rangle\frac{\partial\langle w\rangle}{\partial x}+\langle v\rangle\frac{\partial\langle w\rangle}{\partial y}$$

$$=\frac{1}{h+\zeta}\left\{+\frac{\partial}{\partial x}\left[(h+\zeta)A_{zx}\frac{\partial\langle w\rangle}{\partial x}\right]+\frac{\partial}{\partial y}\left[(h+\zeta)A_{zy}\frac{\partial\langle w\rangle}{\partial y}\right]\right\}-g+$$

$$\frac{1}{h+\zeta}\left\{\frac{1}{\rho}p\mid_{\zeta}\frac{\partial\zeta}{\partial x}-\left(A_{zx}\frac{\partial w}{\partial x}\right)\mid_{\zeta}\frac{\partial\zeta}{\partial x}-\left(A_{zy}\frac{\partial w}{\partial y}\right)\mid_{\zeta}\frac{\partial\zeta}{\partial y}+\left(A_{zz}\frac{\partial w}{\partial z}\right)\mid_{\zeta}\right\}_{1}+$$

$$\frac{1}{h+\zeta}\left\{\frac{1}{\rho}p\mid_{-k}\frac{\partial h}{\partial x}-\left(A_{zx}\frac{\partial w}{\partial x}\right)\mid_{-k}\frac{\partial h}{\partial x}-\left(A_{zy}\frac{\partial w}{\partial y}\right)\mid_{-k}\frac{\partial h}{\partial y}+\left(A_{zz}\frac{\partial w}{\partial z}\right)\mid_{-k}\right\}_{2} \quad (2.3-139)$$

对于均质海水来说,垂向平均连续方程(2.3-16)和垂向平均运动方程即式(2.3-137)~式(2.3-139),构成了包含四个未知量的闭合方程组。这个方程组还直接包含了边界条件的影响:连续方程(2.3-136)中的$\frac{\partial\zeta}{\partial t}$是垂向积分结果再利用海面和海底运动学边界条件而出现的,运动方程(2.3-137)和运动方程(2.3-138)中带有下标1和2的大括号是垂向积分的直接结果,分别表示海面和海底动力学的边界条件。

2.4 海水动力方程的尺度分析和简化

在2.3.5节中,我们导出了时间平均基本方程组,即式(2.3-112)~式(2.3-118),然而方程组中包含了各种不同的因子,在实际应用过程中,求解该方程组存在困难。实际海洋中所发生的每一种具体的运动形式(例如海浪、海流)以及在不同地理环境中发生的同一种运动形式(深水波动和浅水波动)都受某些主要因子的影响,而其他次要因子可以被忽略。通过忽略次要因子,保留主要因子,不仅可以简化方程便于求解,而且其结果仍可以比较精确地描述和解释特定运动的变化规律。因此,在研究具体的运动过程之前,有必要分析各种因子的相对重要性,而每一项的重要程度,通常与运动尺度密切相关。尺度分析方法就是通过估计方程组各项的相对大小判定各个因子相对重要性的一种分析方法。

尺度分析是根据表征某种特定形式运动的各项要素的特征尺度来估计方程中各项的大小,从而使方程得以简化的一种方法。由于海水运动的形式各异、特点不同,本节只做一般性的分析。

2.4.1 尺度分析

对于某一个物理量y,可以将其表示成:

$$y=Y\bar{y} \quad (2.4-1)$$

式中,Y为物理量y的特征量,$\bar{y}$为一个无因次量。特征量Y通常取该物理量的最大值,或者平均值,或者常见值,并要求表达式(2.4-1)中的无因次量$\bar{y}\leqslant1$。这个无因次的Y即为y的尺度。

如果某一物理量$y=y(x,\ t)$,则因变量和自变量可写成:

$$y=Y\bar{y},\quad x=X\bar{x},\quad t=\tau\bar{t} \quad (2.4-2)$$

y 的一阶偏导数可表示为

$$\frac{\partial y}{\partial x}=\frac{Y}{X}\frac{\partial \bar{y}}{\partial \bar{x}} \tag{2.4-3}$$

如果$\frac{\partial \bar{y}}{\partial \bar{x}}\leqslant 1$,参考上述尺度概念,可以推知$\frac{\partial y}{\partial x}$的尺度为$\frac{Y}{X}$,即

$$\frac{\partial y}{\partial x}\sim\frac{Y}{X} \tag{2.4-4}$$

因此,在$\frac{\partial \bar{y}}{\partial \bar{x}}\leqslant 1$的情况下,可以用式(2.4-4)来估算导数的大小。类似地,y 的二阶偏导数的尺度为

$$\frac{\partial^2 y}{\partial x^2}\sim\frac{Y}{X^2} \tag{2.4-5}$$

其中应满足$\frac{\partial^2 \bar{y}}{\partial \bar{x}^2}\leqslant 1$。

现在利用尺度定义,对直接坐标系中的时间平均基本方程组,即式(2.3-112)~式(2.3-118)作尺度分析。为简便处理,取所有的垂直湍流运动黏滞系数 A_{zx}、A_{zy} 和 A_{zz} 等于 A_z,取所有的水平湍流运动黏滞系数(A_{xx}、A_{xy}、A_{xz}、A_{yx}、A_{yy} 和 A_{yz})为 A_l,并且取 A_z 和 A_l 与 x、y、z 无关。分子黏性摩擦力相对于湍流摩擦力可以被忽略;天体引潮力的量级也极为有限,除了特定的研究需要考虑之外(例如潮汐运动),对其他运动形式的影响予以忽略。

在上述前提下,时间平均运动方程和连续方程可以改写成

$$\begin{cases}\frac{\partial u}{\partial t}+u\frac{\partial u}{\partial x}+v\frac{\partial u}{\partial y}+w\frac{\partial u}{\partial z}=fv-\frac{1}{\rho}\frac{\partial p}{\partial x}+A_l\left(\frac{\partial^2 u}{\partial x^2}+\frac{\partial^2 u}{\partial y^2}\right)+A_z\frac{\partial^2 u}{\partial z^2}\\ \frac{\partial v}{\partial t}+u\frac{\partial v}{\partial x}+v\frac{\partial v}{\partial y}+w\frac{\partial v}{\partial z}=-fu-\frac{1}{\rho}\frac{\partial p}{\partial y}+A_l\left(\frac{\partial^2 v}{\partial x^2}+\frac{\partial^2 v}{\partial y^2}\right)+A_z\frac{\partial^2 v}{\partial z^2}\\ \frac{\partial w}{\partial t}+u\frac{\partial w}{\partial x}+v\frac{\partial w}{\partial y}+w\frac{\partial w}{\partial z}=-\frac{1}{\rho}\frac{\partial p}{\partial z}-g+A_l\left(\frac{\partial^2 w}{\partial x^2}+\frac{\partial^2 w}{\partial y^2}\right)+A_z\frac{\partial^2 w}{\partial z^2}\\ \frac{\partial u}{\partial x}+\frac{\partial v}{\partial y}+\frac{\partial w}{\partial z}=0\end{cases} \tag{2.4-6}$$

取 L 和 D 分别表示海水运动的水平和垂向尺度,τ 表示时间尺度,U 和 W 分别为水平流速和垂直流速尺度,F 为科氏参量尺度,P 为压强尺度,利用上述特征尺度,引入改进的方程组(2.4-6)中的物理量的无因次形式:

$$\begin{cases}(\bar{x},\bar{y})=\frac{(x,y)}{L},\quad \bar{z}=\frac{z}{D},\quad \bar{t}=\frac{t}{\tau}\\ (\bar{u},\bar{v})=\frac{(u,v)}{L},\quad \bar{w}=\frac{w}{W},\quad \bar{f}=\frac{f}{F}\\ \bar{p}=\frac{p}{P}\end{cases} \tag{2.4-7}$$

将式(2.4-7)带入式(2.4-6),再将三个运动方程两边同时除以 FU,结果得到动力学基本方程的无因次形式:

$$R_0\left(\frac{L}{UT}\frac{\partial\bar{u}}{\partial\bar{t}}+\bar{u}\frac{\partial\bar{u}}{\partial\bar{x}}+\bar{v}\frac{\partial\bar{u}}{\partial\bar{y}}+\bar{w}\frac{\partial\bar{u}}{\partial\bar{z}}\right)=f\bar{v}-\frac{P}{\rho FU}\frac{\partial\bar{p}}{\partial\bar{x}}+E_l\left(\frac{\partial^2\bar{u}}{\partial\bar{x}^2}+\frac{\partial^2\bar{u}}{\partial\bar{y}^2}\right)+E_z\frac{\partial^2\bar{u}}{\partial\bar{z}^2} \tag{2.4-8}$$

$$R_0\left(\frac{L}{UT}\frac{\partial\bar{v}}{\partial\bar{t}}+\bar{u}\frac{\partial\bar{v}}{\partial\bar{x}}+\bar{v}\frac{\partial\bar{v}}{\partial\bar{y}}+\bar{w}\frac{\partial\bar{v}}{\partial\bar{z}}\right)=-f\bar{u}-\frac{P}{\rho FU}\frac{\partial\bar{p}}{\partial\bar{y}}+E_l\left(\frac{\partial^2\bar{v}}{\partial\bar{x}^2}+\frac{\partial^2\bar{v}}{\partial\bar{y}^2}\right)+E_z\frac{\partial^2\bar{v}}{\partial\bar{z}^2} \tag{2.4-9}$$

$$\delta R_0\left(\frac{L}{UT}\frac{\partial\bar{w}}{\partial\bar{t}}+\bar{u}\frac{\partial\bar{w}}{\partial\bar{x}}+\bar{v}\frac{\partial\bar{w}}{\partial\bar{y}}+\bar{w}\frac{\partial\bar{w}}{\partial\bar{z}}\right)=-\frac{P}{\rho FUD}\frac{\partial p}{\partial z}-\frac{g}{FU}+\delta\left[E_l\left(\frac{\partial^2\bar{w}}{\partial\bar{x}^2}+\frac{\partial^2\bar{w}}{\partial\bar{y}^2}\right)+E_z\frac{\partial^2\bar{w}}{\partial\bar{z}^2}\right] \tag{2.4-10}$$

$$\frac{\partial\bar{u}}{\partial\bar{x}}+\frac{\partial\bar{v}}{\partial\bar{y}}+\frac{\partial\bar{w}}{\partial\bar{z}}=0 \tag{2.4-11}$$

其中

$$R_0=\frac{U}{FL}=\frac{\frac{U^2}{L}}{FU} \tag{2.4-12}$$

$$E_l=\frac{A_l}{FL^2}=\frac{\frac{A_lU}{L^2}}{FU} \tag{2.4-13}$$

$$E_z=\frac{A_z}{FD^2}=\frac{\frac{A_zU}{D^2}}{FU} \tag{2.4-14}$$

$$\delta=\frac{L}{D}=\frac{U}{W} \tag{2.4-15}$$

式中,R_0 为罗斯比(Rossby)参数;E_l 为水平 Ekman 数,E_z 为垂向 Ekman 数;δ 为纵横比。利用这些参数可以方便地讨论式(2.4-8)~式(2.4-10)中各项的相对重要程度。

Rossby 参数 R_0 是平流项的尺度$\frac{U^2}{L}$与科氏力的尺度 FU 的比值,其大小反映了它们的相对重要性。当 $R_0\ll 1$ 时,表明科氏力的重要程度更高,而平流非线性项可以被忽略;当 $R_0=1$ 时,表明非线性项与科氏力同等重要;而当 $R_0\gg 1$ 时,平流非线性项的影响程度要大于地转项。实际的海洋运动过程中,一般可以取 $F\sim 10^{-4}$/s、$U\sim 0.1\sim 1$ m/s。如果取 $U\sim 1$ m/s,则由 R_0 的定义得

$$R_0=\frac{U}{FL}\sim\frac{10^4}{L}$$

当 $L>10^5$ m 时 $R_0\ll 1$,相应的运动称为大尺度运动,科氏力的重要性必须予以考虑;而当 $L<10^3$ m 时 $R_0\gg 1$,对应尺度的运动称为小尺度运动,此时科氏力对运动无实质性影响,可以被忽略。大洋环流、大洋潮波是大尺度运动的典型例子,而海浪则是小尺度运动的典

型例子。

Ekman 数是湍流摩擦力尺度与科氏力尺度之比，反映了二者的相对大小。其中湍流运动黏滞系数的一般取值范围是 $A_l \sim 10^2 \sim 10^4\ m^2/s$ 与 $A_z \sim 10^{-4} \sim 10^{-2}\ m^2/s$。当 $E_l \ll 1$，表明水平湍流摩擦力相对于科氏力可以被忽略；$E_l \sim 1$ 时，表明水平湍流摩擦力与科氏力同等重要；而 $E_l \gg 1$ 时，水平湍流摩擦力显得更为重要。同理，对于垂向 Ekman 数 E_z 来说也可以得出类似的结论。直接按照 E_l 和 E_z 的定义，如果水平尺度 L 和垂向尺度 D 都很大，则有 $E_l \ll 1$ 和 $E_z \ll 1$，表明大尺度运动中的水平和垂向湍流摩擦力相对于科氏力都可以被忽略；如果 L 很大而 D 较小，则可出现 $E_l \ll 1$ 和 $E_z \sim 1$，此时水平湍流摩擦可以被忽略，而垂向湍流摩擦力则与科氏力相比拟。$E_z \sim 1$ 所对应的运动垂向尺度 $D=\sqrt{\dfrac{A_z}{F}}$ 称为 Ekman 深度。如果考虑侧边界的影响，则在其附近的水平尺度为 $L \sim 10^4$ m 的范围内，有 $E_l \sim 1$。于是在侧边界附近的 Ekman 深度范围内，水平和垂向湍流摩擦力与科氏力同等量级。而对于水平尺度 $L<10^3$ m 的小尺度运动，如果垂向尺度 $D<\sqrt{\dfrac{A_z}{F}}$，则相应地有 $E_l>1$ 与 $E_z>1$，从而科氏力相对于湍流摩擦力可以被忽略。

纵横比 δ 是运动的垂向尺度 D 与水平尺度 L 的比值，也等于垂向流速尺度 W 与水平流速尺度 U 之比。在实际海洋运动过程中，这种关系通常是满足的，且有 $\delta \leqslant 1$。对于大尺度运动，由于水平尺度远大于垂向尺度，事实上 $\delta \ll 1$ 更为普遍。此外，前文中展示了大尺度运动的特征，因此垂向的运动方程(2.4-10)中的海水质点加速度和湍流摩擦项都很小。最后 $\dfrac{g}{FU} \sim 10^5$ 和 $\cot \varphi f\bar{u}=\dfrac{2\omega\cos \varphi \bar{u}}{F} \leqslant 1$，后者相对于前者可以被忽略。从而对于大尺度运动，方程(2.4-10)可简化为

$$0=-\frac{P}{\rho D}\frac{\partial \bar{p}}{\partial \bar{z}}-g \tag{2.4-16}$$

对于 $\delta \ll 1$ 的小尺度运动，表达式(2.4-16)仍然成立。

接下来我们讨论时间平均热传导方程(2.3-110)。方程中的分子热传导项对于湍流热传导项可以被忽略。设 $K_{\theta x}=K_{\theta y}=K_{\theta z}$；引入温度尺度 θ_0，于是温度可以表示为 $\theta=\theta_0+\bar{\theta}$；其余物理量的尺度与前文相同。据此得到无因次形式的实际平均热传导方程：

$$\frac{\theta_0}{\tau}\frac{\partial \bar{\theta}}{\partial \bar{t}}+\frac{U\theta_0}{L}\bar{u}\frac{\partial \bar{\theta}}{\partial \bar{x}}+\frac{U\theta_0}{L}\bar{v}\frac{\partial \bar{\theta}}{\partial \bar{y}}+\frac{\theta_0 W}{D}\bar{w}\frac{\partial \bar{\theta}}{\partial \bar{z}}=\frac{\theta_0}{L^2}K_{\theta l}\left(\frac{\partial^2\bar{\theta}}{\partial \bar{x}^2}+\frac{\partial^2\bar{\theta}}{\partial \bar{y}^2}\right)+\frac{\theta_0}{L^2}K_{\theta z}\frac{\partial^2\bar{\theta}}{\partial \bar{z}^2}$$

上式的等号两边同时除以$\dfrac{U\theta_0}{L}$，得到

$$\frac{L}{U\tau}\frac{\partial \bar{\theta}}{\partial \bar{t}}+\bar{u}\frac{\partial \bar{\theta}}{\partial \bar{x}}+\bar{v}\frac{\partial \bar{\theta}}{\partial \bar{y}}+\bar{w}\frac{\partial \bar{\theta}}{\partial \bar{z}}=\frac{1}{P_l}\left(\frac{\partial^2\bar{\theta}}{\partial \bar{x}^2}+\frac{\partial^2\bar{\theta}}{\partial \bar{y}^2}\right)+\frac{1}{P_z}\frac{\partial^2\bar{\theta}}{\partial \bar{z}^2} \tag{2.4-17}$$

其中

$$\begin{cases} P_l = \dfrac{UL}{K_{\theta l}} = \dfrac{\dfrac{U\theta_0}{L}}{\left(K_{\theta l}\dfrac{\theta_0}{L^2}\right)} \\ P_z = \dfrac{WD}{K_{\theta lz}} = \dfrac{\dfrac{W\theta_0}{D}}{\left(K_{\theta z}\dfrac{\theta_0}{D^2}\right)} \end{cases}$$

式中，P_l 为水平 Peclet 数，P_z 为垂向 Peclet 数。当 $P \ll 1$ 时，表示热平流项很小，它远小于湍流热传导项。在此情况下的$\dfrac{\partial\theta}{\partial t}$也近似等于 0，因此式(2.4-17)的简化形式为

$$\Delta\bar{\theta}=0$$

还原为量纲形式：

$$\Delta\theta=0 \tag{2.4-18}$$

当 $P \gg 1$ 时，表明湍流热传导项很小，可以被省略，化简后的式(2.4-17)的量纲形式为

$$\frac{\mathrm{d}\theta}{\mathrm{d}t}=0 \tag{2.4-19}$$

类似于等温运动。

2.4.2 常用近似和假设

2.4.2.1 静压假定(准静压近似)

将式(2.4-16)还原为量纲形式：

$$0=-\frac{1}{\rho}\frac{\partial p}{\partial z}-g \tag{2.4-20}$$

式(2.4-20)即为静力方程。若沿 z 方向从 z 到自由海面 ζ 积分，得到

$$p = p_a + \int_z^{\zeta}\rho g\mathrm{d}z \tag{2.4-21}$$

式中，p_a 为海面大气压，$\int_z^{\zeta}\rho g\mathrm{d}z$ 为 z 点以上的单位底面积水柱的质量。任意一点的压强等于海面大气压与该点以上的水柱质量之和，这就是静压假定(或称为准静压近似)。

当近似认为海水密度为常数时，式(2.4-21)可表示为

$$p=p_a+\rho g(\zeta-z) \tag{2.4-22}$$

相应地，若取 p_a 为常数，则压强梯度力可以表示为

$$\begin{cases} -\dfrac{1}{\rho}\dfrac{\partial p}{\partial x}=-g\dfrac{\partial \zeta}{\partial x} \\ -\dfrac{1}{\rho}\dfrac{\partial p}{\partial y}=-g\dfrac{\partial \zeta}{\partial y} \\ -\dfrac{1}{\rho}\dfrac{\partial p}{\partial z}=-g \end{cases} \tag{2.4-23}$$

2.4.2.2 f 平面近似

至于大尺度运动,动力学基本方程组(2.4-6)中的科氏力项为了理论上研究方便,在不影响反映海水运动主要特征的情况下,通常取 $f=f_0=2\omega\sin\varphi_0$,即认为海水运动发生在科氏力参量为常数 f_0 的平面上,该平面称为 f 平面。毫无疑问,在 f 平面上的研究存在一定的误差,称之为 f 平面近似。显然,f 平面只对纬度跨度有限的海区较为适合,但是在若干情形下也可以应用于无限平面或者准无限平面,例如用于研究 Sverdrup 和 Kelvin 波等。一方面是 f 平面上的基本方程便于求得解析解,另一方面这些解析解确实能够描述和解释实际海洋中的若干现象。

2.4.2.3 β 平面近似

在研究大尺度运动的过程中,地球的曲率影响不应被忽视,但使用球坐标系不如使用直角坐标系方便。为了既使用直角坐标系,又可以将科氏力参数 f 随纬度 φ 的变化考虑在内,故需要做下列近似处理。因为我们通常选取 y 轴与经度圈相切,因此 f 随纬度 φ 的变化可近似地用 f 随 y 的变化来表达。设 f_0 为参考纬度 φ_0 处的 f 值,y_0 为参考纬度 φ_0 处的 y 值,f 在 φ_0 附近的泰勒级数展开为

$$f=2\omega\sin\varphi\simeq 2\omega\sin\varphi_0+2\omega\cos\varphi_0(\varphi-\varphi_0) \tag{2.4-24}$$

式中的 $\varphi-\varphi_0$ 可表示成

$$a(\varphi-\varphi_0)=y-y_0 \tag{2.4-25}$$

式中,a 为地球平均半径。$2\omega\cos\varphi$ 进一步表示为

$$2\omega\cos\varphi_0=\left.\frac{\mathrm{d}f}{\mathrm{d}\varphi}\right|_{\varphi=\varphi_0}=a\left.\frac{\mathrm{d}f}{\mathrm{d}y}\right|_{\varphi=\varphi_0} \tag{2.4-26}$$

将式(2.4-25)和式(2.4-26)代入式(2.4-24)得到

$$f=f_0+\beta(y-y_0)$$

式中,$\beta=\left.\dfrac{\mathrm{d}f}{\mathrm{d}y}\right|_{\varphi=\varphi_0}$。假如取 $y_0=0$,则有

$$f=f_0+\beta y \tag{2.4-27}$$

像这样既是直角坐标平面又考虑科氏力参数的线性变化平面叫作 β 平面。基于这种平面的近似方法,叫作 β 平面近似。

2.4.2.4 Boussinesq 近似

由于海水的压缩性很小,在假定海水不可压缩的基础上。设海水密度 ρ(特指时间平均密度)可表示为海水密度平均值 ρ_0 与海水密度扰动 ρ' 的和,即 $\rho=\rho_0+\rho'$,则 z 方向的运动方

程(2.3-114)可以写成：

$$(\rho_0+\rho')\frac{\mathrm{d}w}{\mathrm{d}t}=-\frac{\partial p}{\partial z}-(\rho_0+\rho')g+(\rho_0+\rho')\left[A_l\left(\frac{\partial^2 w}{\partial x^2}+\frac{\partial^2 w}{\partial y^2}\right)+A_z\frac{\partial^2 w}{\partial z^2}\right] \tag{2.4-28}$$

除了在重力加速度 g 的前面保留 ρ' 面外，其余各项前面的 ρ' 均略去，然后方程两边同时除以 ρ_0，于是 z 方向的运动方程近似表示为

$$\frac{\mathrm{d}w}{\mathrm{d}t}=-\frac{1}{\rho_0}\frac{\partial p}{\partial z}-\frac{\rho_0+\rho'}{\rho_0}g+A_l\left(\frac{\partial^2 w}{\partial x^2}+\frac{\partial^2 w}{\partial y^2}\right)+A_z\frac{\partial^2 w}{\partial z^2} \tag{2.4-29}$$

对于 x 和 y 方向的运动方程(2.3-112)和运动方程(2.3-113)也可以近似地用 ρ_0 代替 ρ，从而

$$\frac{\mathrm{d}u}{\mathrm{d}t}=-\frac{1}{\rho_0}\frac{\partial p}{\partial x}+fv+A_l\left(\frac{\partial^2 u}{\partial x^2}+\frac{\partial^2 u}{\partial y^2}\right)+A_z\frac{\partial^2 u}{\partial z^2} \tag{2.4-30}$$

$$\frac{\mathrm{d}v}{\mathrm{d}t}=-\frac{1}{\rho_0}\frac{\partial p}{\partial y}-fu+A_l\left(\frac{\partial^2 v}{\partial x^2}+\frac{\partial^2 v}{\partial y^2}\right)+A_z\frac{\partial^2 v}{\partial z^2} \tag{2.4-31}$$

在海水运动基本方程中，近似认为海水不可被压缩，以体积连续方程 $\nabla\cdot\boldsymbol{V}$ 来描述海水的连续性，微小的海水密度扰动 ρ' 仅在 z 方向的运动中对浮力项 $\frac{\rho'}{\rho}g$ 有意义，而其余运动学方程中均以 ρ_0 近似代替 ρ，上述近似代替方案均与海洋的实际运动相接近。这些近似即为 Boussinesq 近似。

2.4.3 几种常用的简化方程组

根据前几节中对基本方程的尺度分析，可以归纳并得出常用的几种简化方程组。

2.4.3.1 大尺度运动方程组

参考 2.4.1 节的尺度分析、2.4.2 节的静压假定与 f 平面近似处理，在此导出海水大尺度运动的控制方程组（均为量纲形式的时间平均方程）：

$$\begin{cases}\dfrac{\partial u}{\partial t}=fv-\dfrac{1}{\rho}\dfrac{\partial p}{\partial x}\\[2mm]\dfrac{\partial v}{\partial t}=-fu-\dfrac{1}{\rho}\dfrac{\partial p}{\partial y}\\[2mm]-g-\dfrac{1}{\rho}\dfrac{\partial p}{\partial z}=0\\[2mm]\dfrac{\partial u}{\partial x}+\dfrac{\partial v}{\partial y}+\dfrac{\partial w}{\partial z}=0\\[2mm]\dfrac{\partial \theta}{\partial t}=K_{\theta l}\left(\dfrac{\partial^2\theta}{\partial x^2}+\dfrac{\partial^2\theta}{\partial y^2}\right)+K_{\theta z}\dfrac{\partial^2\theta}{\partial z^2}\\[2mm]\dfrac{\partial s}{\partial t}=K_{sl}\left(\dfrac{\partial^2 s}{\partial x^2}+\dfrac{\partial^2 s}{\partial y^2}\right)+K_{sz}\dfrac{\partial^2 s}{\partial z^2}\\[2mm]\rho=\rho(S,\theta,p)\end{cases} \tag{2.4-32}$$

上述方程组由上至下依次为大尺度的流速方程、静力方程、连续方程、温盐方程及状态方程。此方程组适用于描述海盆尺度的大洋环流运动。由于水平尺度很大，地转偏向力的作用成为运动的主要作用力，因此这种简化条件下的方程组也称为地转近似的运动方程组。

2.4.3.2 考虑摩擦的大尺度运动方程组

在上述大尺度运动方程组的基础上，若研究的区域限制在侧边界或上边界附近，则必须考虑侧向摩擦和垂向摩擦的作用，于是得到了如下的大尺度运动方程组：

$$\begin{cases}\dfrac{\partial u}{\partial t}=fv-\dfrac{1}{\rho}\dfrac{\partial p}{\partial x}+A_l\left(\dfrac{\partial^2 u}{\partial x^2}+\dfrac{\partial^2 u}{\partial y^2}\right)+A_z\dfrac{\partial^2 u}{\partial z^2}\\ \dfrac{\partial v}{\partial t}=-fu-\dfrac{1}{\rho}\dfrac{\partial p}{\partial y}+A_l\left(\dfrac{\partial^2 v}{\partial x^2}+\dfrac{\partial^2 v}{\partial y^2}\right)+A_z\dfrac{\partial^2 v}{\partial z^2}\\ -g-\dfrac{1}{\rho}\dfrac{\partial p}{\partial z}=0\\ \dfrac{\partial u}{\partial x}+\dfrac{\partial v}{\partial y}+\dfrac{\partial w}{\partial z}=0\\ \dfrac{\partial \theta}{\partial t}=K_{\theta l}\left(\dfrac{\partial^2 \theta}{\partial x^2}+\dfrac{\partial^2 \theta}{\partial y^2}\right)+K_{\theta z}\dfrac{\partial^2 \theta}{\partial z^2}\\ \dfrac{\partial s}{\partial t}=K_{sl}\left(\dfrac{\partial^2 s}{\partial x^2}+\dfrac{\partial^2 s}{\partial y^2}\right)+K_{sz}\dfrac{\partial^2 s}{\partial z^2}\\ \rho=\rho(S,\theta,p)\end{cases}\tag{2.4-33}$$

2.4.3.3 小尺度运动的方程组

若研究的海洋现象尺度很小，如波浪等，则地转偏向力基本不起作用。在忽略分子黏性摩擦力与其他运动形式影响的前提下，海水的运动方程可写为

$$\begin{cases}\dfrac{\partial u}{\partial t}+u\dfrac{\partial u}{\partial x}+v\dfrac{\partial u}{\partial y}+w\dfrac{\partial u}{\partial z}=-\dfrac{1}{\rho}\dfrac{\partial p}{\partial x}+A_l\left(\dfrac{\partial^2 u}{\partial x^2}+\dfrac{\partial^2 u}{\partial y^2}\right)+A_z\dfrac{\partial^2 u}{\partial z^2}\\ \dfrac{\partial v}{\partial t}+u\dfrac{\partial v}{\partial x}+v\dfrac{\partial v}{\partial y}+w\dfrac{\partial v}{\partial z}=-\dfrac{1}{\rho}\dfrac{\partial p}{\partial y}+A_l\left(\dfrac{\partial^2 v}{\partial x^2}+\dfrac{\partial^2 v}{\partial y^2}\right)+A_z\dfrac{\partial^2 v}{\partial z^2}\\ \dfrac{\partial w}{\partial t}+u\dfrac{\partial w}{\partial x}+v\dfrac{\partial w}{\partial y}+w\dfrac{\partial w}{\partial z}=-g-\dfrac{1}{\rho}\dfrac{\partial p}{\partial z}+A_l\left(\dfrac{\partial^2 w}{\partial x^2}+\dfrac{\partial^2 w}{\partial y^2}\right)+A_z\dfrac{\partial^2 w}{\partial z^2}\\ \dfrac{\partial u}{\partial x}+\dfrac{\partial v}{\partial y}+\dfrac{\partial w}{\partial z}=0\\ \dfrac{\partial \theta}{\partial t}=K_{\theta l}\left(\dfrac{\partial^2 \theta}{\partial x^2}+\dfrac{\partial^2 \theta}{\partial y^2}\right)+K_{\theta z}\dfrac{\partial^2 \theta}{\partial z^2}\\ \dfrac{\partial s}{\partial t}=K_{sl}\left(\dfrac{\partial^2 s}{\partial x^2}+\dfrac{\partial^2 s}{\partial y^2}\right)+K_{sz}\dfrac{\partial^2 s}{\partial z^2}\\ \rho=\rho(S,\theta,p)\end{cases}\tag{2.4-34}$$

2.4.3.4 均质海水的垂向平均运动方程组

有些情况下,海水的运动与密度的分布状态关系不大,主要由外压力驱动。此时,可以假设海水密度是均匀的,而且在这种情况下我们往往只关心海水运动的垂向平均状态。于是,可将海水运动方程组简化为如下形式:

$$\begin{cases}\dfrac{\partial\langle u\rangle}{\partial t}+\langle u\rangle\dfrac{\partial\langle u\rangle}{\partial x}+\langle v\rangle\dfrac{\partial\langle u\rangle}{\partial y}\\ =f\langle v\rangle-g\dfrac{\partial\zeta}{\partial x}+A_l\left(\dfrac{\partial^2\langle u\rangle}{\partial x^2}+\dfrac{\partial^2\langle u\rangle}{\partial y^2}\right)+\dfrac{A_z}{h+\zeta}\left(\left.\dfrac{\partial u}{\partial z}\right|_{\zeta}-\left.\dfrac{\partial u}{\partial z}\right|_{-k}\right)\\ \dfrac{\partial\langle v\rangle}{\partial t}+\langle u\rangle\dfrac{\partial\langle v\rangle}{\partial x}+\langle v\rangle\dfrac{\partial\langle v\rangle}{\partial y}\\ =-f\langle u\rangle-g\dfrac{\partial\zeta}{\partial y}+A_l\left(\dfrac{\partial^2\langle v\rangle}{\partial x^2}+\dfrac{\partial^2\langle v\rangle}{\partial y^2}\right)+\dfrac{A_z}{h+\zeta}\left(\left.\dfrac{\partial v}{\partial z}\right|_{\zeta}-\left.\dfrac{\partial v}{\partial z}\right|_{-k}\right)\\ \dfrac{\partial w}{\partial t}+\dfrac{\partial[(h+\zeta)\langle u\rangle]}{\partial x}+\dfrac{\partial[(h+\zeta)\langle v\rangle]}{\partial y}=0\end{cases}\tag{2.4-35}$$

其中

$$\begin{cases}-g\dfrac{\partial\zeta}{\partial x}=-\dfrac{1}{\rho(h+\zeta)}\dfrac{\partial}{\partial x}[(h+\zeta)\langle p\rangle]+\dfrac{p_{\zeta}}{\rho(h+\zeta)}\dfrac{\partial\zeta}{\partial x}+\dfrac{p_{-k}}{\rho(h+\zeta)}\dfrac{\partial h}{\partial x}\\ -g\dfrac{\partial\zeta}{\partial y}=-\dfrac{1}{\rho(h+\zeta)}\dfrac{\partial}{\partial y}[(h+\zeta)\langle p\rangle]+\dfrac{p_{\zeta}}{\rho(h+\zeta)}\dfrac{\partial\zeta}{\partial y}+\dfrac{p_{-k}}{\rho(h+\zeta)}\dfrac{\partial h}{\partial y}\end{cases}$$

注意,利用流体静压表达式 $p=p_{\zeta}+\rho g(\zeta-z)$ 可以证明上述两个等式成立。

这里,我们用尖括号表示垂向平均。另外,$A_l\dfrac{\partial^2\langle u\rangle}{\partial x^2}$、$A_l\dfrac{\partial^2\langle u\rangle}{\partial y^2}$、$A_l\dfrac{\partial^2\langle v\rangle}{\partial x^2}$和 $A_l\dfrac{\partial^2\langle v\rangle}{\partial y^2}$的各自表示形式如下:

$$\frac{1}{h+\zeta}\frac{\partial}{\partial x}\left[(h+\zeta)A_{xx}\frac{\partial\langle u\rangle}{\partial x}\right]-\left.\frac{A_{xx}}{h+\zeta}\frac{\partial u}{\partial x}\right|_{\zeta}\frac{\partial\zeta}{\partial x}-\left.\frac{A_{xx}}{h+\zeta}\frac{\partial u}{\partial x}\right|_{-k}\frac{\partial h}{\partial x}$$

$$\frac{1}{h+\zeta}\frac{\partial}{\partial y}\left[(h+\zeta)A_{xy}\frac{\partial\langle u\rangle}{\partial y}\right]-\left.\frac{A_{xy}}{h+\zeta}\frac{\partial u}{\partial y}\right|_{\zeta}\frac{\partial\zeta}{\partial y}-\left.\frac{A_{xy}}{h+\zeta}\frac{\partial u}{\partial y}\right|_{-k}\frac{\partial h}{\partial y}$$

$$\frac{1}{h+\zeta}\frac{\partial}{\partial x}\left[(h+\zeta)A_{yx}\frac{\partial\langle v\rangle}{\partial x}\right]-\left.\frac{A_{yx}}{h+\zeta}\frac{\partial v}{\partial x}\right|_{\zeta}\frac{\partial\zeta}{\partial x}-\left.\frac{A_{yx}}{h+\zeta}\frac{\partial v}{\partial x}\right|_{-k}\frac{\partial h}{\partial x}$$

$$\frac{1}{h+\zeta}\frac{\partial}{\partial y}\left[(h+\zeta)A_{yy}\frac{\partial\langle v\rangle}{\partial y}\right]-\left.\frac{A_{yy}}{h+\zeta}\frac{\partial v}{\partial y}\right|_{\zeta}\frac{\partial\zeta}{\partial y}-\left.\frac{A_{yy}}{h+\zeta}\frac{\partial v}{\partial y}\right|_{-k}\frac{\partial h}{\partial y}$$

第3章　数值离散方法

研究海洋运动的方法一般有理论分析、实验研究和数值计算。数值计算是一种离散的近似方法。为了充分利用高性能计算资源进行快速求解,各种各样的海洋力学问题必须从微分方程或基本定律出发,建立物理上合理、数学上合适,且适于在计算机上进行计算的、离散的有限数值模型。数值计算的突出优势是能够求解复杂初始和边界条件下的海洋原始控制方程组,对各种海洋现象能够做到定量预测,能给出详细且完整的资料,容易模拟真实条件和理想条件下的情形。因此数值计算不仅在海洋领域,其在众多领域也已得到了广泛应用。

本章首先介绍海洋动力学方程常用的离散方法,其次对经典的差分格式进行介绍,最后对海洋模型的基本性质及判别方法进行详细的阐述。

3.1　海洋动力学方程的常用离散方法

海洋数值模式常用的数值离散方法有三种:有限差分法、有限元法和有限体积法。有限差分法可以方便地调整计算精度,但其几何适应性较差,在结构网格中很容易构造差分方程,然而对于非结构网格,差分方程构造过程相当复杂。有限元法目前大量地用于固体力学计算中,在流体计算中的应用则不多见。虽然有限元法在流体计算中存在很多问题,但其最大的优点——几何学的灵活性使其在未来的流体计算中具有很好的发展前景,目前已经出现了一些有限元流体计算软件。有限体积法不仅能像有限元方法一样适用于不规则网格和复杂边界情况,且处理效率与有限差分法相似,远远高于有限元方法,所以在数值模拟中有很大的发展潜力。

3.1.1　有限差分法

有限差分法是数值方法中最经典的方法,也是计算机数值模拟最早采用的方法,至今仍被广泛应用。该方法的基本思想是把连续的定解区域分解成有限个离散点构成的网格,这些离散点称作网格的节点;用定义在网格上的离散变量函数对连续定解区域上定义的连续变量函数进行近似;把原方程和定解条件中的微商用差商来近似,于是原微分方程和定解条件就可以近似地由代数方程组,即有限差分方程组取代,解此方程组就可以得到原问题在离散点上的近似解。在采用数值计算方法求解偏微分方程时,将每一处导数由有限差分近似公式代替,从而把求解偏微分方程的问题转换成求解代数方程的问题,即所谓的有限差分法。

有限差分法以泰勒级数展开等方法，把控制方程中的导数用网格节点上的函数值的差商代替进行离散，从而建立以网格节点上的值为未知数的代数方程组。该方法是一种直接将微分问题变为代数问题的近似数值解法，是发展较早且比较成熟的方法。对于有限差分格式，从格式的精度来划分，有一阶格式、二阶格式和高阶格式等；从差分的空间形式来考虑，可分为中心格式和逆风格式等。考虑时间因子的影响，差分格式还可以分为显格式、隐格式、显隐交替格式等。目前常见的差分格式，主要是上述几种形式的组合，不同的组合构成不同的差分格式。差分方法主要适用于结构网格，网格的步长一般根据实际情况来确定。

构造差分的方法有多种，目前主要采用泰勒级数展开方法。其基本的差分表达式主要有一阶向前差分、一阶向后差分、一阶中心差分和二阶中心差分等。

有限差分法可应用于各类微分方程和积分-微分方程的各种定解问题，如常微分方程初值问题、边值问题，偏微分方程初值问题、边值问题，玻耳兹曼方程，计算流体力学等。在海洋数值计算中，有限差分方法是使用最多、最普遍的离散方法，其主要原因是海洋数值模拟的计算量十分巨大，要考虑计算的时效性。有限差分方法相比于有限元法、有限体积法，方法简单、计算效率高，因此在海洋数值计算中普遍采用。本章节主要以有限差分法为主进行讲解。

3.1.2 有限元法

有限元法是一种常用的偏微分方程数值求解方法。该方法将一个偏微分方程（组）的连续求解域分解为若干个小区域，在每个被称为有限元的小区域中以简单方程来替代整个区域的复杂方程。它将求解域看成由许多的互联子域组成，对每一单元假定一个合适的（较简单的）近似解，然后推导求解这个域总的满足条件，从而得到问题的解，这个解不是准确解，而是近似解，从而使实际的复杂问题被较简单的问题所代替。

在数值模拟中，常见的有限元计算方法是由变分法和加权余量法发展而来的里兹法和伽辽金法、最小二乘法等。根据所采用的权函数和插值函数的不同，有限元方法也分为多种计算格式。从权函数的选择来说，有配置法、矩量法、最小二乘法和伽辽金法；从计算单元网格的形状来划分，有三角形网格、四边形网格和多边形网格；从插值函数的精度来划分，又分为线性插值函数和高次插值函数等。不同的组合同样构成不同的有限元计算格式。其基本思路和解题步骤可归纳为：(1) 建立积分方程；(2) 区域单元剖分，即用点、线或面把结构剖分为有限个离散单元体，并在单元指定点设置节点，研究单元的平衡和变形协调，形成单元平衡方程；(3) 单元分析；(4) 总体合成，即所有离散的有限个单元集合起来代替原结构，形成离散结构节点平衡方程；(5) 边界条件处理；(6) 解有限元方程。

有限元计算方法作为一种技术更多地与有限元方法软件的发展紧密地结合起来。其效率高且满足精度要求，边界条件处理容易，在计算时不考虑微分方程，而从单元本身特点进行研究，但其计算结果受网格质量影响较大。传统有限元分析的数值计算方法有直接计算法与迭代法两种。常见的有限元软件有美国的 ABQUS、ADINA、ANSYS、MARC、COSMOS、ELAS、MSC 和 STARDYNE,德国的 ASKA,英国的 PAFEC,法国的 SYSTUS 等。

3.1.3 有限体积法

有限体积法也称为控制容积积分法,其基本思想是:将计算区域离散为若干网格点,以这些点为中心,划分为一系列不重复的控制体积;将待解的微分方程对每一个控制体积积分,从而得出一组离散方程,其中的未知数是网格点上的因变量的数值。为了求出控制体积的积分,必须假定值在网格点之间的变化规律。从积分区域的选取方法看来,有限体积法属于加权剩余法中的子区域法;从未知解的近似方法看来,有限体积法属于采用局部近似的离散方法。有限体积法的基本思路易于理解,并能得出直接的物理解释。

有限体积法的核心体现在区域离散方式上,区域离散化过程结束后,可以得到四种几何要素。

(1)节点:需要求解的未知物理量的几何位置。

(2)控制体积:应用控制方程或守恒定律的最小几何单位。

(3)界面:它定义了与各节点相对应的控制体积的界面位置。

(4)网格线:连接相邻两节点面形成的曲线簇。

我们把节点看成是控制体积的代表,在离散过程中,将一个控制体积上的物理量定义并存储在该节点处。图 3-1 给出了有限体积法的区域离散示意图。

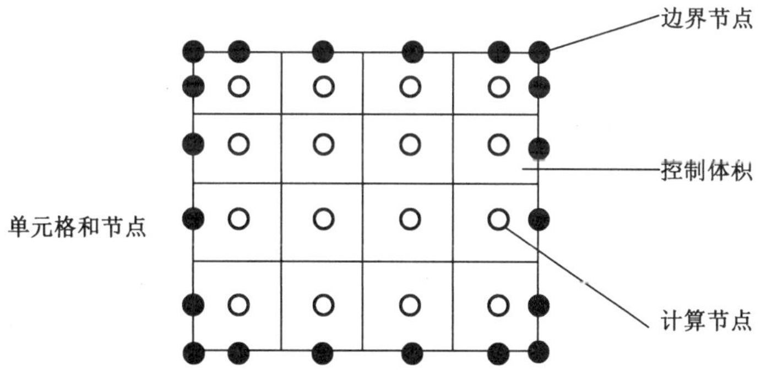

图 3-1 有限体积法的区域离散示意图

有限体积法得出的离散方程,要求特征变量的积分守恒性质对任意一组控制体积都得到满足,对整个计算区域自然也得到满足。这就是有限体积法与有限差分法和有限元法相比更具有优势的地方。对相邻控制体来说,由于跨控制体间界面运输的通量大小相等、方向相反,因此沿所有内部边界的通量相互抵消。对由一个或多个控制体组成的区域,甚至整个计算区域,都严格满足物理守恒定律,不存在守恒量的误差。

就离散方法而言,有限体积法可视作有限元法和有限差分法的中间物。有限元法必须假定值在网格点之间的变化规律,并将其作为近似解;有限差分法只考虑网格点上的数值而不考虑值在网格点之间如何变化。有限体积法只寻求节点的值,这与有限差分法相类似;有限体积法在寻求控制体积的积分时,必须假定网格点之间的分布,这又与有限单元法相类似。在有限体积法中,插值函数只用于计算控制体积的积分,得出离散方程之后,便可忘掉插值函数;如果需要的话,可以对微分方程中不同的项采取不同的插值函数。

目前,三维非结构网格的海洋数值 FVCOM 模式,就是用有限体积法对控制方程进行离散的。在非结构三角网格中用通量计算可以从数学上解得这些积分方程,有限体积近似可以保证单独控制要素和整体计算范围的质量守恒。FVCOM 模式的介绍,具体可参照第 5 章相关内容。

3.2 几种典型的差分格式

有限差分法是目前海洋数值计算最常用的离散方法。本节以一维线性平流运动方程为例,针对几种典型的有限差分格式详细介绍离散方程的构造过程及其格式特点。

3.2.1 微分方程的离散化

一个封闭形式的数学表达式,例如函数或函数的微分方程、积分方程,在某个区域里被看作是连续的,有无穷多个值。有限差分法就是利用有限个小区域,或者叫网格,对整个区域进行划分,实现这个连续区域的离散化。离散化的实质就是用另外一个类似的表达式来近似它,只不过这个表达式仅在区域内有限多个离散点上有值。

海洋数值预报模型的基本方程为偏微分方程。偏微分方程的解析解封闭形式的表达式给出的是未知函数在区域内的变化规律,而数值解只在区域内的离散点上给出结果,这些离散点称为网格点。

以一维时间和一维空间组成的 $x-t$、$n\Delta t$ 时空平面为例,$f(x,t)$ 为定义在该时空平面上的连续函数。$x-t$ 平面离散化的图形表达如图 3-2 所示。$x-t$ 平面中的直线被称为网格线,网格线的交叉点称为网格点;Δx 表示沿 x 轴方向的网格点间隔长度,即空间步长;Δt 为时间轴方向的网格点间隔,称为时间步长。为了表达方便,通常把 $x-t$ 平面上坐标为($i\Delta x$,$n\Delta t$)的网格点简写为(i,n),而将该点的函数 $f(i\Delta x, n\Delta t)$ 简写为 f_i^n。

时间步长 Δx 和空间步长 Δt 可以是不等距的,离散点在每个方向的分布上等距能够大大节省存储,而且通常能够获得更加精确的解。这种等距网格并不是指一定要在物理空间上等距分布。由于在海洋数值模式中经常要对函数坐标进行变换,对方程的求解通常在变换后的计算空间内进行,因此通常要求计算空间的网格等距分布,而与之相对应的物理空间却不一定等距分布。

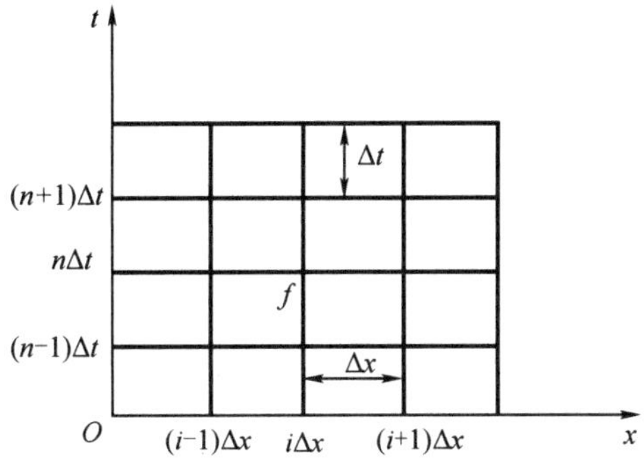

图 3-2 x-t 时空平面的离散化

当对偏微分方程各项进行有限差分离散时,可以直接利用差商代替微商,从而使微分方程转化为代数方程。利用导数定义可以得到最简单的差分格式。对于连续可微函数 $f(x)$,其一阶导数的定义为

$$\left(\frac{\partial f}{\partial x}\right)_i=\lim_{\Delta x\to 0}\frac{f(x+\Delta x)-f(x)}{\Delta x}\approx\frac{f_{i+1}-f_i}{\Delta x} \tag{3.2-1}$$

在式(3.2-1)中,一阶导数由 x 点与其右侧(即前方)的格点值之差来近似表达,被称为向前差分。同样,x 点处的一阶导数还可以由该点与其后方的格点之差来近似表达:

$$\frac{\partial f}{\partial x}=\frac{f_i-f_{i-1}}{\Delta x} \tag{3.2-2}$$

相应地,我们称之为向后差分格式。

若由其两侧格点值之差来近似表达,我们则称之为中央差分格式。其表达式为

$$\frac{\partial f}{\partial x}=\frac{f_{i+1}-f_{i-1}}{2\Delta x} \tag{3.2-3}$$

虽然由导数的定义可以直接得到其差分表达格式,但是这种近似表达的误差有多大?不同的差分格式的精度又有何区别?这些信息则需要通过其他方法得到。本节介绍几种常用的差分格式构造方法:泰勒级数、多项式和待定系数构造方法,并据此对不同差分格式的精度进行简单分析。

3.2.1.1 泰勒展开法构造有限差分

对于函数 $f(x)$,假设它的偏微分是有限和连续的,如果给定函数在 x 点处的值,那么对于一个很小的距离 Δx 而言,点 $x+\Delta x$ 处的函数值可表达为

$$f(x+\Delta x)=f(x)+\Delta x\frac{\partial f}{\partial x}+\frac{(\Delta x)^2}{2}\frac{\partial^2 f}{\partial x^2}+\frac{(\Delta x)^3}{3!}\frac{\partial^3 f}{\partial x^3}+\cdots \tag{3.2-4}$$

式(3.2-4)是我们非常熟悉的泰勒展开公式,图 3-3 给出了公式右边三项的物理意义。

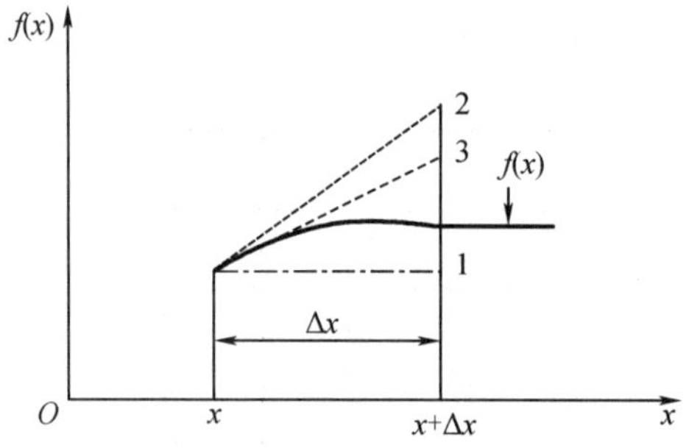

图 3-3　泰勒级数前三项的物理意义

假设函数 f 在 x 点处的值已知，利用式(3.2-4)计算 f 在点 $x+\Delta x$ 处的值。考察式(3.2-4)右边各项可知，由于两点之间距离很近，对于连续函数而言第一项 $f(x)$ 可以作为 $x+\Delta x$ 点处函数值的粗略估计，但不能算是一个很好的估计值(对应于图 3-3 中的点 1)，除非两点之间函数值保持不变。要得到更好的估计值需要考虑曲线的斜率，这就是式(3.2-4)中第二项(对应于图 3-3 中的点 2)。同样，斜率项仅代表函数沿斜率方向线性变化的信息，要想给出更精确的估计值，还需要加上式(3.2-4)中等号右侧第三项(对应于图 3-3 中的点 3)，其近似代表了两点曲率的贡献。

一般来说，要得到更精确的结果，就要加上更多的高阶项。事实上，如果能将式(3.2-4)右边的所有项都考虑进来，就得到了函数 f 在 $x+\Delta x$ 处的准确表达式。

由式(3.2-4)可知函数 f 在 x 点处的偏导数可表示为

$$\frac{\partial f}{\partial x}=\frac{f(x+\Delta x)-f(x)}{\Delta x}+\frac{\Delta x}{2}\frac{\partial^2 f}{\partial x^2}+\frac{(\Delta x)^2}{3!}\frac{\partial^3 f}{\partial x^3}+\cdots$$

将上式与式(3.2-1)对比可以看到，上式等号右面第一项为微商的向前差分表达式，第二项及其之后的部分可以看作向前差分格式的误差，称为截断误差。对于小量 Δx，截断误差的最大值不会超过 Δx 的量级，这里用 $O(\Delta)$ 表示。则上式可写为

$$\frac{\partial f}{\partial x}=\frac{f(x+\Delta x)-f(x)}{\Delta x}+O(\Delta x) \tag{3.2-5}$$

$O(\Delta x)$ 是数学上表示“与 Δx 同阶项”的一种记法，其中 Δx 为该截断误差的最低阶项。于是，我们得到了在离散的空间里，一阶导数在点 i 处的向前差分格式为

$$\frac{\partial f}{\partial x}=\frac{f_{i+1}-f_i}{\Delta x}+O(\Delta x) \tag{3.2-6}$$

同样，根据泰勒级数的定义，在 $f(x)$ 处的函数值可表达为

$$f(x-\Delta x)=f(x)-\Delta x\frac{\partial f}{\partial x}+\frac{(\Delta x)^2}{2}\frac{\partial^2 f}{\partial x^2}-\frac{(\Delta x)^3}{3!}\frac{\partial^3 f}{\partial x^3}+\cdots \tag{3.2-7}$$

由式(3.2-7)可以得到函数 $f(x)$ 的一阶导数的向后差分格式：

$$\frac{\partial f}{\partial x}=\frac{f(x)-f(x-\Delta x)}{\Delta x}+O(\Delta x) \tag{3.2-8}$$

于是，我们得到了离散空间上一阶导数在点 i 处的向后差分格式：

$$\frac{\partial f}{\partial x}=\frac{f_i-f_{i-1}}{\Delta x}+O(\Delta x) \tag{3.2-9}$$

将式(3.2-4)和式(3.2-7)相减,并将一阶导数项移到等号左边,便可以得到一阶导数的中央差分格式:

$$\frac{\partial f}{\partial x}=\frac{f(x+\Delta x)-f(x-\Delta x)}{2\Delta x}+\frac{(\Delta x)^2}{3!}\frac{\partial^3 f}{\partial x^3}+\cdots=\frac{f(x+\Delta x)-f(x-\Delta x)}{2\Delta x}+O((\Delta x)^2) \tag{3.2-10}$$

在离散空间上,i 点处的一阶导数中央差分可表达为

$$\frac{\partial f}{\partial x}=\frac{f_{i+1}-f_{i-1}}{2\Delta x}+O((\Delta x)^2) \tag{3.2-11}$$

通过以上推导可以看到,一阶导数的向前差分和向后差分格式的截断误差均为 Δx 的一次方量级,即达到了一阶精度,而中央差分的截断误差则为 Δx 的二次方量级,即二阶精度,说明中央差分的精度更高。

在第2章的海水基本方程组的介绍中,我们发现方程中有时也含有二阶导数项。下面对二阶导数的有限差分格式进行简单推导。式(3.2-4)和式(3.2-7)两式相加,可得

$$f(x+\Delta x)+f(x-\Delta x)=2f(x)+(\Delta x)^2\frac{\partial^2 f}{\partial x^2}+O((\Delta x)^4) \tag{3.2-12}$$

于是得到 $f(x)$ 的二阶导数

$$\frac{\partial^2 f}{\partial x^2}=\frac{f(x+\Delta x)+f(x-\Delta x)-2f(x)}{(\Delta x)^2}+O((\Delta x)^2) \tag{3.2-13}$$

式(3.2-13)右方的第一项是二阶导数的中央差分,第二项为截断误差。该式表明二阶导数的中央差分格式具有二阶精度。其离散形式可写为

$$\frac{\partial^2 f}{\partial x^2}=\frac{f_{i+1}^n+f_{i-1}^n-2f_i^n}{\Delta x^2}+O((\Delta x)^2) \tag{3.2-14}$$

以上是以空间导数为例对有限差分格式的推导过程,对时间差分也可以得到同样的结论。将偏微分的有限差分表达式组合起来,就可以构造出偏微分方程的有限差分方程。以一维对流-扩散方程为例,其偏微分方程为

$$\frac{\partial f}{\partial t}=\frac{\partial f}{\partial x}+\alpha\frac{\partial^2 f}{\partial x^2} \tag{3.2-15}$$

若选择空间中央差分、时间向前差分格式,则其有限差分方程为

$$\frac{f_i^{n+1}-f_i^n}{\Delta t}=\frac{f_{i+1}^n-f_i^n}{2\Delta x}+\alpha\frac{f_{i+1}^n+f_{i-1}^n-2f_i^n}{\Delta x^2}+O(\Delta t,(\Delta x)^2) \tag{3.2-16}$$

这个格式的精度在时间上是一阶的,空间上是二阶的。

3.2.1.2 多项式法构造有限差分

多项式拟合法是另一种推导差分方程的常用方法。仍然考虑一维问题,将坐标原点放在网格点 x_i 上,网格空间步长为 Δx,于是 $x_{i+1}=\Delta x, x_{i-1}=-\Delta x, x_i=0$。函数 f 为定义在该一维空间上的连续函数。在区间(x_i,x_{i+1})中,用直线即一次多项式拟合函数 f,于是有

$$f(x)=a+bx+\delta,\left(\frac{\partial f(x)}{\partial x}\right)=b \tag{3.2-17}$$

式中，δ 为拟合误差。显然可以得到

$$f_i=a,f_{i+1}=a+b\Delta x \tag{3.2-18}$$

结合上述两式即可得到 x_i 点处一阶偏导数的向前差分的有限差分公式：

$$\left(\frac{\partial f}{\partial x}\right)_i=\frac{f_{i+1}-f_i}{\Delta x} \tag{3.2-19}$$

同理，在区间(x_{i-1}，x_i)上用直线拟合，则可以得到 x_i 点处一阶偏导数的向后差分公式：

$$\left(\frac{\partial f}{\partial x}\right)_i=\frac{f_i-f_{i-1}}{\Delta x} \tag{3.2-20}$$

若采用二次曲线对经过 x_{i-1}、x_i、x_{i+1} 三点的函数值进行拟合，则有

$$f(x)=ax+bx+cx^2+\delta$$

$$\left(\frac{\partial f(x)}{\partial x}\right)_i=b+2cx\mid_{x=0}=b$$

$$\left(\frac{\partial^2 f(x)}{\partial x^2}\right)_i=2c \tag{3.2-21}$$

将三点处的函数值代入式(3.2-21)，得到

$$f_{i-1}=a-b\Delta x+c\Delta x^2$$

$$f_i=a$$

$$f_{i+1}=a+b\Delta x+c\Delta x^2$$

解得

$$b=\frac{f_{i+1}-f_{i-1}}{2\Delta x},c=\frac{f_{i+1}+f_{i-1}-2f_i}{2\Delta x^2}$$

将参数 b、c 带入式(3.2-21)，得到一阶和二阶微分的中央差分公式：

$$\left(\frac{\partial f}{\partial x}\right)_i=\frac{f_{i+1}-f_{i-1}}{2\Delta x}$$

$$\left(\frac{\partial^2 f}{\partial x^2}\right)_i=\frac{f_{i+1}+f_{i-1}-f_i}{\Delta x^2}$$

3.2.1.3 待定系数法构造有限差分

仍以一维对流方程为例，其连续形式为

$$\frac{\partial f}{\partial t}+a\frac{\partial f}{\partial x}=0 \tag{3.2-22}$$

如果选择向前差分格式，则在格点(i，n)对方程的差分还需要用到格点(i，$n+1$)和($i+1$，n)的信息。差分公式中涉及的网格点分布如图 3-4 所示。差分方程的普遍形式可写为

$$Af_i^{n+1}+Bf_i^n+Cf_{i+1}^n=0 \tag{3.2-23}$$

式中,系数 A、B、C 为待定的参数。当这三个参数确定后,方程的差分格式就完全确定了。

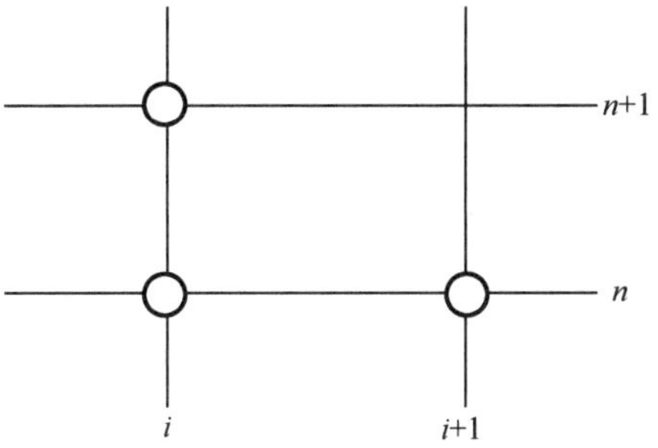

图 3-4 向前差分格点示意图

仍然利用 Taylor 展开方法,格点$(i,n+1)$和$(i+1,n)$的函数值分别可表示为

$$f_i^{n+1}=f_i^n+\left(\frac{\partial f}{\partial t}\right)_i^n\Delta t+O(\Delta t^2) \tag{3.2-24}$$

$$f_{i+1}^n=f_i^n+\left(\frac{\partial f}{\partial x}\right)_i^n\Delta x+O(\Delta x^2) \tag{3.2-25}$$

将式(3.2-24)和式(3.2-25)代入式(3.2-23),得到

$$(A+B+C)f_i^n+A\Delta t\left(\frac{\partial f}{\partial t}\right)_i^n+C\Delta x\left(\frac{\partial f}{\partial x}\right)_i^n+O(A\Delta t^2,C\Delta x^2)=0$$

与式(3.2-22) 比较,得到

$$\begin{cases}A+B+C=0\\A\Delta t=1\\C\Delta x=a\end{cases}$$

解为

$$\begin{cases}A=1/\Delta t\\B=-1/\Delta t-a/\Delta x\\C=a/\Delta x\end{cases}$$

将系数 A、B、C 代入式(3.2-23)即可得到一维对流方程的向前差分格式:

$$\frac{f_i^{n+1}-f_i^n}{\Delta t}+a\frac{f_{i+1}^n-f_i^n}{\Delta x}=0 \tag{3.2-26}$$

从前面的介绍我们了解到,一阶导数或二阶导数均存在不同的差分格式,不同差分格式的精度也不相同。在同一个偏微分方程中往往同时存在多个偏导数项,每个偏导数项均可选择不同的差分格式,于是同一个偏微分方程可以存在许多种不同的差分格式,而不同的差分格式必然导致差分方程的精度甚至稳定性均有所不同。本节以一维对流方程为例对几种典型的差分格式进行介绍。

3.2.2 Lax-Wendroff 格式

为了方便,我们再次将一维对流方程写在这里:

$$\frac{\partial f}{\partial t}+u\frac{\partial f}{\partial x}=0 \tag{3.2-27}$$

将该方程的时间微分项按向前差分展开,由 Taylor 公式可得

$$f_j^{n+1}=f_j^n+\Delta t\left[\frac{\partial f}{\partial t}\right]_j^n+O((\Delta t)^2) \tag{3.2-28}$$

由式(3.2-27)可知,在求解域内任意一点的时间偏导数与空间偏导数均满足如下关系

$$\left[\frac{\partial f}{\partial t}\right]_j^n=-u\left[\frac{\partial f}{\partial x}\right]_j^n$$

对空间微分采用中央差分格式进行离散,得到

$$-u\left[\frac{\partial f}{\partial x}\right]_j^n=-\frac{u}{2\Delta x}(f_{j+1}^n-f_{j-1}^n)+O((\Delta x)^2) \tag{3.2-29}$$

将式(3.2-28)与式(3.2-29)联立可得

$$f_j^{n+1}=f_j^n-\frac{u\Delta t}{2\Delta x}(f_{i+1}^n-f_{i-1}^n)+\delta$$

将上式写作时间向前差分和空间中央差分的形式,于是得到了一维对流方程的 Lax-Wendroff 格式:

$$\frac{f_i^{n+1}-f_i^n}{\Delta t}+u\frac{f_{i+1}^n-f_{i-1}^n}{2\Delta x}=O((\Delta t)^2+(\Delta x)^2) \tag{3.2-30}$$

式中,$O((\Delta t)^2+(\Delta x)^2)$为该格式的截断误差。略去截断误差,则一维对流方程 Lax-Wendroff 格式的差分方程为

$$\frac{f_i^{n+1}-f_i^n}{\Delta t}+u\frac{f_{i+1}^n-f_{i-1}^n}{2\Delta x}=0 \tag{3.2-31}$$

3.2.3 欧拉后差格式

欧拉格式有欧拉前差和欧拉后差两种格式。欧拉前差格式的时间微商取向前差分,空间微商取中央差分,在点(i,n)处,其差分方程为

$$\frac{f_i^{n+1}-f_i^{n-1}}{\Delta t}+u\frac{f_{i+1}^n-f_{i-1}^n}{2\Delta x}=O((\Delta t)^2+(\Delta x)^2) \tag{3.2-32}$$

欧拉后差格式与前差格式类似,其差分形式仍然是时间微商取向前差分,空间微商取中央差分。但与前差格式不同的是,空间差分是在时间轴的第 $n+1$ 层上进行展开的。其差分方程为

$$\frac{f_i^{n+1}-f_i^n}{\Delta t}+u\frac{f_{i+1}^{n+1}-f_{i-1}^{n+1}}{2\Delta x}=O(\Delta t+(\Delta x)^2) \tag{3.2-33}$$

由于空间差分是在 $n+1$ 时刻进行的，方程中出现了三个未知量从而无法显示求解，只能通过方程联立进行隐式求解。因此欧拉后差格式又被称为欧拉隐格式，相应的欧拉前差格式被称为欧拉显格式。

本节采用泰勒展开法介绍欧拉向后差分格式的推导过程。仍以一维对流方程(3.2-27)为例，将时间微商项按向前差分展开，由泰勒公式可得

$$f_j^{n+1}=f_j^n+\Delta t\left[\frac{\partial f}{\partial t}\right]_j^n+O((\Delta t)^2) \tag{3.2-34}$$

由微分方程(3.2-27)可知，时间导数与空间导数之间满足如下关系：

$$\left[\frac{\partial f}{\partial t}\right]_j^n=-u\left[\frac{\partial f}{\partial x}\right]_j^n=-\frac{u}{2\Delta x}(f_{j+1}^{n+1}-f_{j-1}^{n+1})+O((\Delta x)^2) \tag{3.2-35}$$

在式(3.2-25)中，我们将空间微商项在 $n+1$ 层上进行了一阶中央差分。将式(3.2-34)与式(3.2-35)联立可得

$$f_j^{n+1}=f_j^n-\frac{u\Delta t}{2\Delta x}(f_{i+1}^{n+1}-f_{i-1}^{n+1})$$

对上式进行简单变换即可得到一维对流方程的欧拉后差格式：

$$\frac{f_i^{n+1}-f_i^{n-1}}{\Delta t}+u\frac{f_{i+1}^n-f_{i-1}^n}{2\Delta x}=0 \tag{3.2-36}$$

此格式的截断误差为 $O((\Delta t)^2+(\Delta x)^2)$。该格式中出现的所有变量在求解域空间的网格分布如图 3-5 所示。

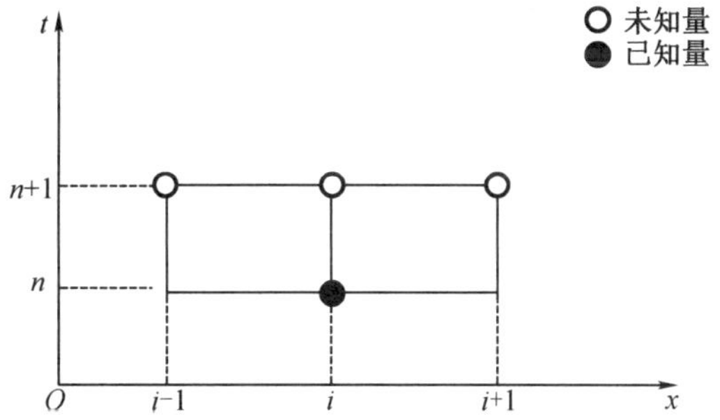

图 3-5 欧拉隐格式格点分布图

3.2.4 蛙跃格式

蛙跳格式是一种十分常用的差分格式。这种格式在时间和空间上均采用中央差分，从而保证了其时间差分和空间差分都能达到较高的精度。下面以待定系数法对蛙跃格式的推导过程进行讲解。

首先需要明确差分格式中需要用到的格点信息。由于时间和空间差分均采用中央差分，差分方程中涉及的格点应包括如图 3-6 所示的四个格点。于是，蛙跳格式差分方程的通用格式可写为如下形式：

$$Af_i^{n+1}+Bf_i^{n-1}+Cf_{i+1}^n+Df_{i-1}^n=0 \tag{3.2-37}$$

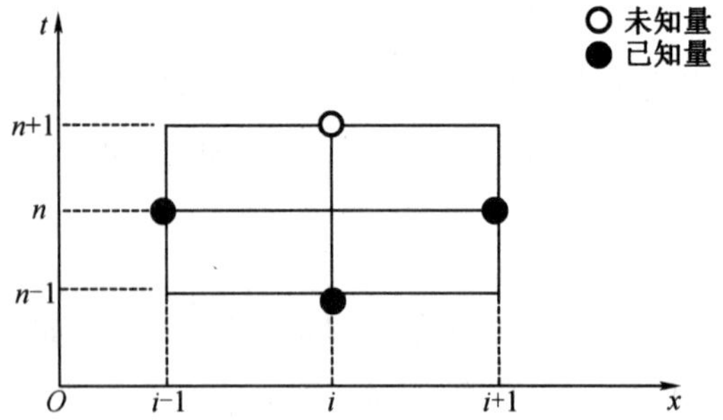

图 3-6　蛙跳格点分布图

利用泰勒公式可得

$$f_i^{n+1}=f_i^{n-1}+2\left(\frac{\partial f}{\partial t}\right)_i^n\Delta t+O(\Delta t^2) \tag{3.2-38}$$

$$f_{i+1}^n=f_{i-1}^n+2\left(\frac{\partial f}{\partial x}\right)_i^n\Delta x+O(\Delta x^2) \tag{3.2-39}$$

将式(3.2-38)和式(3.2-39)代入式(3.2-37),得到

$$(A+B)f_i^{n-1}+(C+D)f_{i-1}^n+2A\Delta t\left(\frac{\partial f}{\partial t}\right)_i^n+2C\Delta x\left(\frac{\partial f}{\partial x}\right)_i^n=0 \tag{3.2-40}$$

式(3.2-40)与式(3.2-27)进行比较,令相应的系数相等,得到

$$\begin{cases}A+B=0\\C+D=0\\2A\Delta t=1\\2C\Delta x=u\end{cases}$$

其解为

$$\begin{cases}A=1/2\Delta t\\B=-1/2\Delta t\\C=1/2\Delta x\\D=-1/2\Delta x\end{cases}$$

代入差分格式,得到一维对流方程的蛙跳格式为

$$\frac{f_i^{n+1}-f_i^{n-1}}{2\Delta t}+u\frac{f_{i+1}^n-f_{i-1}^n}{2\Delta x}=0 \tag{3.2-41}$$

其截断误差在时间和空间上均达到了二阶,即 $O((\Delta t)^2+(\Delta x)^2)$。

3.2.5　ADI 格式

ADI 格式即交替方向隐式法,是一种适用于求解抛物线形偏微分方程或椭圆形偏微分方程的差分方法,特别适用于求解二维热传导方程或扩散方程。ADI 格式的优点在于,每一迭代步中,所求解的方程更具简单的结构,因此更易于求解。

交叉方向隐式格式是对 x、y 方向交叉使用隐式格式(同时也交叉使用了显式格式),使得求解过程简化。这里以二维热传导方程为例,在概念、方法上对 ADI 格式作简单介绍。

将二维热传导方程

$$\frac{\partial f}{\partial t}=\alpha^2\left(\frac{\partial^2 f}{\partial x^2}+\frac{\partial^2 f}{\partial y^2}\right) \tag{3.2-42}$$

的时间微商写成两步差分的形式:

$$\frac{f_{ij}^{n+\frac{1}{2}}-f_{ij}^{n}}{\Delta t/2}=\lambda_1 f_{ij}^{n+\frac{1}{2}}+\lambda_2 f_{ij}^{n} \tag{3.2-43}$$

$$\frac{f_{ij}^{n+1}-f_{ij}^{n\frac{1}{2}}}{\Delta t/2}=\lambda_1 f_{ij}^{n+\frac{1}{2}}+\lambda_2 f_{ij}^{n+1} \tag{3.2-44}$$

式中,λ_1、λ_2 分别是 $\alpha^2\dfrac{\partial^2 f}{\partial x^2}$和 $\alpha^2\dfrac{\partial^2 f}{\partial y^2}$的差分算子。ADI 思想是在一个时间步长 Δt 内,分成两步:第一步在 x 方向隐式、y 方向显式求解(3.2-43);第二步在第一步的基础上,x 方向显式、y 方向隐式求解(3.2-44)。这就是交叉方向隐式的意思,即把一个二维线性代数方程组问题转化为一维线性代数方程组问题,它的求解可用追赶法求解。

3.3 海洋模型的基本性质及判别方法

由 3.2 节可知,一个偏微分方程可以写成不同的差分方程。然而,不同的差分方程和偏微分方程有不同的对应关系,它们有不同的数学性质和数值结果。因此,差分方程要能够有效而可靠地代表偏微分方程,需要满足一定的条件,即满足相容性、收敛性、稳定性这三个基本性质。

如果用差分方程代替偏微分方程,当时间步长、空间步长等逐渐减小至零时,差分方程应逼近偏微分方程,这就是差分方程相容性问题。

相容性定义:差分方程和偏微分方程的差别大小与步长的某一次方同阶,当步长 Δt、Δx 等趋于零时,差分方程无限逼近偏微分方程,满足这一要求的差分格式,称为与相应的偏微分方程相容的(或一致的)差分格式。

收敛性定义:如果对于一个确定的时间 $T=n\Delta t$,在给定的积分区域内,当空间和时间步长趋近于零时,差分方程的解逼近偏微分方程的解(即解的截断误差趋于零),则称差分方程的解是收敛的。

稳定性定义:对足够小的时间步长 Δt 和 $n\Delta t$,在小于一个确定的时间内(即 $0<\Delta t<\tau$, $0<n\Delta t\leqslant T$),若差分方程解是初值的一致有界函数,则称差分格式是稳定的。

相容性、收敛性、稳定性是用差分方法求偏微分方程数值解中三个最基本的概念。相容性问题和稳定性问题容易讨论,但收敛性问题难以研究,因为不知道偏微分方程的解和差分方程的精确解。Lax 曾讨论了三者之间的关系,证明了一个“等价”原理。

下面对这三种性质分别进行讨论与介绍。

3.3.1 截断误差与相容性

当我们对海洋动力方程组中的微分方程进行差分近似时,要求的第一个性质是差分近似的相容性(一致性),即差分方程与相应微分方程相协调。这是一个最基本的条件,如果不满足,就不能计算所要研究的问题;满足了,才有必要详细地研究差分格式。

下面以一维平流方程的微分方程(3.3-1)与其差分方程(3.3-2)为例讨论差分方程与微分方程的相容性。

$$\frac{\partial u}{\partial t}+c\frac{\partial u}{\partial x}=0 \tag{3.3-1}$$

$$\Delta_t^+ u_i^n+c\Delta_x^0 u_i^n=0 \tag{3.3-2}$$

差分方程(3.3-2)是一维平流方程的欧拉前差格式,其中差分符号分别定义为

$$\Delta_t^+ u_i^n=\frac{u_i^{n+1}-u_i^n}{\Delta t} \tag{3.3-3}$$

$$\Delta_x^0 u_i^n=\frac{u_{i+1}^n-u_{i-1}^n}{2\Delta x} \tag{3.3-4}$$

其他差分符号定义如下:

$$\Delta_t^- u_i^n=\frac{u_i^n-u_i^{n-1}}{\Delta t} \tag{3.3-5}$$

$$\Delta_t^0 u_i^n=\frac{u_i^{n+1}-u_i^{n-1}}{2\Delta t} \tag{3.3-6}$$

$$\Delta_x^+ u_i^n=\frac{u_{i+1}^n-u_i^n}{\Delta x} \tag{3.3-7}$$

$$\Delta_x^- u_i^n=\frac{u_i^n-u_{i-1}^n}{\Delta x} \tag{3.3-8}$$

在时间上,将 $n+1$ 时刻的变量 u 对 n 时刻作泰勒展开:

$$u_i^{n+1}=u_i^n+\Delta t\left(\frac{\partial u}{\partial t}\right)^n+\frac{\Delta t^2}{2}\left(\frac{\partial^2 u}{\partial t^2}\right)^\eta,\eta\in(n\Delta t,(n+1)\Delta t) \tag{3.3-9}$$

$$\frac{u_i^{n+1}-u_i^n}{\Delta t}=\frac{\partial u}{\partial t}+\frac{\Delta t}{2}\left(\frac{\partial^2 u}{\partial t^2}\right)^\eta \tag{3.3-10}$$

在空间上,将 u 在 i 网格点作泰勒展开:

$$u_{i+1}=u_i+\Delta x\left(\frac{\partial u}{\partial t}\right)_i+\frac{\Delta x^2}{2}\left(\frac{\partial^2 u}{\partial x^2}\right)_i+\frac{\Delta x^3}{6}\left(\frac{\partial^3 u}{\partial x^3}\right)_{\xi_1},\xi_1\in(x_i,x_{i+1}) \tag{3.3-11}$$

$$u_{i-1}=u_i-\Delta x\left(\frac{\partial u}{\partial x}\right)_i+\frac{\Delta x^2}{2}\left(\frac{\partial^2 u}{\partial x^2}\right)_i+\frac{\Delta x^3}{6}\left(\frac{\partial^3 u}{\partial x^3}\right)_{\xi_2},\xi_2\in(x_{i-1},x_i) \tag{3.3-12}$$

$$\frac{u_{i+1}-u_{i-1}}{2\Delta x}=\frac{\partial u}{\partial x}+\frac{\Delta x^2}{12}\left[\left(\frac{\partial^3 u}{\partial x^3}\right)_{\xi_1}+\left(\frac{\partial^3 u}{\partial x^3}\right)_{\xi_2}\right] \tag{3.3-13}$$

将式(3.3-10)和式(3.3-13)代入式(3.3-2),得到

$$\frac{\partial u}{\partial t}+\frac{\Delta t}{2}\left(\frac{\partial^2 u}{\partial t^2}\right)^{\eta}+c\frac{\partial u}{\partial x}+c\frac{\Delta x^2}{12}\left[\left(\frac{\partial^3 u}{\partial x^3}\right)_{\xi_1}+\left(\frac{\partial^3 u}{\partial x^3}\right)_{\xi_2}\right]=0$$

$$\frac{\partial u}{\partial t}+c\frac{\partial u}{\partial x}=-\frac{\Delta t}{2}\left(\frac{\partial^2 u}{\partial t^2}\right)^{\eta}-c\frac{\Delta x^2}{12}\left[\left(\frac{\partial^3 u}{\partial x^3}\right)_{\xi_1}+\left(\frac{\partial^3 u}{\partial x^3}\right)_{\xi_2}\right]=0 \tag{3.3-14}$$

式(3.3-14)中等号右侧第一项是由时间差分引起的截断误差,第二项是由空间差分引起的截断误差,总的误差记为 Tr_i^n。

$$|Tr_i^n|\leqslant\frac{\Delta t}{2}M_1+|c|\frac{\Delta x^2}{12}M_2 \tag{3.3-15}$$

式中,M_1 为$\left(\frac{\partial^2 u}{\partial t^2}\right)^{\eta}$的上界;$M_2$ 为$\left[\left(\frac{\partial^3 u}{\partial x^3}\right)_{\xi_1}+\left(\frac{\partial^3 u}{\partial x^3}\right)_{\xi_2}\right]$的上界,当 $\Delta t\to 0,\Delta x\to 0$ 时,$|Tr_i^n|\to 0$,欧拉差分格式即式(3.3-2)逼近微分方程(3.3-1),我们称这种方程具有相容性或一致性。差分方程截断误差写成如下一般形式:

$$Tr=O(\Delta t^{\alpha}+\Delta x^{\beta}) \tag{3.3-16}$$

式中,α、β 为相容性的阶,在时间上有 α 阶的精度,在空间上有 β 阶的精度。

3.3.2 累积误差与收敛性

当 Δt、Δx 取得充分地小,就可以使差分格式的截断误差达到所要求的精度,但这并不能保证数值解的误差一定随之减小。在解区的所有网格点上,固定 $n\Delta t$,考虑微分方程初值问题的解 u_i^n 与其相容的差分方程的解 U_i^n 之差 $|u_i^n-U_i^n|$,当 Δx、$\Delta t\to 0$ 时,在解区中满足 $\max|u_i^n-U_i^n|\to 0$,则称差分格式是收敛的,即差分方程的解收敛于微分方程的解,这就是差分格式的收敛性问题。

截断误差的累积称为累积误差或离散误差,定义为微分方程的解 u_i^n 与差分方程的解 U_i^n 之差:

$$e_i^n=u_i^n-U_i^n \tag{3.3-17}$$

相容性不能保证收敛性。下面仍以一维平流方程的欧拉格式为例进行说明。

$$\Delta_t^+U_i^n=-c\Delta_x^0U_i^n \tag{3.3-18}$$

$$\Delta_t^+u_i^n=-c\Delta_x^0u_i^n+Tr_i^n \tag{3.3-19}$$

式(3.3.19)与式(3.3.18)相减得

$$e_i^{n+1}=e_i^n-\frac{\lambda}{2}(e_{i+1}^n-e_{i-1}^n)+\Delta tTr_i^n,\quad \lambda=\frac{c\Delta t}{\Delta x} \tag{3.3-20}$$

于是

$$|e_i^{n+1}|\leqslant|e_i^n|+\frac{|\lambda|}{2}(|e_{i+1}^n|+|e_{i-1}^n|)+\Delta t|Tr_i^{\pi}| \tag{3.3-21}$$

假定

$$|e_{i+1}^{n}|=|e_{i-1}^{n}|=|e_{i}^{n}|,\ |Tr_{i}^{n}|_{\max}=T \tag{3.3-22}$$

那么

$$|e_{i}^{n+1}|\leqslant|e_{i}^{n}|+|\lambda||e_{i}^{n}|+\Delta tT=(1+|\lambda|)|e_{i}^{n}|+\Delta tT \tag{3.3-23}$$

同样可写出时间层 n 的累积误差，即

$$|e_{i}^{n}|\leqslant(1+|\lambda|)|e_{i}^{n-1}|+\Delta tT \tag{3.3-24}$$

$$|e_{i}^{n+1}|\leqslant(1+|\lambda|)[(1+|\lambda|)|e_{i}^{n-1}|+\Delta tT]+\Delta tT=(1+|\lambda|)^{2}|e_{i}^{n-1}|+(1+|\lambda|)\Delta tT+\Delta tT$$

$$|e_{i}^{n-1}|\leqslant(1+|\lambda|)|e_{i}^{n-2}|+\Delta tT \tag{3.3-25}$$

递推得

$$|e_{i}^{n}|\leqslant(1+|\lambda|)^{n+1}|e_{i}^{0}|+[1+(1+|\lambda|)+\cdots+(1+|\lambda|)^{n-1}]\Delta tT \tag{3.3-26}$$

假定

$$|e_{i}^{0}|=0 \tag{3.3-27}$$

$$|e_{i}^{n}|\leqslant\Delta tT\sum_{k=0}^{n-1}(1+|\lambda|)^{k} \tag{3.3-28}$$

通过简单推导可将式(3.3-28)化为如下简单形式：

$$|e_{i}^{n}|\leqslant\frac{\Delta tT}{|\lambda|}[(1+|\lambda|)^{n}-1] \tag{3.3-29}$$

$$t=n\Delta t\ \text{或}\ \Delta t=\frac{t}{n},\lambda=\frac{c\Delta t}{\Delta x}$$

$$|e_{i}^{n}|\leqslant\frac{\Delta xT}{|c|}\left[\left(1+\frac{|c|t}{n\Delta x}\right)^{n}-1\right] \tag{3.3-30}$$

因 $\lim\limits_{n\to\infty}\left(1+\dfrac{A}{n}\right)^{n}=\mathrm{e}^{A}$，于是

$$\lim|e_{i}^{n}|\leqslant\frac{T\Delta x}{|c|}(\mathrm{e}^{\frac{|c|t}{\Delta x}}-1)\xrightarrow{\Delta x\to0}\infty \tag{3.3-31}$$

也就是说累积误差 $|e_{i}^{n}|$ 没有上界，欧拉格式是不收敛的。

上节已讨论了欧拉格式是一致的，但从上面推导可看出它是不收敛的。这说明一个差分格式与相应的微分方程保持一致，并不能保证差分解的收敛性。

下面仍以一维平流方程通过推导，证明 Lax 格式是收敛的。这个格式对时间项采用向前差分，对空间项采用中心差分。由式(3.3-1)可得

$$\frac{(u_{i}^{n+1}-u_{i}^{n})}{\Delta t}=-c\,\frac{(u_{i+1}^{n}-u_{i-1}^{n})}{2\Delta x}$$

将上式的 u_{i}^{n} 取成平均值，可得

$$u_{i}^{n+1}=\frac{(u_{i+1}^{n}+u_{i-1}^{n})}{2}-\frac{c\Delta t}{2\Delta x}(u_{i+1}^{n}-u_{i-1}^{n})$$

根据 $\lambda=\dfrac{c\Delta t}{\Delta x}$ 得到

$$U_{i}^{n+1}=\frac{1}{2}(U_{i+1}^{n}+U_{i-1}^{n})-\frac{\lambda}{2}(U_{i+1}^{n}-U_{i-1}^{n}) \tag{3.3-32}$$

$$u_i^{n+1}=\frac{1}{2}(u_{i+1}^n+u_{i-1}^n)-\frac{\lambda}{2}(u_{i+1}^n-u_{i-1}^n)+\Delta tTr_i^n \tag{3.3-33}$$

两式相减，得累积误差

$$e_i^{n+1}=u_i^{n+1}-U_i^{n+1}$$

$$e_i^{n+1}=\frac{1}{2}(e_{i+1}^n+e_{i-1}^n)-\frac{\lambda}{2}(e_{i+1}^n-e_{i-1}^n)+\Delta tTr_i^n$$

$$|e_i^{n+1}|\leqslant\left|\frac{1}{2}+\frac{\lambda}{2}\right||e_{i-1}^n|+\left|\frac{1}{2}-\frac{\lambda}{2}\right||e_{i+1}^n|+\Delta t\ T \tag{3.3-34}$$

取 $|e_{i+1}^n|=|e_{i-1}^n|=|e_i^n|$，于是

$$|e_i^{i+1}|\leqslant\left(\left|\frac{1}{2}+\frac{\lambda}{2}\right|+\left|\frac{1}{2}-\frac{\lambda}{2}\right|\right)|e_i^n|+\Delta tT \tag{3.3-35}$$

如果 $|\lambda|\leqslant 1$，则有

$$\left(\left|\frac{1}{2}+\frac{\lambda}{2}\right|+\left|\frac{1}{2}-\frac{\lambda}{2}\right|\right)=1$$

$$|e_t^{n+1}|\leqslant|e_i^n|+\Delta tT\leqslant(|e_i^{n+1}|+\Delta tT)+\Delta tT\leqslant\cdots\leqslant|e_t^n|+(n+1)\Delta tT$$

假设没有初始累积误差，即 $|e_i^o|=0$，$|\lambda|\leqslant 1$，则

$$|e_i^n|\leqslant n\Delta tT=tT$$

上式表明截断误差累积 $|e_i^n|$ 随时间增长而增长。下面要分析当 $\Delta x\to 0,\Delta t\to 0$ 时，$T=|Tr^n|_{\max}$ 是否趋于零。

将 u_{i+1}^n,u_{i-1}^n 在 u_i^n 点作泰勒展开得

$$u_{i+1}^n=u_i^n+\Delta x\frac{\partial u}{\partial x}+\frac{\Delta x^2}{2!}\left(\frac{\partial^2 u}{\partial x^2}\right)_{\xi_1},\xi_1\in(x_i,x_{i+1}) \tag{3.3-36}$$

$$u_{i-1}^n=u_i^n-\Delta x\frac{\partial u}{\partial x}+\frac{\Delta x^2}{2!}\left(\frac{\partial^2 u}{\partial x^2}\right)_{\xi_2},\xi_2\in(x_{i-1},x_i) \tag{3.3-37}$$

将式(3.3-36)和式(3.3-37)相加得到 u_i^n 表达式

$$u_i^n=\frac{1}{2}(u_{i-1}^n+u_{i+1}^n)-\frac{\Delta x^2}{4}[(u_x'')_{\xi_1}+(u_x'')_{\xi_2}] \tag{3.3-38}$$

对 u_i^{n+1} 在 n 时刻作泰勒展开

$$u_i^{n+1}=u_i^n+\Delta t\frac{\partial u}{\partial t}+\frac{\Delta t^2}{2!}\left(\frac{\partial^2 u}{\partial t^2}\right)_{\eta},\eta\in(t_n,t_{n+1}) \tag{3.3-39}$$

由式(3.3-39)可得

$$\frac{\partial u}{\partial t}=\frac{u_i^{n+1}-u_i^n}{\Delta t}-\frac{\Delta t}{2}\left(\frac{\partial^2}{\partial t^2}\right)_{\eta}=\frac{1}{\Delta t}\left[u_i^{n+1}-\frac{1}{2}(u_{i-1}^n+u_{i+1}^n)\right]+\frac{\Delta x^2}{4\Delta t}[(u_x'')_{\xi_1}+(u_x'')_{\xi_2}]-\frac{\Delta t}{2}|(u_i'')_{\eta}| \tag{3.3-40}$$

式(3.3-40)后两项即由时间差分和空间差分引起的截断误差，则有

$$\left|\frac{\Delta x^2}{4\Delta t}[(u_x'')_{\xi_1}+(u_x'')_{\xi_2}]-\frac{\Delta t}{2}(u_t'')_{\eta}\right|\leqslant\frac{|c|\Delta x}{4|\lambda|}[|(u_x'')_{\xi_1}|+|(u_x'')_{\xi_2}|]+\frac{\Delta t}{2}|(u_t'')_{\eta}|$$

又因为中央差截断误差为

$$\left|\frac{\Delta x^2}{6}c(u_x'')_{\xi_3}\right|=\frac{\Delta x^2}{6}|c||(u_x'')_{\xi_3}|$$

所以 Lax 格式总的截断误差 T 满足

$$T\leqslant\frac{\Delta t}{2}|(u_t'')_\eta|+\frac{|c|}{4\ |\ \lambda\ |}\frac{\Delta x}{}[|(u_x'')_{\xi_1}|+|(u_x'')_{\xi_2}|]+\frac{\Delta x^2}{6}|c||(u_x'')_{\xi_3}| \tag{3.3-41}$$

当 $\Delta x\to0$、$\Delta t\to0$ 时 $T\to0$,也就是:

$$|e_t^n|=|u_i^n-U_i^n|\leqslant t,T\to0 \tag{3.3-42}$$

$$U_t^n\to u_t^n$$

这就证明了 Lax 格式是收敛的。

3.3.3 舍入误差与稳定性分析

数值解的误差由两种原因引起:一是差分方程近似微分方程时,由截断误差引起,它取决于差分格式和 Δx 与 Δt 的大小;二是舍入误差,是由计算机存储数的方式造成的。在计算机中,数是按照一个指数和一个小数的尾数的形式储存的,这种算术运算会有一定的误差,误差的大小取决于一个“字”中位数的多少及最后一位是如何被舍入的。通常,舍入误差很小,但求解差分方程的过程是逐层进行的,舍入误差将不断出现在以后的计算步骤中并发生累积。在计算第 $n+1$ 时间层上的格点值 u_i^{n+1} 时,要用到第 n 时间层的值 u_i^n,因此计算 u_i^n 时间层的舍入误差会影响第 $n+1$ 层以及此后时间层次上的 u_i^{n+1}、u_i^{n+2} 等的值。这就会面临差分解是否有界的问题,或者说,这种舍入误差在以后的全部数值计算过程中是否无限地增长。这就是差分解的稳定性,或差分格式的稳定性问题。如果这种误差保持一定或越来越小,那么就能在一定的精度下保证数值解的质量;否则,这种误差会越来越大,使计算解毫无意义。前种情况称格式是稳定的,后者称是不稳定的。

定义:对足够小的 Δt,如果差分解保持有界,那么差分格式是稳定的。

差分格式的稳定性对数值计算具有重要意义。下面给出稳定性分析的两种方法。

3.3.3.1 矩阵方法

假设 $(n+1)\Delta t$ 时刻差分方程的解用 $n\Delta t$ 的值表达如下:

$$\boldsymbol{F}^{n+1}=A\boldsymbol{F}^n \tag{3.3-43}$$

$$\boldsymbol{F}^{n+1}=\begin{pmatrix}F_1^{n+1}\\F_2^{n+1}\\\vdots\\F_{i-1}^{n+1}\end{pmatrix},\quad \boldsymbol{F}^n=\begin{pmatrix}F_1^n\\F_2^n\\\vdots\\F_{i-1}^n\end{pmatrix} \tag{3.3-44}$$

式中,$\boldsymbol{A}$ 称为增幅矩阵。下面以一抛物线方程为例,对增幅矩阵进行简单介绍。

$$\frac{\partial F}{\partial t}=k\frac{\partial^2F}{\partial x^2} \tag{3.3-45}$$

差分格式采用时间前差、空间中央差:

$$\Delta_t^+ F_i^n = k\Delta_{xx} F_i^n \tag{3.3-46}$$

简单变形后得到

$$F_i^{n+1} = rF_{i-1}^n + (1-2r)F_t^n + rF_{i+1}^n, r = \frac{k\Delta t}{\Delta x^2} \tag{3.3-47}$$

当 $i=1,2,\cdots,J-1$ 时，表达式为

$$\begin{gathered} F_1^{n+1} = rF_0^n + (1-2r)F_1^n + rF_2^n \\ F_2^{n+1} = rF_1^n + (1-2r)F_2^n + rF_3^n \\ F_3^{n+1} = rF_2^n + (1-2r)F_3^n + rF_4^n \\ \vdots \\ F_{J-1}^{n+1} = rF_{J-2}^n + (1-2r)F_{J-1}^n + rF_J^n \end{gathered} \tag{3.3-48}$$

假定在边界上 $F_0^n=0$、$F_J^n=0$，结合上面的矩阵表示，可以得到增幅矩阵 $\boldsymbol{A}$ 的表达式：

$$\boldsymbol{A} = \begin{pmatrix} 1-2r & r & 0 & \cdots & 0 \\ r & 1-2r & r & \cdots & 0 \\ 0 & r & 1-2r & \cdots & 0 \\ \vdots & & & & \\ 0 & \cdots & \cdots & r & 1-2r \end{pmatrix} \tag{3.3-49}$$

$\boldsymbol{A}$ 是 $J-1$ 阶的。而该差分方程可以表示为

$$\boldsymbol{F}^n = \boldsymbol{A}\boldsymbol{F}^{n-1} = \boldsymbol{A}^2\boldsymbol{F}^{n-2} = \cdots = \boldsymbol{A}^n\boldsymbol{F}^0 \tag{3.3-50}$$

若初始 $\boldsymbol{F}^0$ 有界，则 $\boldsymbol{F}^n$ 是否有界决定于增幅矩阵 $\boldsymbol{A}$，$\boldsymbol{A}$ 的特征值 λ_k 是特征方程

$$|\boldsymbol{A} - \lambda\boldsymbol{E}| = 0 \tag{3.3-51}$$

的根。式中，$\boldsymbol{E}$ 为单位矩阵。矩阵 $\boldsymbol{A}$ 有 $J-1$ 个特征值，相应的矩阵 $\boldsymbol{A}$ 具有 $J-1$ 个特征向量 $\boldsymbol{v}_k$，它们满足方程

$$\boldsymbol{A}\boldsymbol{v}_k = \lambda_k \boldsymbol{v}_k, k=1,2,\cdots,J-1 \tag{3.3-52}$$

$\boldsymbol{v}_k$ 为线性无关的向量，称为基底。该空间中任何一个向量都可用基底的线性组合来表示。于是可以将 $\boldsymbol{F}^0$ 表示为特征向量 $\boldsymbol{v}_k$ 的线性组合。

$$\boldsymbol{F}^0 = \sum_{k=1}^{J-1} C_k \boldsymbol{v}_k \tag{3.3-53}$$

式中，C_k 为常数。那么 $\boldsymbol{F}^n = \boldsymbol{A}^n\boldsymbol{F}^0$ 可重写为

$$\boldsymbol{F}^n = \boldsymbol{A}^n\boldsymbol{F}^0 = \sum_{k=1}^{J-1} C_k\boldsymbol{A}^n\boldsymbol{v}_k = \sum_{k=1}^{J-1} C_k\boldsymbol{A}^{n-1}\lambda_k\boldsymbol{v}_k = \sum_{k=1}^{J-1} C_k\boldsymbol{A}^{n-2}\lambda_k^2\boldsymbol{v}_k = \cdots$$

于是

$$\boldsymbol{F}^n = \sum_{k=1}^{J-1} C_k \lambda_k^n \boldsymbol{v}_k \tag{3.3-54}$$

假如对所有的 k 都有 $|\lambda_k| \leqslant 1$，则 $\boldsymbol{F}^n$ 有界，于是对于任意给定的初值 $\boldsymbol{F}^0$ 差分格式都是稳定的。与某一个 λ_k 相联系的非零特征矢量的性状决定于 λ_k 的值，

$|\lambda_k| > 1$　增幅

$|\lambda_k| = 1$　中性

$$|\lambda_k|>1 \quad 减幅 \tag{3.3-55}$$

可以证明,对上面的抛物线方程,当 $r=k\dfrac{\Delta t}{\Delta x^2}\leqslant\dfrac{1}{2}$ 时特征值 $|\lambda_k|\leqslant 1$,所给出的差分格式是稳定的。

3.3.3.2 冯纽曼(Von Neumann)方法

这个方法的关键点是用单个傅立叶分量替代空间的变化。以一维平流方程为例,则

$$\frac{\partial F}{\partial t}+c\frac{\partial F}{\partial x}=0 \tag{3.3-56}$$

差分方程采用时间中央差、空间中央差(蛙跃格式),即

$$\Delta_t^0 F_i^n=-C\Delta_x^0 F_i^n \tag{3.3-57}$$

$$F_i^{n+1}=F_i^{n-1}-\Lambda(F_{i+1}^n-F_{i-1}^n) \tag{3.3-58}$$

其中

$$\Lambda=\frac{C\Delta t}{\Delta x}$$

又令

$$G_i^n=F_i^{n-1}$$

于是得到

$$\begin{cases}F_i^{n+1}=G_i^n-\Lambda(F_{i+1}^n-F_{i-1}^n)\\ G_i^{n+1}=F_i^n\end{cases} \tag{3.3-59}$$

把 F_i^n、G_i^n 写成傅立叶分量的形式:

$$F_i^n=B_1^n e^{Ii\mu\Delta x}$$

$$G_i^n=B_2^n e^{Ii\mu\Delta x} \tag{3.3-60}$$

式中,$I=\sqrt{-1}$;$\mu=\dfrac{2\pi}{L}$ 为波数;L 为波长。把式(3.3-60)代入式(3.3-59),可得到

$$\begin{pmatrix}B_1^{n+1}\\ B_2^{n+1}\end{pmatrix}=\begin{pmatrix}-2\sigma I & 1\\ 1 & 0\end{pmatrix}\begin{pmatrix}B_1^n\\ B_2^n\end{pmatrix} \tag{3.3-61}$$

即 $B^{n+1}=\boldsymbol{A}B^n$。其中,$\boldsymbol{A}$ 为增幅矩阵,$\sigma=\Lambda\sin\mu\Delta x$,则有

$$\boldsymbol{A}=\begin{pmatrix}-2\sigma I & 1\\ 1 & 0\end{pmatrix} \tag{3.3-62}$$

基于3.3.3.1节相同的讨论,$\boldsymbol{A}$ 的特征值 λ 是如下特征方程的根。

$$|\boldsymbol{A}-\lambda E|=0 \tag{3.3-63}$$

其解为

$$\lambda=-I\sigma\pm\sqrt{1-\sigma^2} \tag{3.3-64}$$

若 $|\Lambda|=\dfrac{|C|\Delta t}{\Delta x}\leqslant 1$,则有 $|\sigma|=|\Lambda||\sin\mu\Delta x|\leqslant 1$,$|\lambda|=1$,说明蛙跃格式是稳定的。

若 $|\Lambda|>1$,则 $|\sigma|=|\Lambda||\sin\mu\Delta x|$ 有可能大于1。当 $|\sigma|>1$ 时,有

$$\lambda = -(\sigma \mp \mu\sqrt{\sigma^2 - 1})I \tag{3.3-65}$$

λ 有两个根，只要一个大于 1，对应的 $\boldsymbol{B}^{n+1} = \sum_{k=1}^{2} \lambda_k^{n+1} \boldsymbol{B}^0$ 就会随时间增长，故对上述情况，差分格式是不稳定的。

上面讨论的是线性问题，稳定性判据 $\frac{|c|\Delta t}{\Delta x} \leqslant 1$，亦即 $\Delta t \leqslant \frac{\Delta x}{|c|}$ 称为线性稳定性判据。Courant、Friedrichs 和 Lewyt 对普遍的差分方程给出了线性稳定性判据，所以线性稳定性判据通常简称为 CFL 判据。

第4章 Fortran语言简介

求解离散的海洋动力方程需要进行大量的代数运算。如何利用计算机编程建立海洋数值模型,实现代数方程组的快速、准确求解,是进行海洋数值模拟的关键步骤。本章介绍建立海洋数值模型最常用的计算机编程语言——Fortran。

4.1 程序设计概述

4.1.1 程序设计基础

在学习 Fortran 语言之前需要明确以下两个问题:

首先,什么是程序?程序是指用计算机能识别的语言所描述的解决实际问题的方法和步骤。计算机能直接识别的是机器语言,即二进制代码。二进制代码的直观性和通用性差,所以一般都使用一种高级编程语言来编写程序,再利用编译器将其翻译为机器语言。Fortran 语言便是科学计算领域应用十分广泛的一种高级编程语言。

其次,什么是程序设计?程序设计反映了利用计算机解决问题的全过程,编写程序只是其中的一个方面。使用计算机解决问题,通常是先对问题进行分析并建立数学模型,然后考虑数据的组织方式和算法,并选用某一程序设计语言编写程序,最后调试程序,使之运行并产生预期效果,这个过程就是程序设计。

简单说明一下程序设计的步骤:首先分析要解决的问题,确定相对应的数学模型;设计算法,绘制相对应的流程图;选择编程语言和工具,编写程序;编写完毕后,调试程序,运行并分析输出结果。早期程序设计的好坏常以运行速度快、占用内存少为主要标准。现在随着计算机运行速度的提高和存储容量的不断扩大,具有良好的结构成为程序设计的第一要求。

结构化程序设计采用自顶向下、逐步求精和模块化的分析方法。自顶向下是指对系统要有一个全面的理解,从问题的全局入手把一个复杂的问题分解成若干个相互独立的子问题,然后对每一个子问题进行分解。如此重复,直到每个问题都容易解决为止。逐步求精是指程序设计是一个渐进的过程,即先把一个子问题用一个程序模块来描述,再把每个模块的功能逐步分解细化为一系列的具体步骤。逐步求精总是和自顶向下相结合使用,一般把逐步求精看作自顶向下的具体体现。模块化是把庞大、复杂的程序按照功能分解为较小的程序。一个程序通常由一个主控模块和若干个子模块组成,主控模块用来完成某些公用操作及功能选择,子模块用来完成某些特定的功能。

结构化程序设计产生的程序结构清晰,易于阅读和理解,便于调试和维护。结构化程序设计的过程就是将问题求解由抽象逐步具体化的过程。

4.1.2 Fortran 语言的发展历史

FORTRAN 是 FORmula TRANslation 的缩写,意为“公式翻译”,是世界上的第一个高级程序设计语言。它是为科学、工程问题中涉及数学公式表达而设计的语言,主要用于数值计算。Fortran 语言简单易学,可以像抄写数学教科书里的公式一样书写数学公式,因此比英文书写的自然语言更接近数学语言。Fortran 语言至今已有六十多年历史,但仍历久不衰,始终是数值计算领域所使用的主要语言。Fortran 语言问世以来,根据需要几经发展,先后推出了很多版本。

1954 年,约翰·贝克斯等人开始研究 Fortran 语言,尝试开发一套接近数字语言的表达规则,将文本翻译成机器语言。1957 年第一个 Fortran 程序在 IBM 704 机上运行,Fortran 语言因此诞生。1958 年和 1962 年,美国标准化协会先后推出了 Fortran Ⅱ 和 Fortran Ⅳ;1966 和 1978 年又先后颁布 Fortran 66 和 Fortran 77。Fortran 77 大致上保留了已有的 Fortran 66 标准,只删除了部分内容,又添加了一些逻辑判断及输入、输出方面的功能。1992 年,国际标准组织正式颁布了 Fortran 90,其主要特色是加入了面向对象的概念及工具,提供了指针,并加强了数组的功能。1996 年,Fortran 95 颁布,主要加强了并行运算方面的支持。进入 21 世纪,国际标准组织又陆续推出 Fortran 2003、Fortran 2008 等新版本。

4.1.3 Fortran 95 开发环境

Microsoft Fortran PowerStation 4.0 是第一个在 Windows 95/NT 操作系统下的 32 位 Fortran 语言开发工具,集成了开发环境 Developer Studio。程序设计者可以在该集成开发环境中方便地进行 Fortran 程序的编辑、编译、连接和调试。Developer Studio 支持 Delphi、Delphi for.net、C、C++和 Fortran 等多种编程语言,Developer Studio 的 Fortran 编译器支持 Fortran77、Fortran 90、Fortran 95、Fortran 2003 及 Fortran 2008 等标准,并在此基础上进行了扩充,增添了许多有利于程序设计的功能。

在集成开发环境中,用户能够可视化地进行 Windows 图形界面设计、设置编译连接选项并进行编译连接;可以方便地与 Visual C/C++、MASM 和 Visual Basic 进行混合语言编程,以充分利用各个语言所具有的优点。Developer Studio 的用户图形界面如图 4-1 所示,是一个由窗口、工具条、菜单、工具及其他部分组成的集成界面。通过这个界面,用户可以在同一环境下创建、测试和调试应用程序。

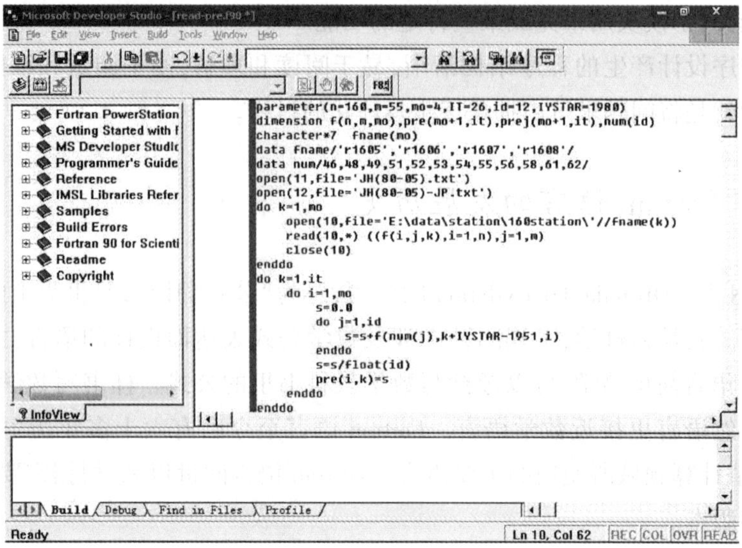

图 4-1 Developer Studio 用户图形界面

4.2 数据描述与运算

在 Fortran 程序中,对数据进行运算之前需要规定其类型,不同类型的数据在存储和运算过程中遵循不同的规则。一般来讲,数据类型是指使用 Fortran 在计算机内存中记录文本、数值等数据的最小单位及方法。Fortran 语言提供了一种不依赖于具体事物的抽象方法对数据进行分类。

4.2.1 数据类型

Fortran 语言中的数据类型几乎包含了数学运算中的所有种类,如整型、实型、复型等。

4.2.1.1 整型

整数类型简称整型,包括长整型与短整型。在个人计算机中长整型占用 32 位(4 字节)的空间,长整型可以保存的数值范围为-2 147 483 648~+2 147 483 647(即在$-2^{31}\sim2^{31}-1$),而短整型占用 16 位(2 字节)的空间,保存的数值范围为-32 768~+32 767(即是$-2^{15}\sim2^{15}-1$)。有的编译器还可以提供一种更短的整数类型,只占 8 位(1 字节)的空间,可以保存-128~+127 的整数。

使用数据之前需要先对其类型进行说明。整型数据说明的一般格式为

INTEGER [([kind=]类别参数)][[,属性说明] ::]变量名表[=初值],其中[]表示可选项。

【例 4-1】 声明短整型的数据 k、limit 和长整型数据 min、max,可以写成如下形式:

```
Integer(2)::k,limit
Integer(kind=4)::min,max
```

4.2.1.2 实型

实型或称浮点型数据是有小数点的数，有效位数为7位，其绝对值的范围与计算机系统和精度型(单精度和双精度)有关。实型数据也有两种类型：单精度及双精度。单精度浮点数在个人计算机中占用32位（4字节）的空间，有效位数为6~7位。双精度会占用64位（8字节），有效位数为15~16位。实型数据默认为单精度，用REAL(4)定义，类别参数可以省略；双精度数用REAL(8)或double precision定义。实型数据声明的一般格式为

```
REAL [([kind=]类别参数)][[,属性说明] ::]变量列表[=初值]
```

实数有两种表示形式：

- 小数形式：由一个或多个数字和一个小数点组成(必须包含一个小数点而且只能有一个小数点)，如+12.3、-68.56、3.75、0.0等。
- 指数形式：可以用来表示一个绝对值非常大或非常小的数。

  表示方式：用E表示以10为底的指数，E的左边是数字部分，E的右边是指数部分。数字部分可以是不带小数点的整数，也可以是带小数点的实数。指数只能是整型常量，不能单独用来代表一个常数(数字部分与指数部分必须同时出现)。

  例如：3E5.6、8.6E-3.7、E12、12.3 * E8均非法。

  +12.3E+08、12.3E8、0.91E-30、3E5等合法。

  1E2和1.0E2均等价于100.0，但不等价于100。

4.2.1.3 复型

Fortran语言支持复数运算。以a+bi表示一个复数，其中a、b为实型数，分别表示复数的实部和虚部。Fortran语言中的复数用两个括号围起来的实数来表示：(实部，虚部)。复数同样也有两种类型，即单精度复数及双精度复数。

复型数据说明的一般格式为

```
COMPLEX [([kind=]类别参数)][[,属性说明] :: ]变量列表[=初值]
```

声明单精度复型数据C，可以写成如下形式：

```
Complex :: C
```

对复型数据赋值可以通过直接对其实部和虚部赋值来完成。如：

```
C=CMPLX(3.2,2.8)
```

CMPLX()为Fortran语言的内置函数，用于声明一个复数常数。上述赋值语句表示将复型数据C赋值为3.2+2.8i。在赋值语句中，也可以直接对复型数据的实部或虚部进行运算。如将复数C的实部和虚部分别赋值为3.0 * A，6.0+B，则可采用CMPLX()函数实现，即

```
C=CMPLX(3.0*A,6.0+B)
```

4.2.1.4 字符型

从键盘输入的任何东西,不论是数字、文本或任何特殊符号,都可以用字符类型数据进行记录。Fortran 程序中的字符一般用一对单引号或一对双引号进行界定。一串字符数据连在一起称为字符串。字符串中的字符可以是 Fortran 字符集的任意字符。如果系统还支持其他字符,如汉字、希腊字母、化学符号、数学符号等,也可引入字符串内,用一对单引号或双引号界定。

字符型数据可以是单个字符,也可以是一个字符串。因此,字符型数据除了有类型和值之外,比其他类型还多了一个长度特性,即规定它包含几个字符。字符型数据的声明格式为

```
CHARACTER([LEN=]n)[[,属性说明]::]变量名表[=初始值]
```

声明一个最长包含 20 个字符的字符串 A 和最长 6 个字符的字符串 B,可写作:

```
CHARACTER(LEN=20):: A
CHARACTER :: B*6
```

4.2.1.5 逻辑型

逻辑型数据用于表达逻辑运算的结果。逻辑型数据只有两个值:真或假。逻辑型数据用 LOGICAL 来定义,其声明语句的格式为

```
LOGICAL[::]变量名表[=初始值]
```

4.2.2 常量与变量

Fortran 语言中的数据存在两种形式,即常量和变量。无论是常量还是变量,都必须具有确定的数据类型,如上述的整型、字符型等,其声明格式、计算规则和存储规则都与上文介绍的一致。

常量是指在程序执行期间其值不能改变的数据,通常用参数 PARAMETER 来定义。常量可以是任何具有基本数据类型的数据,如整型、浮点型、字符型等。在声明常量的同时往往会给它赋值,也可以先声明后赋值。例如,定义一个实型常量 PI 可采用如下语句:

```
REAL, PARAMETER :: PI=3.14159
```

变量是指在程序运行期间其值是可以变化的量。系统为程序中的每一个变量开辟一个存储单元,用来存放变量的值。变量用来存放数据,因此变量也相应地区分为整型变量 INTEGER、实型变量 REAL、双精度变量 DOUBLE PRECISION、复型变量 COMPLEX、逻辑型变量 LOGICAL、字符型变量 CHARACTER。在程序中应当说明哪些变量是整型变量,哪些变量是实型变量。在程序中规定变量的类型可以用以下几种方法。

(1)I-N 隐含约定:凡以字母 I、J、K、L、M、N 六个字母开头的,即认为该变量为整型变量。以其他字母开头的变量为实型变量。如:I、J6、knife、Long、M1607、number 为整型变量,而 a99、book、YOUNG1、XIJ 等为实型变量。

(2)IMPLICIT 语句(隐含说明语句):可以用 IMPLICIT 语句将以某个或某些字母开头的全部变量指定为所需类型。

```
IMPLICIT  INTEGER (A-C), REAL (I, K)
```

上述语句规定,若无特殊说明,则在此程序中以 A、B、C 开头的变量均为整型,而以 I 和 K 开头的变量则为实型。

(3)类型说明语句:如果想改变"I-N 规则"对变量类型的约束,可以用类型说明语句专门指定某些变量的类型。Fortran 语言中有六个类型说明符,即 INTEGER(整型)、REAL(实型)、DOUBLE PRECISION(双精度)、COMPLEX(复型)、LOGICAL(逻辑型)、CHARACTER(字符型)。

上述几种类型规定方式的优先级为:类型说明语句 >IMPLICIT 语句 > I-N 隐含约定。例如,如下声明语句:

```
IMPLICIT  REAL (I,J)
INTEGER  IMAX
```

表明程序中 IMAX 变量为整型,而其他以 I、J 开头的变量为实型。

类型说明语句和 IMPLICIT 语句都是非执行语句,应放在本程序单位中的所有可执行语句之前。其中,IMPLICIT 语句又应在所有的类型说明语句的前面。类型说明只在本程序单位内有效;I-N 规则容易使类型不清晰,不提倡使用,可以在变量说明前加入 IMPLICIT NONE 来取消 I-N 规则。

4.2.3 算术表达式

常量、变量、函数用运算符连接起来的式子称为表达式。所谓表达式是指一个或多个运算的组合。它是由 Fortran 语言中的运算符和括号将各运算元素(包括常量、变量、函数、数组元素)连接起来的一个有值的式子。表达式根据运算符不同,可以分为算术表达式、字符表达式、关系表达式、逻辑表达式等。

Fortran 语言中的常量和变量是分类型的,允许在不同类型的算术量(包括整型、实型、双精度、复型)之间进行算术运算,但不允许在算术量和非算术量(如逻辑型、字符型)之间进行算术运算。

Fortran 语言中的算数运算符包括乘方 * *,乘 *,除/,加+,减-和括号()。各种运算符的优先级为括号 > 函数 > 乘方 > 乘除 > 加减。同一优先级遵循"从左到右"原则(乘方运算从右到左)。

注意:由于用"/"号作为除号,在写除法运算式时应加上必要的括号;乘号不能省略;Fortran 语言中无大、中括号,一律用小括号;如果连续使用乘方符号,按"先右后左"原则处理,为避免出错,建议使用括号。

4.2.4 赋值语句

赋值语句的作用是将一个确定的值赋给一个变量。赋值语句的一般格式为变量名=表达式。赋值实质上是将值传送到变量所对应的存储单元中。执行过程是先计算“=”右边表达式的值,再将右边表达式的值赋给左边的变量。

Fortran 语言有三类赋值语句,即算术赋值语句、逻辑赋值语句、字符赋值语句。赋值语句中的“=”号是赋值符号,而不是等号。例如:N=N+1 表示将变量 N 增加 1 并赋值给变量 N。

算术赋值语句兼有计算和赋值双重功能。赋值号左边只能是变量名(或数值元素名),而不能是表达式,赋值号右边可以是常量、变量或表达式。一个算术赋值语句中的被赋值的变量和表达式的类型可以相同,也可以不相同。如果变量与表达式的类型相同,则直接进行赋值;如果类型不同,则应先进行表达式的求值,然后将该表达式的值转换为被赋值变量的类型。如:

```
I=3.5*2.1
```

表达式 3.5*2.1 的值为 7.35,实型。而变量 I 为整型,因此 I 被赋值为 7。又如:

```
T=3*5/7
```

表达式的值为 2,整型。由于 T 为实型,故系统先将整数 2 转换成实数 2.0,再赋给变量 T,T 的值为 2.0。

当赋值号两侧的类型不同时,往往会产生程序设计者事先预想不到的结果。所以在编写程序时,应尽可能使赋值号两侧保持同类型。

由于字符型变量的特殊性,其赋值语句也有一定的特殊要求。字符赋值语句的一般形式为

字符变量=字符表达式

在字符赋值语句中,要求两边类型一致,此外还有长度问题。当两边长度不等时,赋值时以左边的字符变量说明长度为准,当右边小于左边时,尾部补空格,否则将右边尾部的多余部分截去。

4.2.5 派生数据类型

派生数据类型是指为了整体描述数据对象的不同数据类型属性,把对象各属性的数据定义为一个数据类型混合的整体类别。派生数据类型从形式上也称为结构体类型,其定义格式为

```
TYPE[,访问属性说明::] 派生类型名
    成员 1 类型说明
    .....
    成员 n 类型说明
END TYPE [派生类型名]
```

其中,TYPE 是关键字,表示派生类型定义开始。派生类型名是任意取的,一旦定义完成,该类型名就成为一个新的类型,与整型、实型、逻辑型等一样,按一种类型使用。例如可以把各种变量、各种数组说明为这种新的类型,而后按新类型特有法则操作。通常,类型的取名与物理对象的名称一致。例如,用来描述学生的各种数据组合而成的派生类型可以取派生

类型名为 STUDENT。

TYPE 语句下面是结构中各成员的类型说明语句,被说明的类型一般就是内部类型(如整型、实型等),也允许用一个层次较低的派生类型作为某成员的类型。派生类型的说明语句的一般形式是:TYPE(派生类型名)::变量名。TYPE 块中只有类型说明语句,不允许有可执行的动作语句。派生类型中字符型成员必须确定长度。系统不一定会按定义时的顺序储存各个成员,除非在定义中包含有 SEQUENCE 语句。

例如:我们要定义三个新的类型 CLASS_TYPE、SCORES_TYPE 和 STUDENT_TYPE,这三个类型的变量分别用来记录班级信息、各科分数信息和学生信息。在班级类型中包含两个字符型成员:DEPARTMENT 和 MAJOR;在分数类型中包含三个整型成员:MATH、PHYSICS 和 ENGLISH;而学生类型中则包含学号、姓名、地址、班级和分数等多个成员。由于学生类型中有两个成员 CLASS 与 SCORES 本身又是次一层的结构体类型,因此要先对 CLASS 与 SCORES 这两个结构做出派生类型定义。其定义过程如下:

```
TYPE CLASS_TYPE
    CHARACTER(LEN=50):: DEPARTMENT, MAJOR
END TYPE CLASS_TYPE
TYPE SCORES_TYPE
    INTEGER(1):: MATH, PHYSICS, ENGLISH
END TYPE SCORES_TYPE
TYPE STUDENT_TYPE
    SEQUENCE
    INTEGER(4):: NUMBER
    TYPE(CLASS_TYPE):: CLASS
    CHARACTER(LEN=10):: NAME, ADDRESS
    TYPE(SCORES_TYPE):: SCORES
END TYPE STUDENT_TYPE
```

1. 结构体的声明

结构体定义完成后,即可声明该类型的变量,声明语句格式为

```
TYPE(派生数据类型名):: 结构体变量名
```

如定义 STUDENT_TYPE 和 CLASS_TYPE 派生类后,可定义结构体(变量):

```
TYPE(STUDENT_TYPE):: S1, S2
TYPE(CLASS_TYPE):: C1, C2
```

所有结构体变量都由对应派生数据类型的成员组成,结构体的内存占用空间等于各成员的存储分配空间之和。结构体既可以在程序中定义,也可以和其他内部数据类型一样放在另一个派生类型的定义中,如上述例子中的学生结构体中嵌套了班级和分数两个结构体,这就是所谓嵌套定义。

2. 结构体的引用

结构体的引用方式有两种:结构体名%成员名,或者结构体名. 成员名。仍以上述 STUDENT_TYPE 结构体类型为例,若已定义了两个该类型的结构体 S1 和 S2,则该结构体

的成员“name”的引用方式如下：

```
S1.name
S1% name
```

在含嵌套定义的结构体中，成员引用应当嵌套使用“%”或“.”，例如：

```
S1% SCORES% MATH
```

或

```
S1.SCORES.MATH
```

注意：两种引用方式可以交叉使用，但为了清晰，在同一个程序中最好使用一种方式。

4.2.6 数组

数组是类型相同的一组标量数据的有序集合，即要求这些数据都必须类型相同，并按某种确定方式排列。向量是一维数组，矩阵可看成是二维数组。数组的数据类型即数组中的数据类型，可以是整型、实型、双精度型、逻辑型等任何一种。组成数组的每一个元素称为数组元素。

数组的维数称为秩(rank)，Fortran 90 中规定数组最多可以有 7 维。在某一维中元素的个数称为该维的长度(extent)。数组中所有元素的个数称为数组的大小(size)，它等于各维的长度的乘积。数组的大小可以为 0。数组的形状(shape)取决于秩和每一维的长度。

4.2.6.1 数组类型

1. 显式形状数组

指定了所有特征，即具有固定的秩和每一维长度的数组。它的一般定义形式为数组名([下界:]上界[,[下界:]上界]…)，其中下界默认为 1，取默认值时可以省略。例：

```
INTEGER M(10,10,10), K(-3:6,4:13,0:9)
```

2. 自动数组

显形数组的一种，它是过程(如子程序或函数)定义的局域变量。自动数组必须在过程中加以声明，并且它的上下界是不定的。在调用过程时，上下界通过变量或表达式求出。在过程内，其后的变量或表达式值的变化不会对数组的上下界产生影响。

3. 可调数组

显形数组的一种，它是过程的一个哑元。这种数组至少有一个维界不是常数，当过程被调用时这个维界才被确定。其维界表达式中的变量是哑元，或者是通过 COMMON 语句中传递的常量。注意：多维可调数组的维界表达式必须与调用时的维界相符。

4. 假定形状数组

这种数组是过程的哑元，它从实际传递过来的数组获得形状参数。假定形状数组的秩由冒号的个数决定。它的一般定义形式是数组名([下界]:[,[下界]:]…)。如果不指定下界，则默认值为 1。

5. 假定大小数组

这种数组是过程的哑元，它从实际传递过来的数组获得数组大小，除了最后一维的上界以外，其他所有特征（秩，长度和维界）都必须指定。声明一个假定大小数组时，最后一个的上界用星号 * 表示。它的一般形式是：数组名（[显型维界，][显型维界，]…[下界：] * ）。例，在子程序 ASSUME 中定义的一个假定大小数组 A：

```
SUBROUTINE ASSUME(A)
    REAL A(2,2,*)
    .....
END SUBROUTINE ASSUME
```

6. 延迟形状数组

可分配数组必须以延迟形状的形式来声明。它每一维的长度只有在分配数组后才被确定。声明延迟形数组时，秩由冒号确定，但长度是未知的。

4.2.6.2 数组赋值

数组的赋值可以使用赋值语句和数组构造器。

Fortran 90 中数组赋值语句的形式为 V = e。V 代表数组名或数组片段，e 为数组表达式，它们必须有相同的形状（即维数相同，每维长度相同但上下界可不同）。当 V 是大小为 0 或长度为 0 的字符型时，则没有值赋给 V。当 e 为标量时，则把 e 处理成与 V 相同的形状，V 的每个元素均等于标量 e 的值。数组表达式 e 中允许使用+、-、*、/、**等内部算术操作符。

不同版本的 Fortran 编译器对数组赋值语句的要求也不同。例如在 Fortran 77 中不允许出现标量给数组赋值的情况，即便要对数组中所有元素都赋同一个值，也必须利用循环语句依次进行赋值。而 Fortran 90 允许赋值语句的表达式内只有标量，如假设 A 是 2×2 数组，则 $A=3$ 表示

$$A=\begin{pmatrix}3 & 3\\ 3 & 3\end{pmatrix}$$

而 $A(1:15)=2.0$ 则表示数组 A 中 $A(1)$ 到 $A(15)$ 的每个元素都被赋值为 2.0。因此，Fortran 90 中的数组赋值语句可以对整个数组一次赋值完毕，不必用循环语句对每一个元素逐一赋值。

数组构造器是一种简便的数组赋值语句。数组构造器由括号和斜线之间的一系列值或隐 DO 循环组成。其一般形式为数组名（/取值列表/）。取值列表可以是标量、隐 DO 循环或任意秩的数组。其所有值的类型都相同，以逗号隔开。如果列表中出现了数组，它的值是按列来赋的。

例如，以下数组赋值语句都是有效的。

```
C0 = (/1,2,3,4,5,6/)                  ! 斜杠与括号间不能有空格
C1 = (/4,8,7,6/)                      ! 标量表示
C2 = (/B(I,1:5),B(I:J,7:9)/)          ! 数组表示
C3 = (/(I,I=1,4)/)                    ! 隐 DO 循环
```

```
C4=(/4,A(1:5),(I,I=1,4),7/)            ! 混合表示
```

4.2.6.3 数组运算

Fortran 语言允许把整个数组或数组片段作为一个单独的对象进行运算。例如当数组 A、B、C 有相同大小和形状时，$C=A+B$ 语句实现对数组所有元素的并行加法运算。所有的算术运算符、逻辑运算符和关系运算符，以及很多内在函数都可以接收数组名称作为参数并对数组元素逐一运算。

可以使用数组名作为参数的内在函数称为基本内在函数，如三角函数、开方运算及取整等函数都是基本内在函数。当两个以上数组出现在赋值语句或表达式中时，数组的形状应该相同（称为相容）。例如数组 $A(2,3)$，$B(2,3)$，$C(2:3,6:8)$ 都是相容的，而数组 $D(4,5)$，$E(5,4)$，$F(5,2,2)$ 都是不相容的。

如果数组片段指定的部分相容，则它也可以用于表达式和赋值。这样，不相容的数组也可以互相使用。例如，一个较小的完整数组可以和一个相容的大数组的片段进行运算。

4.3 程序流程与结构

除了算术运算和赋值，Fortran 语言还提供了丰富的流程控制语句和功能语句。在编程语言中，流程控制语句起着至关重要的作用，是一个程序的主要组成部分。

4.3.1 输入输出语句

输入输出是指在计算机内存和外部设备之间传送数据的过程。一般应在输入输出语句中给计算机提供以下三方面的信息：通过什么设备进行输入输出，采用什么样的格式进行输入输出，输入输出的具体内容。

计算机系统隐含指定键盘为输入设备，显示器为输出设备。在输入输出较多时，也可以用磁盘作为输入输出设备，即从已经建立的磁盘文件中读取数据，将结果写入磁盘文件中。

1. 表控输入（自由输入）语句

用户不必指定输入数据的格式，只需将数据按其合法形式依次输入即可，数据间以逗号或空格间隔。如：

```
READ *,A,B
READ(*,*)A,B
```

输入数据时，若只输入一个数据，则直接输入，再按回车键即可。当输入多个数据时，数据之间必须分隔，分隔方法有两种：一种方法是每输入一个数据键入一个回车，即一个数据作为一行；另一种方法是在一行输入数据，但数据之间用分隔符隔开，允许的分隔符包括

空格、逗号。例如,对于输入三个实数的语句:

```
READ *,A1,A2,A3
```

输入时,键入格式可以是

```
3.0  9.2  5.6
```

或

```
3.0,9.2,5.6
```

或

```
3.0
9.2
5.6
```

如果输入数据少于变量个数,则计算机等待继续输入;如果输入的数据个数多于所需的个数,则多余的数据不起作用。

多个输入语句并列使用时,一个语句对应一行。每一个 READ 语句都是从一个新的输入行开始读数的。如,对于如下三条语句:

```
READ *,A1,A2
READ *,B1,B2
READ *,C1,C2
```

若按如下方式输入:

```
2.9,6.7,3.4,8.0
-45.8,92.4,43.6
0.2,-4.5,9.7
```

则其结果为:A1:2.9,A2:6.7,B1:-45.8,B2:92.4,C1:0.2,C2:-4.5,即每一行多输入的数据无效。

输入数据时,数据类型应与变量类型一致。整型变量不能接收实型数据,否则运算时将出错,而实型变量可以接收整型数据,但最后按实型数据处理。

如果在输入数据行中出现"/"号,表示对 READ 语句的输入到此结束,未被赋值的变量不予赋值。

2. 表控输出语句

用户不必指定输出数据的格式,数据将按其合法形式依次输出。输出项可以是常量、变量、表达式或字符串和逻辑值,它们之间用逗号隔开。其形式如下:

```
WRITE(*,*)A,B
PRINT  *,A,B
```

每个 PRINT/WRITE 语句都会在新的一行开始显示。若单独一个 PRINT */WRITE(*,*)语句,其后无输出项则输出空行,相当于换行语句。此外,PRINT/WRITE 语句的输出内容还可以是表达式,在这种情况下需先计算表达式,再输出结果。

3. 格式输入输出语句

由用户指定格式的输入输出语句。以输入语句为例,其形式如下:

```
READ f, 输入项
```

或

```
READ (u,f)输入项
```

其中,f 是格式说明符,指明了输入数据所用的格式;u 是设备号,用于指明具体使用的输入设备。u 可以是一个无符号的整型常量,也可以是“ * ”。设备号使用“ * ”表示计算机系统预先约定的外部设备,即利用键盘来输入数据。输入项指定了输入的具体内容,输入项一定是变量,不允许是常量或表达式。

格式输出语句中的格式说明符有 3 种形式:

①*:使用“ * ”进行格式说明,表示输出数据时使用的是表控格式。

②字符串常量:用户指定输入格式,通常使用一个字符串进行说明,称为格式编辑符。例如:'(I3,I4,I4)',其中“I”表示数据类型为整型,“I3”表示整型数据的长度为 3,若长度不够,可以用 0 或空格补齐。

③格式说明语句:若输入格式比较复杂,通常采用单独的格式说明语句进行说明,在输入语句中仅需指出说明语句的标号即可。格式说明语句的格式为

```
L FORMAT(格式说明)
```

其中,L 是语句标号,可以是任意整数。FORMAT 语句一定带有语句标号,以便同格式输入输出语句配合使用。格式说明符由若干个格式编辑符组成,格式编辑符之间用逗号分隔。

格式说明语句是非执行语句,它只是给输入输出语句提供数据的格式描述。格式说明语句可放在程序单元语句(主程序语句 PROGRAM 等)之后和 END 语句之前的任何位置。

4.3.2 逻辑与关系

逻辑运算与关系运算是控制程序流程的重要环节。Fortran 语言中关系表达式的写法与数学中不等式写法有一定差异,在编写关系表达式时不可随意使用数学中的习惯用法。

4.3.2.1 关系表达式

关系运算是指由一个关系运算符把两个数值表达式或字符表达式连接起来进行比较的式子。Fortran 语言中有六个关系运算符,如表 4-1 所示。

表 4-1 Fortran 语言中的关系运算符

关系运算符	英语含义	所代表的数学符号
.GT.	Greater Than	>(大于)
.GE.	Greater than or Equal to	≥(大于或等于)
.LT.	Less Than	<(小于)
.LE.	Less than or Equal to	≤(小于或等于)
.EQ.	Equal to	=(等于)
.NE.	Not Equal to	≠(不等于)

关系表达式的一般形式为

<算数表达式 1> <关系运算符> <算数表达式 2>

其中,算术表达式也可以是一个算术量,即为一个数值常数、数值型变量、数值函数。

注意:关系运算符的两个字母的左右两侧各有一个点,不要漏写。在一个关系表达式中可能包括算术运算符和关系运算符,此时需要先进行算术运算,再进行关系运算。关系表达式的值不是一个数值,而是逻辑量"真"或"假",因此计算结果不能再参与关系运算。

4.3.2.2 逻辑表达式

Fortran 语言只有两个逻辑常量,即.TRUE.(表示"真",即满足逻辑条件)和.FALSE.(表示"假",即不满足逻辑条件)。逻辑型变量用来存放逻辑常量。它的值也只能是.TRUE.或.FALSE.之一。可以将一个逻辑常量赋予一个逻辑变量,例如,将 A 定义为逻辑型变量,用赋值语句对其赋值:

```
LOGICAL A
A=.TRUE.
```

表 4-2 Fortran 语言中的 5 个逻辑运算符

逻辑运算符	含义	逻辑运算举例	例子含义
.AND.	逻辑与	A.AND.B	A、B 为真则 A.AND.B 为真
.OR.	逻辑或	A.OR.B	A 或 B 之一为真,则 A.OR.B 为真
.NOT.	逻辑非	.NOT.A	A 为真,则.NOT.A 为假
.EQV.	逻辑等	A.EQV.B	A 和 B 值为同一逻辑常量时,A.EQV.B 为真
.NEQV.	逻辑不等	A.NEQV.B	A 和 B 的值为不同的逻辑常量,则 A.NEQV.B 为真

逻辑表达式的一般形式为

<逻辑值 1><逻辑运算符><逻辑值 2>

其中,逻辑值包括逻辑常量、逻辑型变量、关系表达式、逻辑型数组元素、逻辑型函数等。在一个表达式中可能含多个运算符,在执行过程中程序将根据不同运算符的优先级依次执行。表 4-3 列出了 Fortran 语言中运算符的优先级别。

表 4-3 Fortran 语言中运算符的优先级别

运算类别	运算符	优先级
括号	( )	1
算术运算	**	2
	*,/	3
	+,-	4

表 4-3(续)

运算类别	运算符	优先级
关系运算	. GT. 、. GE. 、. LT. . LE. 、. EQ. 、. NE.	5
逻辑运算	. NOT.	6
	. AND.	7
	. OR.	8
	. EQV. 、. NEQV.	9

注意:算术运算符的运算对象是数值量,运算结果为数值;关系运算符的运算对象是数值量,运算结果为逻辑值;逻辑运算符的运算对象是逻辑量,运算结果为逻辑值;逻辑运算符和算术运算符可以连续用运算符连接运算量,但关系运算符不可以。

4.3.2.3 逻辑 IF 语句

IF 语句不是一种选择结构,只是一条语句,它在算法较简单的场合下,可以灵活地完成二分叉选择算法。逻辑 IF 语句判别逻辑表达式的值是否为“真”,并执行操作。其一般形式为

IF(逻辑表达式)执行语句

如果条件成立(即逻辑表达式值是“真”),则执行其后紧跟的执行语句,而后执行下一条语句;如果条件不成立,则整个 IF 语句不进行任何操作,只是起下滑作用,使控制转移到 IF 语句的下一个语句。

IF 语句最大的用处是退出迭代。计算机程序中经常作连加、连乘或反复执行某段程序,并规定只有当某个参数大于或小于某值时才停止循环,这时就可以使用 IF 语句。

当条件为“真”时,逻辑 IF 语句只能执行一个执行语句而不能执行若干个语句。与块 IF 语句相比,逻辑 IF 语句是在一行中完成的一个选择操作,因此它又称“行 IF 语句”。之所以用逻辑 IF 语句名称,是沿用了 Fortran 66 的定义,因为在 Fortran 66 中有两种 IF 语句:算术 IF 语句(在 Fortran 90/95 中已废除)和逻辑 IF 语句。

4.3.3 选择结构

块 IF 语句不是一个单独语句。块 IF 语句、ELSE 语句和 END IF 语句只能用在块 IF 中而不能单独使用,它们必须和块 IF 中其他语句联系起来共同起作用。可以说一个块 IF 是一个语句块(决不能只包括一个语句),用来实现选择结构。但是,块 IF 可以不包含 ELSE 语句和 ELSE 块。THEN 块是当块 IF 语句中的逻辑表达式为真时执行的语句组。

4.3.3.1 块 IF 的组成和执行

块 IF 的一般形式可写成:

```
IF(逻辑表达式)THEN      ← 块 IF 语句
   块 1                 ← THEN 块
ELSE
   块 2                 ← ELSE 块
END IF
```

块 IF 的执行步骤为:先执行块 IF 语句,求出逻辑表达式的值,如果此值为“真”,则将流程转到 THEN 块,执行 THEN 块中各个执行语句。执行完 THEN 块后跳过 ELSE 语句和 ELSE 块,流程转到 END IF 语句处。如果逻辑表达式的值为“假”,则流程跳过 THEN 块,转到 ELSE 语句及 ELSE 块。执行完 ELSE 块以后流程转到 END IF 语句。

END IF 语句是块 IF 的“出口”,无论执行完 THEN 块或 ELSE 块,流程都转到 END IF 语句,接着执行 END IF 语句之后的下一语句。END IF 语句本身不进行什么操作,它是块 IF 的结束符号,用它标志块 IF 的范围(块 IF 语句开始,END IF 结束)。一个块 IF 中可完整地包含另一个(或多个)块 IF,称为块 IF 的嵌套。

IF 构造的任一语句块中(THEN 块、ELSE 块)都可以嵌入另一个构造,被嵌入的构造可以是另一 IF 构造,也可以是另一些形态、功能不同的构造,如 CASE 构造、DO 构造,前提是必须把整个构造完整地嵌在 IF 构造的某一块中,即被嵌入的任何构造不可跨越块。

4.3.3.2 块 CASE 选择结构

块 CASE 选择结构是 Fortran 90 提供的一种用于实现多分支选择结构的语句。其基本格式如下:

```
SELECT CASE(表达式)
   CASE(表达式 1)
      [块语句 1]
   CASE(表达式 2)
      [块语句 2]
   …
   CASE(表达式 n)
      [块语句 n]
   CASE DEFAULT
      [默认块语句]
   END SELECT
```

其中,CASE 表达式的类型可以是整型、字符型或逻辑型。CASE 选择符后的表达式是 CASE 值范围表,它有以下几种形式。

- 用逗号隔开的单个值表,如 CASE(2,4,6,8)。这时,选择变量的值只取其中之一就执行下面的块语句。
- 用冒号分隔的值的范围(下界: 上界)表示选择变量的值可以在这两个值之间(包括上下界),下界必须小于上界,如 CASE (3:7)。也可以只有上界或下界,(下界:)表示大于或等于下界的所有值,如 CASE (20:);(:上界)表示小于或等于上界的所有值,如 CASE (:90)。

上面的这两种表示方法可以混用,如 CASE(2:5,9)等价于 CASE(2,3,4,5,9)。

程序执行时,CASE 构造的控制机制是:控制进入 CASE 构造后,先计算情况表达式的值;如果第一个 CASE 语句选择符值与情况表达式值相等则执行块语句 1,转出口;如第一个选择符值不是情况表达式的值,再查下一个 CASE 语句的选择符值,满足执行块语句 2,转出口,不满足再查下一个 CASE 语句的选择符值,直至全部情况选择符值都检查完;如果全部情况选择符值都不符情况表达式的值,且又有 CASE DEFAULT 语句,则执行该语句后的默认块语句,否则直接转出口。

CASE 构造的规则是:CASE DEFAULT 语句最多只能有一句;CASE 值必须与表达式的类型相同;给定 CASE 构造中的 CASE 值范围不能有重叠;CASE 块可以是空的,也可以包含其他块,其嵌套形式与块 IF 相同。

4.3.4 循环结构

循环结构用于实现重复的算法,是 Fortran 语言三种基本结构(顺序、选择和循环)之一,具有重复执行某一段语句的功能。因为它以 DO 作为关键字,所以又称 DO 构造。在程序中存在两类循环:无条件的循环和有条件的循环。无条件循环是无休止地执行一个程序段,而有条件的循环是在满足一定条件时才执行循环。

4.3.4.1 GOTO 语句实现循环

Fortran 语言允许使用 GOTO 语句实现转移,因此也可以用于实现循环。GOTO 语句的一般形式为

```
GOTO (语句标号)
```

由于 GOTO 语句破坏了语句顺序执行的正常状况,不符合结构化原则,因此一般不提倡使用 GOTO 语句。只有在一个基本结构内部可以使用 GOTO 语句。如果在逻辑 IF 语句中使用 GOTO 语句就可以实现有条件的循环,循环操作能够在一定条件下结束。

4.3.4.2 DO 循环结构

DO 构造分为不带循环变量与带循环变量两种形式。当需要执行的循环次数为已知时,用 DO 循环结构实现循环比较方便。

其一般格式为

```
DO  i=e1, e2 [, e3]
    循环体
END DO
```

其中,e1、e2、e3 可以是常数、变量或表达式,e1、e2、e3 的值可以为正或为负,e1、e2 的值可以为 0,e3 的值不应为 0;当循环变量变化的步长为 1 时,e3 可以省略。循环变量 i 从 e1 开始,每次循环后累加数值 e3,当循环变量超过终值 e2 时就脱离循环。

若循环变量的类型和 e1、e2、e3 的类型不一致,则程序自动将 e1、e2、e3 的类型转化成变量的类型再进行循环处理。循环体内不能给循环变量赋值,否则会导致程序不能正常编译。循环体指的是 DO 语句和 END DO 语句之间的语句,不包括 DO 语句。执行程序时 DO 语句只执行一次;如果循环参数表达式中含有变量,即便在循环体中改变变量的值,循环参数也不改变。

4.3.4.3 DO WHILE 循环结构

在 Fortran 90 的增强功能中,增加了 DO WHILE 语句。因此,DO 构造不仅仅能完成循环次数已知的循环,而且能够完成次数未知的循环。DO WHILE 语句的规则和块 IF 语句所需满足的块规则类似。其一般格式为

```
DO WHILE(逻辑表达式)
    [循环体]
END DO
```

其中,逻辑表达式表示循环的条件,当逻辑表达式的值为真时执行循环体;循环体是在循环过程中被重复执行的语句组;END DO 是循环终端。DO WHILE 语句和 END DO 语句要配合使用。当然,对于循环次数确定的循环也可以使用 DO WHILE 循环实现,如图 4-2 所示。

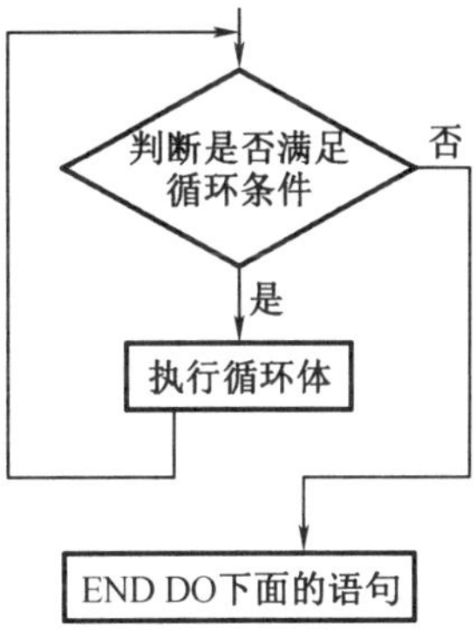

图 4-2 DO WHILE 循环的执行过程

4.3.4.4 循环流程控制语句

上面介绍的循环中,循环终端语句为一般的执行语句,如打印语句、赋值语句、输入语句、逻辑 IF 语句等都可以作为循环终端语句,特殊的循环终端语句是 END DO(常用于无语句标号时)和 CONTINUE(常用于有语句标号时)。此外,循环构造中经常会用到以下两种循环流程控制语句。

- EXIT 语句:在循环体内使用 EXIT 语句,将迫使所在循环立即终止,跳出所在循环体,而继续执行循环结构后面的语句。通常将 EXIT 语句与 IF 语句配合使用。
- CYCLE 语句用来结束本次循环,即跳过循环体中尚未执行的语句。在循环结构中,CYCLE 语句将控制直接转向循环条件测试部分,从而决定是否继续执行循环。

CYCLE 语句和 EXIT 语句区别:CYCLE 语句只结束本次循环,EXIT 语句终止整个循环的执行。

4.3.4.5 无循环控制的 DO 循环

不带循环控制变量的 DO 构造控制机制为:进入 DO 构造体后,从 DO 语句下面第一句执行起,顺次执行到 END DO 前的最后一句,再返上来从 DO 语句下面第一句开始执行,重复执行整个 DO 块。如此反复执行 DO 块,其间如遇到 EXIT 语句,就停止执行 DO 块,退出循环,转向执行 END DO 下面的语句。对于不带控制变量的 DO 构造,DO 块中必须有 EXIT 语句,使它停止循环,否则循环将无休无止地一直进行下去,形成死循环。这种构造的一般形式为

```
[构造名:] DO
    循环体
END DO
```

4.3.4.6 隐含 DO 循环

隐含 DO 循环实际上是带控制循环变量的 DO 循环,但简化成只有 DO 循环的第一句,且把关键字 DO 隐去,形如 I=m1,m2,m3 的形式。它不是独立语句,只是作为读写语句的输入输出表中一个组成部分,用来控制重复读写的次数。其一般形式为

(输入/输出表,i=e1,e2[,e3])

其中,i 是隐含 DO 循环变量,e1,e2,e3 是隐含 DO 循环参数。

例如:

```
WRITE(*,*)(3,4, I=1,3)
```

等价于

```
WRITE(*,*)3,4,3,4,3,4
```

隐 DO 循环可以嵌套,如以下输出语句:

```
PRINT *, ((A(I,J),I=1,3),J=1,3)
```

先把内层(A(I,J),I=1,3),隐含 DO 表作为输出表,再与隐含 DO 控制 J=1,3 合成外层隐含 DO 表。其控制机制与嵌套 DO 循环一致,即先循环完内层,外层循环变量加一步长,再循环完内层。其打印值的次序如下:

A(1,1),A(2,1),A(3,1),A(1,2),A(2,2),…,A(3,3)

即先输出第 1 列,再输出第 2 列、第 3 列。如果把 J 作为内层,I 作为外层循环变量,即

```
PRINT *,((A(I,J),J=1,3),I=1,3)
```

则打印输出值的次序为 A(1,1),A(1,2),A(1,3),A(2,1),A(2,2),…,A(3,3)。

4.3.5 内部函数

内部函数又称库函数,程序中可以直接调用。Fortran 语言提供了一些系统内部函数来完成常用的数学运算,如开方、取整、三角函数运算等。程序设计者不必自己设计这些运算

的语句组(即程序段或子程序),只需写出一个函数的名字并给出自变量,就可以得到所需的值。表 4-4 列出了一些常用的 Fortran 语言内部函数。

表 4-4　常用的 Fortran 语言内部函数

函数名	含义	调用格式
ABS	求绝对值	ABS(X)
EXP	求以 e 为底的指数	EXP(X)
LOG	求自然对数	LOG(X)
LOG10(X)	求以 10 为底的对数	LOG10(X)
SQRT	求平方根	SQRT(X)
MOD	求余	MOD(X,Y)
COS	求余弦	COS(X)
ATAN	求反正切	ATAN(X)
ACOS	求反余弦	ACOS(X)
ASIN	求反正弦	ASIN(X)
INT	取整	INT(X)
MAX	求最大值	MAX(X,Y,Z,...)
MIN	求最小值	MIN(X,Y,Z,...)
SIGN	求符号	SIGN(X,Y)
SIN	求正弦	SIN(X)
TAN	求正切	TAN(X)

上述这些内部函数其实是预先编写好的子程序,存储于外部介质(如磁盘)上,形成了一个函数库。用户若要使用这些内部函数,则需要在完成源程序的编译之后用 LINK 命令进行连接,即将已翻译成二进制指令的目标程序与函数库连接。也就是将程序中出现函数名的地方用函数库中相应的一组指令代入,组成一个统一的"可执行目标块"。例如程序中出现一个 SIN 函数,在连接时就将一组求正弦值的二进制指令直接插入到程序中出现 SIN 的地方。由于是插入到程序内部,所以这些函数被称为"内在函数"或"内部函数"。

程序在调用内部函数时需要将必要的参数传递给内部函数,这些参数称为函数的自变量。根据函数的功能不同,自变量的个数及类型都有相应的要求。一个内部函数可要求一个或多个自变量,例如 SQRT 函数只有一个自变量,而 MOD 函数要求两个自变量,MAX 和 MIN 函数要求两个以上的自变量。

注意:当自变量个数规定为 2 时,自变量的顺序不应任意颠倒,如 MOD(8,3)表示 8 被 3 除的余数,其值为 2,而 MOD(3,8)则表示 3 被 8 除的余数,其值为 3。

函数计算出的结果会作为函数本身的值返回给调用程序,因此函数自身也有相应的数据类型设定。有些函数的类型与其自变量的类型相同,例如 MOD(8,3)中自变量 8 和 3 是整型,函数 MOD(8,3)的值"2"也是整型,如果写成 MOD(8.0,3.0),自变量是实型的,函数值也是实型的,其值为 2.0;而有些函数的类型则与自变量不同,如 INT 函数的类型为整型,其自变量则为实型。

4.3.6 外部过程

外部过程是程序员编写的函数或子程序,它独立于主程序外部。外部过程可以单独以源文件存储和编译,也可以包括在主程序源代码的 END 语句后。外部过程本身也可以有内部函数或内部子程序。

4.3.6.1 子程序

子程序以 SUBROURTINE 语句开始,以 END 语句结束。其一般形式为

```
[前缀]SUBROUTINE 子程序名[(哑元列表)]
    子程序体
END [SUBROUTINE[子程序名]]
```

其中,哑元可以是变量名、数组名、过程名、指针名等。哑元表内列出本程序体内要用到的全部哑元,列在括号内,彼此用逗号分隔(哑元都要在说明语句中说明类型)。在 Fortran 90 及其之后的版本中可以给子程序添加前缀,其格式为类型说明［关键词］或关键词［类型说明］。关键词是下面之一:RECURSIVE(Fortran 90)、PURE(Fortran 95)、ELEMENTAL(Fortran 95)。其中,RECURSIVE 表示过程时可以直接或间接地调用自身,即递归调用,其过程是递归过程。

子程序名只是用来作标识,不代表任何值。哑元列表是子程序与调用单元之间进行数据传送的主要渠道。当哑元大于一个时,它们之间用逗号隔开,如果没有哑元,则一对括号可以省略。从 SUBROUTINE 语句后面一直到 END 语句是子程序体。它的说明部分应包括哑元和子程序中所用变量、数组等的说明,它的执行语句部分完成运算和操作功能。其中 END 语句或 RETURN 语句使执行流程返回到调用单元。

哑元表中的哑元个数,理论上不受限制,但从软件工程观点看,不宜过多,一般不应超过七个。如果哑元个数太多,意味着该子程序的算法较复杂,应该把该过程再分解为几个子功能,并分别编写成几个子程序。

调用子程序时必须用一条独立的 CALL 语句,其形式为

```
CALL 子程序名[(实元列表)]
```

如下为一个调用子程序的程序示例,其功能为读入 3 个整数,并将其按大小顺序重排。

```
INTEGER :: i,j,k
READ *, i,j,k
IF(i<j)CALL swap(i,j)
IF(j<k)CALL swap(j,k)
IF(i<j)CALL swap(i,j)
PRINT *,i,j,k
END
```

```
!
SUBROUTINE swap(p,q)
    INTEGER :: p,q,r
    r=p;p=q;q=r
    RETURN
END
```

调用子程序时的实元是和哑元相同类型的变量、数组元素、数组和常数。当用 CALL 语句予以调用时,哑元和实元才按列表顺序一一对应,取得同一数值。但使用常数时要避免出现在子程序中发生常数替换式,否则将导致不可预料的错误,应尽可能用变量作实元。

4.3.6.2 函数

函数和子程序比较相近,共同的特征是作为过程的集合,子程序的很多规则也可应用于函数。两者的不同之处在于函数会返回一个值,且通常不改变哑元的值。因此,函数可用来代表数学上的一个函数,而子程序通常完成一项更为复杂的任务,即通过变元或其他手段返回几个结果。函数的一般形式为

```
[前缀] FUNCTION 函数名([哑元列表])[RESULT(结果名)]
    函数体
END [FUNCTION 函数名]
```

如果没有哑元,则哑元列表可表示为一个空括号。RESULT 是关键字,后面括号内的变量名是函数计算的结果值。由于函数结果变量名有值,因此必须在说明语句中说明类型,在程序执行部分至少赋值一次,在引用时,它的值就是函数值。函数结果名不可列入哑元表。如果没有结果名,则函数名就是结果名。Fortran 90 中之所以增添了结果名功能,就是为了区别函数字面上的名称(函数名)和实际运算结果变量的名称。

函数调用与调用内在函数的形式一样,在主调程序任何位置,作为表达式的一项写明函数名(实元表)就完成了调用。如果函数无哑元,则调用形式是在表达式中写明函数名,后跟空括号,即函数名()。系统在该位置上返回以该实元为自变量的函数结果值,参加表达式的运算。

【例 4-2】 将一个 4 字节的整数用 16 进制表示出来。

```
FUNCTION hex(n)
    CHARACTER(LEN=8):: hex
    CHARACTER(LEN=1):: h(0:15)=(/'0','1','2','3','4','5','6','7','8','9','A','B','C',
'D','E','F'/)
    INTEGER :: n,j,nn
    hex=''
    DO j=8,1,-1
        nn=n/16
        hex(j:j)=h(n-16*nn)
        IF(nn==0)EXIT
        n=nn                          !将 n 指定为 INTENT(IN)将导致错误
```

```
    END DO
END FUNCTION

PROGRAM main
    CHARACTER(LEN=8)::hex          ! 函数名的类型在调用单元也须加以声明
    INTEGER::i
    PRINT *,'Input a positive integer, or negative one to stop:'
    DO
        READ *,i; IF(i<0)EXIT
        PRINT *,hex(i)
    END DO
END
```

4.3.6.3 EXTERNAL 属性和哑过程

EXTERNAL 语句或 EXTERNAL 属性说明语句用于声明某实元为外部过程。其一般形式包括类型定义语句：

类型,EXTERNAL :: 外部函数名[,外部函数名]…

以及 EXTERNAL 语句：

EXTERNAL [外部函数名][,子程序名][,块数据名]…

哑元也可以是一个过程,这时作为哑元的过程称为哑过程。只有在多层调用(至少两层调用)时才能用哑过程。如果要用外部过程名作实元,则过程名必须出现在一个EXTERNAL 语句中,或被该作用范围中的一个类型语句指明具有 EXTERNAL 属性,又或者在该作用范围中被一个接口块 INTERFACE 声明为一个过程。这就是说,在主调程序中,除了把一个实际存在的过程名作实元与哑过程名结合外,还需对该实过程名作特别说明,以便让编译系统明白,该实元不是一般的简单变量,而是一个函数(或子程序),或者用接口块来通知编译系统。程序示例如下：

```
REAL FUNCTION CALCULATE(A,B,FUNC)
    EXTERNAL FUNC
    REAL,INTENT(IN):: A,B
    REAL F,X
    …
    F=FUNC(X)                        ! 调用自定义的外部函数
    …
END FUNCTION CALCULATE
```

程序中的 EXTERNAL 语句说明函数 FUNC 是外部函数,也可用类型声明语句说明函数 FUNC 具有 EXTERNAL 属性,即把程序改写为

```
REAL FUNCTION CALCULATE(A,B,FUNC)
    REAL EXTERNAL :: FUNC
    …
```

也可以用显式的接口块来代替 EXTERNAL 语句,把上面的程序改写为

```
REAL FUNCTION CALCULATE(A,B,FUNC)
    INTERFACE
    REAL FUNCTION FUNC(X)
    REAL,INTENT(IN):: A,B
    END FUNCTION FUNC
    END INTERFACE
    REAL F,X
    …
    F=FUNC(X)                         ! 调用自定义的外部函数
    …
END FUNCTION CALCULATE
```

4.3.6.4 ENTRY 语句

ENTRY 语句允许在特定的可执行语句中插入外部过程或模块过程。内部过程不能使用 ENTRY 语句。使用 ENTRY 语句的目的是把多个有条件进入过程的相关函数或子程序组织起来。它的形式和用法与函数和子程序类似:语句包括一个入口点的名称,一个可选哑元列表,一个可选的 RESULT 结果名(在函数的情况下)。一个过程可以有一个或多个 ENTRY 语句。Fortran 90 的块结构如 CASE 语句所实现的控制流方式比通过 ENTRY 方式要好,故在 Fortran 90 中并不提倡用 ENTRY 语句。

4.3.7 其他过程

4.3.7.1 内部过程

内部过程是包含在程序单元里的 CONTAINS 结构中的函数过程和子程序过程,只有包含它们的程序单元才能够使用该过程。CONTAINS 结构标志着程序中可执行部分和程序包含的任意内部子程序之间的分界,它将内部过程与主过程分开。如果程序包含内部子程序,则必须有 CONTAINS 结构。在 Fortran 77 中,一个源文件可以包含一个主程序和几个分别独立的函数或子程序(相当于 Fortran 77 中的外部过程)。在 Fortran 90 中,可以将若干个过程用 CONTAINS 结构包含在主程序里,它们与宿主程序单元共享变量名。而且,外部过程等其他程序单元可以有自己的内部过程。示例程序如下:

```
program internal
    real a,b,c
    call find
    print *,c
    contains
    subroutine find
```

```
          read *, a,b
          c=sqrt(a**2+b**2)
      end subroutine find
  end
```

使用内部过程的规则:在宿主中不要定义子程序名和函数名的类型,也不能指定它们具有 EXTERNAL 属性。宿主中的变量名和数组名等在内部过程中有效,有相同的数值。但同一名若在内部过程中又进行了类型声明,则此名被视为其过程中的独立变量,无相同的数值。内部过程中也可引用另一内部过程。

因此,写成内部过程的子程序有一个重要特征,即它们通常没有说明语句。它们使用的变量等实体的说明已统一出现在主程序说明部分中,它们的变量与主程序同名变量的值是相同的。主程序内可以直接引用内部过程变量的值,或赋之以值,即主程序内定义的变量是全局的,作用于以 PROGRAM 语句到 END PROGRAM 语句之间的所有部分。内部过程的第二个重要特征是它们一般没有哑元。主程序调用时也不需要哑实结合,如果内部过程的变量已在主程序中被说明,它们可以直接引用,无须通过哑实结合来传递值。调用内部过程时只需简单地写一个过程名,这是内部过程与外部过程的很大区别。在特殊情况下,内部过程也可保留由自己单独说明的少量哑元。如果变量是在内部子程序中单独说明的,它只是局部变量,作用域只能是局部的,对其主程序的其他部分不起作用。主程序调用时仍需通过哑实结合来传送数据。

4.3.7.2 递归过程

Fortran 90 允许过程递归调用,即在过程内又调用过程自身,这种过程称为递归过程。递归过程包括递归函数和递归子程序,它只是外部过程或内部过程的一种特殊情况。此类过程定义语句的前缀中必须出现关键字 RECURSIVE。递归调用时过程直接或间接引用自身或由该过程中的 ENTRY 语句定义的函数。

几乎所有递归程序都可用一般程序替代。但递归程序清晰易懂,有利于阅读与维护。某些问题当用一般程序编写显得太复杂时,可以用递归程序来实现。递归程序的缺点是效率低,比起一般程序来,在 CPU 时间与占用内存等方面的开销都要大得多。因此,要根据具体问题的需要,决定是写成递归程序还是一般程序。

4.3.7.3 类属过程

类属过程是过程的一种,它允许用不同类型的实元与同一个哑元结合,放宽了哑实结合时类型必须一致的条件。在内在基本函数中,已经有许多类属过程,例如求绝对值的函数 ABS(X),哑元为 X,与它结合的实元可以是整型、实型与复型,即用同一个过程名 ABS,调用函数 ABS(-1)、ABS(-1.)、ABS(-1.,1.)都是合法的。一般来说,其函数值类型就取实元的类型,如上述前两个引用的函数值是 1 与 1.0。

编写类属过程的方法是先编写若干个功能相同的过程,它们分别以整型、实型、复型等作哑元类型,而后在主调程序中编写接口,为接口取一个统一的名,接口内分别列出哑元类型不同的过程说明部分语句。这个统一的接口名就是类属过程名,可以在后面执行部分中用不同类型的实元作哑实结合。

4.3.7.4 多层调用

主程序调用过程,称为第一层调用。被调用的过程可能也要调用其下属过程,这种调用称为第二层调用,依此类推。这样逐层调用下属过程,称为多层调用。

在多层调用中,函数可以调用下属的函数过程或子程序过程,子程序过程也可调用下属的函数过程或子程序过程,并不要求被调用的过程与自己的性质相同。多层调用中的程序控制流程如下:控制从主程序(第 0 层)的第一个执行语句开始,顺次往下执行。当遇到调用第一层过程时,控制转入该过程的第一条可执行语句,并把第 0 层中的实元值赋给该第一层过程的哑元,顺次往下执行。如果再遇到调用第二层过程的语句,控制又转入该层过程的第一条可执行语句,并把第一层的实元值赋给第二层的哑元。如果最下一层子程序内没有调用语句,则控制遇到过程结束语句时,返回上层过程调用语句后,继续执行尚未执行的语句,直至遇到第一层过程结束语句,控制再返回到主程序的调用语句,继续执行完后面的语句,直到遇到主程序结束语句,结束控制。

因此,这个控制机制是按顺序进行的,这一点也可由执行 Visual Fortran 的 Debug 功能时,跟踪过程的顺序执行和变量的变化可见。

4.3.8 文件的存取

文件是由记录构成的数据集合,可以是源程序文件、目标文件、可执行程序文件,也可以是一组待输入处理的原始数据,或者是一组输出结果。Fortran 95 对文件的操作是以记录为单位进行的,从文件中一次读取一条记录,或向文件中一次写入一条记录。记录由数据项(称为字段)组成,记录的长度是构成记录的数据项长度之和。文件中的长度可以是固定的,也可以是变化的,这与文件的种类及存储方式等性质有关。

4.3.8.1 文件的类型

Fortran 有外部文件和内部文件之分。外部文件就是可以长期保存在磁盘、光盘等外部存储介质上的文件。程序中读写外部文件,要通过 OPEN 语句为外部文件指定设备号,建立外部文件和设备号之间的联系。内部文件是指暂时性地在内存中建立的文件,如字符变量、字符数组、字符数组元素或子字符串。

按存取方式来分,外部文件可分为直接存取文件和顺序存取文件两类。其中,顺序存取文件的记录是按建立时间的先后顺序依次存放在存储介质中,读取时其数据也必须按记录顺序顺次被访问,例如要读写第 N 条记录时,首先必须对前面的 $N-1$ 条记录进行读写操作。顺序文件中记录的逻辑次序与物理顺序是一致的。顺序存取类型的文件是 Fortran 的默认类型,在打开此类文件时建议使用带有 ACCESS='SEQUENTIAL'参数项的 OPEN 语句以明确文件是顺序文件,该参数也可省略。

直接存取类型也称为随机存取,文件中记录按顺序进行编号。每条记录长度相同,可按记录号任意存取。文件中的记录号从1开始连续编号;记录的长度通过参数'RECL=记录长度'进行描述。打开或建立直接存取文件需使用带有 ACCESS='DIRECT'设置项的 OPEN 语句。

格式示例:

```
OPEN(UNIT=1,FILE='DATA1.DAT',ACCESS='DIRECT',RECL=30)
```

相对于顺序存取文件而言,直接存取文件的读写过程更加方便,但要求其中的记录长度必须是完全相同的。

按存储格式来说,外部文件可分为有格式文件、无格式文件和二进制文件。有格式文件中的记录是以字符形式存在的,每个字符占一个字节,整个文件全部由格式记录组成,每一条记录以回车符和换行符结束。此类文件可用文本编辑软件打开并直接查看内容。有格式文件在打开或建立时需使用带有参数 FORM='FORMATTED'设置项的 OPEN 语句。对于顺序存取文件,此选项的默认值为 FORMATTED,该参数可省略。

无格式文件中的数据以二进制形式存放,记录间用回车符和换行符作为分隔标志。记录序列的存放方式与其在内存中的存放相似,在输入输出时几乎不需转化(字符和数值类型间的转换)。此类文件的存取过程直接、高效,但无法被直接查看。打开或建立无格式文件需使用带有参数 FORM='UNFORMATTED'设置项的 OPEN 语句。对于直接存取文件,此选项的默认值为 UNFORMATTED。

二进制文件与无格式文件相似,都是以二进制的形式存放,但此类文件中仅包含数据本身,不存储记录间的分隔信息。二进制文件的处理过程简洁高效,存储格式紧凑,适用于大数据存储。文件内容按其在内存中的存储形式存储在文件中(由二进制代码字节组成)。二进制文件的打开或建立需使用带有参数 FORM='BINARY'选项的 OPEN 语句。

4.3.8.2 文件的打开与关闭

OPEN 语句:用于把设备号与文件名连接起来,并且对文件的各项参数进行指定。它的一般形式为

```
OPEN([UNIT=]unit[,ACCESS=access][,ACTION=action]
    [,BLANK=blanks][,BLOCKSIZE=blocksize]
    [,CARRIAGECONTROL=carriagecontrol][,DELIM=delim]
    [,ERR=err][,FILE=file][,FORM=form][,IOFOCUS=iofocus]
    [,IOSTAT=iostat][,PAD=pad][,POSITION=position]
    [,RECL=recl][,SHARE=share][,STATUS=status])
```

所有选项先后顺序没有规定。选项及参数含义如下:

- UNIT:设备号说明,参数值为正整数或0,作为 OPEN 语句第一项时可省略“UNIT=”,例如:

```
Open(10,file='a.txt',form='formatted',access='sequential')
```

- ACCESS:存取方式说明,参数值为字符串表达式。

SEQUENTIAL　　顺序访问方式

DIRECT	直接访问方式
APPEND	追加访问方式

省略此说明项时为顺序访问方式。

- ACTION:文件的读写属性描述,参数值为字符串表达式。

READ	只读方式打开
WRITE	只写方式打开
READWRITE	读写方式打开

省略此项时文件按照 READWRITE 方式打开。

- BLANK:数据格式,输入字段中空格的含义。

NULL	空格忽略
ZERO	空格变为数字 0

- BLOCKSIZE:指定设备缓存的大小(字节),为整型表达式。
- CARRIAGECONTROL:处理文件中的第一个字符的方式。
- DELIM:表控格式和名字列表格式记录的分界符。

APOSTROPHE	用单撇号(')分隔
QUOTE	用双撇号(")分隔
NONE	不用分隔符

如果 OPEN 语句中设置了分隔符,则对应单撇号和双撇号都是成对出现的。

- ERR:出错处理说明,其值为程序中的一条语句的标号。当 OPEN 语句执行出错时执行此语句。如省略该项,则出错时显示出错信息并终止程序。
- FILE:文件名,为字符串表达式(空格、有效的数据文件名、设备名或内部文件变量),与 OPEN 语句中的单元号连接起来。省略时,编译器自动生成临时文件名,此文件最终被删除。
- FORM:记录格式说明,值为字符串表达式。

FORMATTED	记录按有格式存放
UNFORMATTED	记录按无格式存放
BINARY	记录按二进制的形式存放

省略时,若文件为顺序文件,则表示有格式;若文件为直接文件,则表示无格式。

- IOFOCUS:激活新的 QuickWin 子窗口。其值为逻辑值,缺省值为真,控制进行窗口操作。
- IOSTAT:出错状态说明。当执行 OPEN 语句时系统自动给此变量赋值:零为没有发生错误;负数为检索到文件末尾;正数为发生错误。
- PAD:格式化文件中记录数据少于要读取数据时,是否用空格填充,值为字符串表达式,YES 为填充(默认值),NO 为不填充。
- POSITION:打开顺序文件的访问位置。

ASIS	被连接文件访问位置固定,未被连接的文件访问位置是文件的开始处
REWIND	文件访问位置定在文件开始处(文件已存在)
APPEND	文件访问位置定在文件末尾处(文件已存在)

新文件	文件访问位置总被定在文件开始处

- RECL:记录长度说明,指定的正整型量或整型表达式,用来指定直接文件中的每条记录的固定长度,或顺序文件中的记录的最大长度。
- SHARE:文件共享说明,文件打开时是否对文件锁定。

DENYRW	其他过程不能读写该文件
DENYWR	其他过程只能读操作,不能写操作
DENYRD	其他过程不能读操作
DENYNONE	任何其他过程都可以读写操作

- STATUS:文件状态说明。

OLD	表示指定文件是已存在的文件,一般用于读操作
NEW	表示指定的文件尚不存在,执行 OPEN 语句时将在磁盘上建立该文件并使其状态改变为 OLD。NEW 状态一般用于写操作,若指定的文件名已经存在将给出出错信息
SCRATCH	表示与设备号相连接的文件在关闭时将被自动删除。注意:此状态不能与 FILE 说明共存,只能用于由计算机系统指定的文件名,使该文件作为程序运行过程中的一个临时性文件
REPLACE	表示替换一个有相同名字的文件,如果没有同名的文件存在,将产生一个新文件
UNKNOWN	表示文件是已存在的或不存在的

系统打开文件状态的次序为 OLD->NEW->创建新文件。STATUS 的设置值只影响磁盘文件,像键盘和显示器这样的设备将忽略这一设置。若省略该项时,默认的状态为 UNKNOWN。

CLOSE 语句:用于解除设备号与文件的连接,又称关闭文件。其一般形式为

```
CLOSE([UNIT=]unit[,ERR=err][,IOSTAT=iostat][,STATUS=stat])
```

其中,除 STATUS 外的各项参数的设置与 OPEN 语句中的相同。STATUS 是文件关闭后状态说明,其值是一字符串。

DELETE	与设备连接的文件不保留,被删除
KEEP(或 SAVE)	与设备连接的文件保留下来,不被删除
PRINT	文件递交给打印机并保留文件(仅对顺序文件)
PRINT/DELETE	文件递交给打印机后删除文件

默认设置将删除带有 SCRATCH 属性的临时文件,对其他文件为 KEEP。

一般情况下,当程序退出时将以各个文件的默认状态关闭所有文件。CLOSE 语句不必与 OPEN 语句出现在同一程序单元中。

4.3.8.3 文件指针定位语句

REWIND 语句:称为反绕语句。它使指定设备号的文件指针指向文件的开头,通常用于顺序文件的操作。它的一般形式为

```
REWIND{unit|([UNIT=]unit[,ERR=err][,IOSTAT=iostat])}
```

BACKSPACE 语句:称为回退语句。它使指定设备号的文件指针退回一个记录位置,一

般用于顺序文件。它的一般形式为

```
BACKSPACE{unit|([UNIT=]unit[,ERR=err][,IOSTAT=iostat])}
```

除了以上几种情况外,使用 BACKSPACE 语句可以使文件的指针向前移动一条记录:本条记录前没有记录时文件指针的位置不变;文件指针的位置在一条记录的中间时,文件指针移到本条记录的开始处;本记录的前一记录是文件结束记录时,文件指针移到文件结束记录之前。

4.3.8.4 顺序文件读写操作

Fortran 语言分别采用 READ 语句和 WRITE 语句实现对文件的读写操作。对于顺序存取的有格式文件,其读写语句分别为

```
READ ([UNIT=]unit[,[FMT=]fmt][,ADVANCE=advance]
    [,ERR=语句标号][,IOSTAT=stat][,END=语句标号]
    [,EOR=语句标号][,SIZE=size])  输入项表
WRITE ([UNIT=]unit[,[FMT=]fmt][,ADVANCE=advance]
    [,ERR=err][,IOSTAT=iostat])输出项表
```

输入项表和输出项表中各项之间需用逗号间隔。各项及其参数的含义如下:

- [UNIT=] unit:同 OPEN 语句。
- [FMT=] fmt :格式说明,fmt 可以是“ * ”号、FORMAT 语句标号、格式说明字符串。
- ADVANCE=Advance:是否为推进型的有格式顺序存取方式。

  “YES”:推进型,在每次读/写操作后,将指针定位于记录尾,缺省为“YES”。

  “NO” :非推进型,允许读/写一个记录的一部分,然后将指针定位于此次读/写的最后一个字符之后。
- [ERR=] err :出错处理,同 OPEN 语句。
- [IOSTAT=] stat :同 OPEN 语句。
- [END=] 文件标号:读到文件结束标志后转向标号语句。
- [EOR=] eor :记录结束说明,仅用于非推进型有格式顺序存取文件。
- [SIZE=] size :整型变量,返回本次读取字符按格式编辑转换后的实际字符数(不包括填补空格,只能用于非推进有格式顺序存取文件)。

顺序文件输入输出的基本规则:

在顺序存取文件中,READ 语句不必与文件记录一一对应。若 READ 语句中输入项少于记录数据项,则多的数据项被忽略,下一 READ 语句从一条新的记录开始读入;若 READ 语句中的输入项多于记录中的数据项,且无 PAD='NO',则以空格填补记录(若该输入项为数值型,空格转换成相对应的数值 0),直到所有的输入项都得到数据为止;若 READ 语句中无输入项,则相当于跳过一条记录。

WRITE 语句产生一条或若干条新记录,与输出格式有关。若 WRITE 语句中无输出项,则相当于产生一条空记录;顺序操作文件时,WRITE 语句的使用应特别注意,若读操作后立刻进行写操作,当前写入的记录为文件的最后一条记录,此后的原有记录全部丢失。

4.3.8.5 直接文件读写操作

对直接存取文件进行读写操作除了在打开文件时需要添加相应的参数外，在 READ 语句和 WRITE 语句中也需要增加一个控制项“-REC”，用来指定读写的记录序号。

对直接文件的存取应遵循以下规则：如果输出的多条记录的长度不等，则应该取最大的记录长度作为文件每条记录的长度。长度以字节为单位，由相应 Fortran 语句格式规定的输出所占域宽来决定。用直接方式建立的文件可以采取顺序方式打开并进行读写。用顺序方式建立的文件，若记录的长度相同，也可以用直接方式打开并进行读写。表控输入输出语句由于记录长度不能人为控制，因此一般不用于直接文件的存取。

第5章　主流海洋数值模式简介

描述海水运动的地球流体力学方程组很难求得解析解,而高速、大容量计算机的出现为各种复杂的流体力学问题的大规模计算提供了条件。20世纪60年代,人们开始利用计算机进行海洋数值预报和试验。海浪数值模型是最早成功开发出来的关于海水运动模拟的数值模型(20世纪70年代初期),接下来是潮汐数值预报模型,至20世纪80年代中期二维潮汐数值模拟技术日臻成熟,20世纪90年代,三维海洋(温、盐、流、海面高度等)数值预报模型研究也取得了长足进展。当前,随着海洋数值模式自身的发展以及实测数据种类与数量的快速增加,数值模拟技术已经广泛地应用于海洋领域的基础研究和业务系统中,并向更小尺度的精确预测方向发展。

基于原始海水运动方程组建立的海洋数值模式通常称为海洋环流模式(ocean general circulation model,OGCM)。当前,海洋学界较为常用的OGCM有FVCOM、HYCOM、POM、MOM等。这些数值模式有些适用于近岸海域,有些则适用于大洋甚至全球,适用范围和技术特点各有不同。本章以POM(princeton ocean model,普林斯顿海洋模型)模式为例对海洋数值模式的数学方程、离散方法、基本结构、参数设置及运行流程进行简单讲解,并对其他常用模式进行简单介绍。

5.1　POM模式——完整动力方程的简单模型

POM是由美国普林斯顿大学Blumberg和Mellor于1977年共同建立的三维斜压原始方程海洋数值模式,并在随后的几十年经过多次完善,是目前国内外应用较广泛的河口、近岸海洋数值模式。该模式现已被成功应用于科学研究、海洋工程设计等诸多领域:从20世纪80年代开始即相继应用于墨西哥湾、哈得孙河口、北冰洋及地中海的海洋动力过程研究,目前该模式已经被广泛应用于海洋预报、再分析和区域海洋的精细化模拟等业务系统中。

5.1.1　POM模式的控制方程组

5.1.1.1　三维控制方程

通过第2章的学习可知,海水运动的控制方程主要包括连续性方程、运动学方程、温盐输运方程和状态方程。在直角坐标系中,时间平均的海水运动控制方程组共包含七个方程。

为了提高浅水区域的垂向分辨率,POM 模式采用了随海底地形起伏的坐标系统,即垂向 σ 坐标系。垂向 σ 坐标系是一种从海面到海底按比例分层的坐标系统,如图 5-1 所示,无论水深如何变化垂向分层数量都保持不变,这就保证了浅水区也有足够的垂向分层用以刻画海水状态的垂向结构。

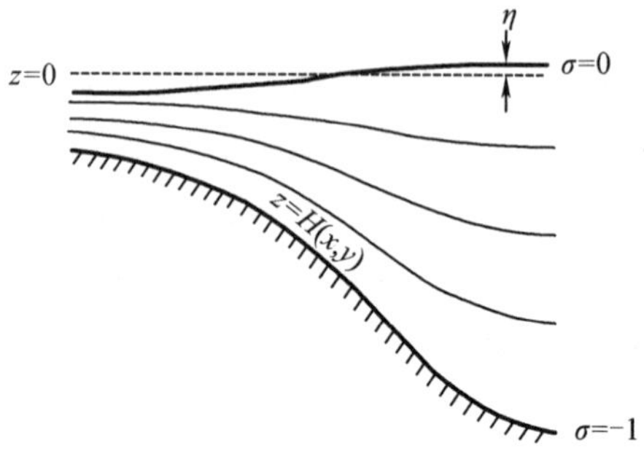

图 5-1　垂向 σ 坐标系(引自 POM 用户说明书)

垂向 σ 坐标系与三维原始方程组的 z 坐标系的转换关系如下:

$$\begin{cases} x^* = x \\ y^* = y \\ \sigma = \dfrac{z-\eta}{H+\eta} = \dfrac{z-\eta}{D} \\ t^* = t \end{cases}$$

式中 x^*,y^*,σ 和 t^* 表示坐标转换后的横、纵、垂向坐标和时间;H 为海底的深度;η 为海面高度。σ 的取值范围为[-1,0],在海面处海面高度 $z=\eta$,σ 的取值为 0;在海底,$z=-H$,σ 的取值为-1。

在垂向 σ 坐标系下,海水的三维控制方程改写为如下形式:

连续性方程:

$$\frac{\partial DU}{\partial x}+\frac{\partial DV}{\partial y}+\frac{\partial \omega}{\partial \sigma}+\frac{\partial \eta}{\partial t}=0 \tag{5.1-1}$$

运动学方程:

$$\frac{\partial DU}{\partial t}+\frac{\partial DU^2}{\partial x}+\frac{\partial DUV}{\partial y}+\frac{\partial U\omega}{\partial \sigma}-fVD+gD\frac{\partial \eta}{\partial x}+\frac{gD^2}{\rho_0}\int_\sigma^0\left[\frac{\partial \rho'}{\partial x}-\frac{\sigma'}{D}\frac{\partial D}{\partial x}\frac{\partial \rho'}{\partial \sigma'}\right]\mathrm{d}\sigma'$$
$$=\frac{\partial}{\partial \sigma}\left[\frac{K_M}{D}\frac{\partial U}{\partial \sigma}\right]+F_x \tag{5.1-2}$$

$$\frac{\partial DV}{\partial t}+\frac{\partial DUV}{\partial x}+\frac{\partial DV^2}{\partial y}+\frac{\partial V\omega}{\partial \sigma}+fUD+gD\frac{\partial \eta}{\partial y}+\frac{gD^2}{\rho_0}\int_\sigma^0\left[\frac{\partial \rho'}{\partial y}-\frac{\sigma'}{D}\frac{\partial D}{\partial y}\frac{\partial \rho'}{\partial \sigma'}\right]\mathrm{d}\sigma'$$
$$=\frac{\partial}{\partial \sigma}\left[\frac{K_M}{D}\frac{\partial V}{\partial \sigma}\right]+F_y \tag{5.1-3}$$

温、盐输运方程:

$$\frac{\partial DT}{\partial t}+\frac{\partial DTU}{\partial x}+\frac{\partial DTV}{\partial y}+\frac{\partial T\omega}{\partial \sigma}=\frac{\partial}{\partial \sigma}\left[\frac{K_H}{D}\frac{\partial T}{\partial \sigma}\right]+F_T-\frac{\partial R}{\partial z} \tag{5.1-4}$$

$$\frac{\partial DS}{\partial t}+\frac{\partial DSU}{\partial x}+\frac{\partial DSV}{\partial y}+\frac{\partial S\omega}{\partial \sigma}=\frac{\partial}{\partial \sigma}\left[\frac{K_H}{D}\frac{\partial S}{\partial \sigma}\right]+F_S \tag{5.1-5}$$

湍流闭合方程：

$$\frac{\partial Dq^2}{\partial t}+\frac{\partial DUq^2}{\partial x}+\frac{\partial DVq^2}{\partial y}+\frac{\partial \omega q^2}{\partial \sigma}=\frac{\partial}{\partial \sigma}\left[\frac{K_q}{D}\frac{\partial q^2}{\partial \sigma}\right]+\frac{2K_M}{D}\left[\left(\frac{\partial U}{\partial \sigma}\right)^2+\left(\frac{\partial V}{\partial \sigma}\right)^2\right]+\frac{2g}{\rho_0}K_H\frac{\partial \tilde{\rho}}{\partial \sigma}-\frac{2Dq^3}{B_1\ell}+F_q \tag{5.1-6}$$

$$\frac{\partial Dq^2\ell}{\partial t}+\frac{\partial DUq^2\ell}{\partial x}+\frac{\partial DVq^2\ell}{\partial y}+\frac{\partial \omega q^2\ell}{\partial \sigma}$$

$$=\frac{\partial}{\partial \sigma}\left[\frac{K_q}{D}\frac{\partial q^2\ell}{\partial \sigma}\right]+E_1\ell\left(\frac{K_M}{D}\left[\left(\frac{\partial U}{\partial \sigma}\right)^2+\left(\frac{\partial V}{\partial \sigma}\right)^2\right]+E_3\frac{g}{\rho_0}K_H\frac{\partial \tilde{\rho}}{\partial \sigma}\right)-\frac{Dq^3}{B_1}\tilde{W}+F_\ell \tag{5.1-7}$$

上述方程组中变量的定义列于表 5-1 中。需要特别说明的是，在方程（5.1-2）和（5.1-3）中，通常需要从密度 ρ 中减去平均密度 $\bar{\rho}$ 来求取 ρ'（这一步骤是在计算斜压与压力梯度项之前完成的）。使用这种方法可以减少在 σ 坐标系的陡峭地形上计算压力梯度项时的截断误差。

表 5-1 POM 方程组变量参数表

变量/参数	名称	变量/参数	名称
U	纬向流速分量	η	水位（海面高度）
V	经向流速分量	$\bar{U}$	纬向流速分量（垂向平均）
ω	垂向流速分量（垂向 σ 坐标系）	$\bar{V}$	经向流速分量（垂向平均）
T	温度	D	水深与水位的总和
S	盐度	σ	垂向 sigma 坐标
q^2	湍流动能	ρ_0	密度参考值（1 025 kg/m^3）
ℓ	湍流混合长度	g	重力加速度
ρ	密度（绝对值）	f	Coriolis 参数
ρ'	密度（异常值）	B_1	湍流闭合常数
K_M	垂向运动黏度	R	短波辐射通量
K_H	垂向扩散系数	F_x	水平黏度和扩散项（纬向流速）
K_q	湍流垂向交换系数	F_y	水平黏度和扩散项（经向流速）
F_q	水平黏度和扩散项（湍流动能）	F_T	水平黏度和扩散项（温度）
F_ℓ	水平黏度和扩散项（混合长度）	F_S	水平黏度和扩散项（盐度）

方程组中，ω 是经过垂向 σ 坐标变换后的垂向流速分量，其物理意义是垂直于 σ 曲面的速度分量。ω 由垂向 σ 坐标系转换至 Cartesian 坐标系下垂直速度 W 的表达式为

$$W=\omega+U\left(\sigma\frac{\partial D}{\partial x}+\frac{\partial\eta}{\partial x}\right)+V\left(\sigma\frac{\partial D}{\partial y}+\frac{\partial\eta}{\partial y}\right)+\sigma\frac{\partial D}{\partial t}+\frac{\partial\eta}{\partial t} \tag{5.1-8}$$

表达式(5.1-7)中等号右边的 $\widetilde{W}$ 项为湍流的“壁近似”函数(wall proximity function),其表达式如下:

$$\widetilde{W}=1+E_2(\ell/kL) \tag{5.1-9}$$

其中

$$L^{-1}=(\eta-z)^{-1}+(H+z)^{-1}$$

模式方程(组)中的水平黏度和扩散项的定义如下:

$$\begin{cases}F_x\equiv\dfrac{\partial}{\partial x}(H\tau_{xx})+\dfrac{\partial}{\partial y}(H\tau_{xy})\\[2mm] F_y\equiv\dfrac{\partial}{\partial x}(H\tau_{xy})+\dfrac{\partial}{\partial y}(H\tau_{yy})\end{cases} \tag{5.1-10}$$

其中

$$\begin{cases}\tau_{xx}=2A_M\dfrac{\partial U}{\partial x}\\[2mm] \tau_{xy}=\tau_{yx}=A_M\left(\dfrac{\partial U}{\partial y}+\dfrac{\partial V}{\partial x}\right)\\[2mm] \tau_{yy}=2A_M\dfrac{\partial V}{\partial y}\end{cases} \tag{5.1-11}$$

对于温(T)盐(S)和湍流项(q^2 和 q^2l),则有

$$F_\varphi\equiv\frac{\partial}{\partial x}(Hq_x)+\frac{\partial}{\partial y}(Hq_y) \tag{5.1-12}$$

其中

$$\begin{cases}q_x\equiv A_H\dfrac{\partial\varphi}{\partial x}\\[2mm] q_y\equiv A_H\dfrac{\partial\varphi}{\partial y}\end{cases} \tag{5.1-13}$$

式中,φ 可用 T、S、q^2 或 q^2l 代替。

在 POM 模式中,可使用 Smagorinsky 公式来计算水平扩散系数 A_M,具体表达式为

$$A_M=\frac{1}{2}C\Delta x\Delta y\left|\nabla\boldsymbol{V}+(\nabla\boldsymbol{V})^T\right| \tag{5.1-14}$$

其中

$$\left|\nabla\boldsymbol{V}+(\nabla\boldsymbol{V})^T\right|=\left[\left(\frac{\partial u}{\partial x}\right)^2+\frac{1}{2}\left(\frac{\partial v}{\partial x}+\frac{\partial u}{\partial y}\right)^2+\left(\frac{\partial v}{\partial y}\right)^2\right]^{1/2}$$

根据经验,参数 C 的值在 0.10~0.20 范围内最佳,但具体取值还与模式的其他设置有关,例如模式网格大小等。Smagorinsky 表达式的一个优点是 C 是一个标量,该参数确定后,水平扩散系数能够随着模式设置情况和计算结果自行调整,譬如随分辨率的提高,A_M 会随之减小;如果速度的梯度较小,A_M 也较小。

三维连续方程的表面与底部的边界条件为

$$\omega(0)=\omega(-1)=0 \tag{5.1-15}$$

注意:如果有表层流(通常为淡水注入),则 $\omega(0)\neq 0$。

式(5.1-2)和式(5.1-3)的表面边界条件如下:

$$\frac{K_M}{D}\left(\frac{\partial U}{\partial\sigma},\frac{\partial V}{\partial\sigma}\right)=-(\langle wu(0)\rangle,\langle wv(0)\rangle),\sigma\to 0 \tag{5.1-16}$$

式中,右侧为表面湍流动量通量的输入值(各分量的符号与输入值相反)。与式(5.1-16)对应的底边界条件为

$$\frac{K_M}{D}\left(\frac{\partial U}{\partial\sigma},\frac{\partial V}{\partial\sigma}\right)=C_z[U^2+V^2]^{1/2}(U,V),\sigma\to -1 \tag{5.1-17}$$

其中

$$C_z=\mathrm{MAX}\left[\frac{\kappa^2}{[\ln\{(1+\sigma_{kb-1})H/z_o\}]^2},0.002\,5\right] \tag{5.1-18}$$

式中,κ 为冯 · 卡曼常数,z_o 为粗糙度参数。式(5.1-17)和式(5.1-18)可以通过将数值解与“墙壁定律”(law of the wall)匹配而得到。

与温盐输运方程及湍流闭合方程即式(5.1-4)~式(5.1-7)对应的边界条件为

$$\frac{K_H}{D}\left(\frac{\partial T}{\partial\sigma},\frac{\partial S}{\partial\sigma}\right)=-(\langle w\theta(0)\rangle),\sigma\to 0 \tag{5.1-19}$$

$$\frac{K_H}{D}\left(\frac{\partial T}{\partial\sigma},\frac{\partial S}{\partial\sigma}\right)=0,\sigma\to -1 \tag{5.1-20}$$

$$(q^2(0),q^2\ell(0))=(B_1^{2/3}u_\tau^2(0),0) \tag{5.1-21}$$

$$(q^2(-1),q^2\ell(-1))=(B_1^{2/3}u_\tau^2(-1),0) \tag{5.1-22}$$

式中,B_1 为湍流闭合常数,u_τ 为式(5.1-21)、式(5.1-22)中顶部或底部的摩擦速度。

5.1.1.2 垂向积分控制方程

海水运动形式及尺度复杂多样,既包含快速移动的外重力波也有缓慢移动的内重力波。数值模式的时间步长必须小于海水运动的时间尺度才能对相应的运动过程进行正确计算,但对于慢变过程,过小的时间步长则会造成计算资源的浪费。为了解决这个问题,POM 模式采用模态分离的计算技术,将模型分解为内外两个模态:三维控制方程组及其定解条件构成模型的内模式,速度的垂向平均状态及海面高为外模态。

外模态方程是通过对内模态方程进行垂向积分得到的,从而消除了所有垂直结构,大幅减少了运算量和存储需求。利用连续性方程和边界条件式(5.1-15),可得到水位方程:

$$\frac{\partial\eta}{\partial t}+\frac{\partial D\overline{U}}{\partial x}+\frac{\partial D\overline{V}}{\partial y}=0 \tag{5.1-23}$$

对式(5.1-2)和式(5.1-3),在经过垂向积分以后有

$$\frac{\partial D\overline{U}}{\partial t}+\frac{\partial D\overline{U}^2}{\partial x}+\frac{\partial D\overline{UV}}{\partial y}-\widetilde{F_x}-fD\overline{V}+gD\frac{\partial\eta}{\partial x}$$

$$= -\langle wu(0)\rangle + \langle wu(-1)\rangle + G_x - \frac{gD}{\rho_0}\int_{-1}^{0}\int_{\sigma}^{0}\left[D\frac{\partial\rho'}{\partial x} - \frac{\partial D}{\partial x}\sigma'\frac{\partial\rho'}{\partial\sigma}\right]\mathrm{d}\sigma'\mathrm{d}\sigma \tag{5.1-24}$$

$$\frac{\partial D\overline{V}}{\partial t} + \frac{\partial D\overline{UV}}{\partial x} + \frac{\partial D\overline{V}^2}{\partial y} - \widetilde{F}_y - fD\overline{U} + gD\frac{\partial\eta}{\partial y}$$

$$= -\langle wv(0)\rangle + \langle wv(-1)\rangle + G_y - \frac{gD}{\rho_0}\int_{-1}^{0}\int_{\sigma}^{0}\left[D\frac{\partial\rho'}{\partial y} - \frac{\partial D}{\partial y}\sigma'\frac{\partial\rho'}{\partial\sigma}\right]\mathrm{d}\sigma'\mathrm{d}\sigma \tag{5.1-25}$$

式中,字母上方的横线表示垂向积分,例如:

$$\overline{U} \equiv \int_{-1}^{0} U\mathrm{d}\sigma \tag{5.1-26}$$

上述方程组中各个变量的定义请参看表 5-1。在式(5.1-24)与式(5.1-25)中,$-\langle wu(0)\rangle$与$-\langle wv(0)\rangle$均为风应力分量,而海底的应力分量为$-\langle wu(-1)\rangle$、$-\langle wv(-1)\rangle$。

方程中的 $\widetilde{F}_x$ 与 $\widetilde{F}_y$ 分别为

$$\begin{cases}\widetilde{F}_x = \dfrac{\partial}{\partial x}\left[H2\overline{A}_M\dfrac{\partial\overline{U}}{\partial x}\right] + \dfrac{\partial}{\partial y}\left[H\overline{A}_M\left(\dfrac{\partial\overline{U}}{\partial y} + \dfrac{\partial\overline{V}}{\partial x}\right)\right]\\ \widetilde{F}_y = \dfrac{\partial}{\partial y}\left[H2\overline{A}_M\dfrac{\partial\overline{V}}{\partial y}\right] + \dfrac{\partial}{\partial x}\left[H\overline{A}_M\left(\dfrac{\partial\overline{U}}{\partial y} + \dfrac{\partial\overline{V}}{\partial x}\right)\right]\end{cases} \tag{5.1-27}$$

由此得到“湍扩散”项,即

$$\begin{cases}G_x = \dfrac{\partial D\overline{U}^2}{\partial x} + \dfrac{\partial D\overline{UV}}{\partial y} - \widetilde{F}_x - \dfrac{\partial D\overline{U^2}}{\partial x} - \dfrac{\partial D\overline{UV}}{\partial y} + \overline{F}_x\\ G_y = \dfrac{\partial D\overline{UV}}{\partial x} + \dfrac{\partial D\overline{V}^2}{\partial y} - \widetilde{F}_y - \dfrac{\partial D\overline{UV}}{\partial x} - \dfrac{\partial D\overline{V^2}}{\partial y} + \overline{F}_y\end{cases} \tag{5.1-28}$$

注意:如果 A_M 在垂直方向上是常数,那么方程(5.1-28)中的 F 项就会抵消。事实上需要在水平扩散系数中考虑可能存在的垂直变化,即使用 Smagorinsky 扩散系数。

5.1.2 内模态与外模态

如前文所提及,POM 模式能够高效地计算快速移动的外重力波和缓慢移动的内重力波。从节约机时的角度考虑,在模式的实际应用过程中需要将外模态(垂向积分的方程)从内模态中分离出来,这种技术称为“模态分离”。通过将运动所引起的体积输运问题从速度和热力学性质的三维计算中分离出来,使自由海面高度的计算几乎不牺牲计算时间。

模式的外模态具有计算自由水位和垂向平均流速变化的功能,用时较短,然而其得到的仅为平面化的二维数值结果,不能反映运动的垂向结构;内模态主要实现对流速(U,V)、温度(T)和盐度(S)等三维结构时空变化的模拟,可以较好地反映各要素的三维结构,但相应的时间步长较长,影响了计算效率。

图 5-2 显示了外模态和内模态相互作用的简化示意图,其中 dti 和 dte 分别为内外模态的时间步长。假设在 t^{n-1} 和 t^n 中的一切条件都是已知的,在 t^n 时刻内模态计算完毕后将斜压项和平流项的垂向积分结果连同底应力一起提供给外模态,这个过程被称为“反馈”。同

时,外模态"蛙跳"多次,直到 $t=t^n+1$ 时刻,外模态计算得到的垂向平均速度可记为 utf 和 vtf(对于上一个时间步长,则记为 utb 和 vtb)。考虑内模态和外模态的截断误差不同,随着积分时间的不断延长,内模态速度的垂向积分可能与外模态计算结果稍有偏离。因此,需要调整内模态的流速 U,使其垂直积分为 utb 和 utf 的均值。同样,V 被调整为 vtb 和 vtf 的均值。

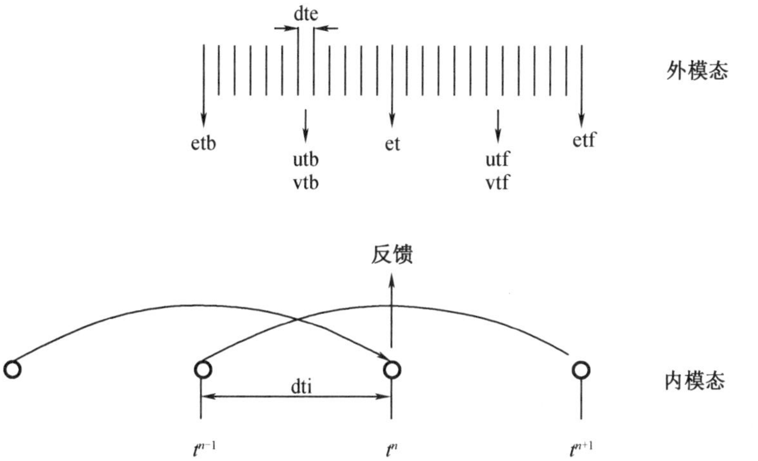

图 5-2 外模态和内模态相互作用的简化示意图

5.1.2.1 时间步长约束

差分格式稳定性判据(courant friedrichs levy,CFL)条件,是在有限差分和有限体积方法中对稳定性和收敛性进行分析的一个很重要的判定方法。随着计算能力的提升,有限差分方法和有限体积方法越来越多地应用于流体力学的数值模拟中,而 CFL 条件作为一个计算稳定性和收敛件的判据,也随之变得更为重要。根据偏微分方程的 CFL 条件可以得到外模态时间步长的稳定性条件:

$$\Delta t_E \leqslant \frac{1}{C_t}\left|\frac{1}{\delta x^2}+\frac{1}{\delta y^2}\right|^{-1/2} \tag{5.1-29}$$

式中,$C_t=2\sqrt{gH}+U_{\max}$,$U_{\max}$ 是预设的最大流速,$\sqrt{gH}$ 为浅水外重力波的波速;δx 与 δy 分别为网格点之间的经向距离与纬向距离。在 POM 模式的实际运用过程中,为保证模式的稳定性,须严格遵从 CFL 条件来设置外模态的时间步长,通常其不大于 CFL 极限值的 90%。

在内模态计算过程中由于无须考虑外重力波,因此时间步长限制要比外模态宽松。内模态时间步长判据与式(5.1-29)给出的外模态的时间步长判据相似:

$$\Delta t_I \leqslant \frac{1}{C_T}\left|\frac{1}{\delta x^2}+\frac{1}{\delta y^2}\right|^{-1/2} \tag{5.1-30}$$

式中,$C_T=2C+U_{\max}$,C 为最大内重力波速度,一般为 2 m/s 量级。对于典型的沿海海洋条件,时间步长的比值在 30~80 最佳。

5.1.2.2 内外模态计算结构

三维变量的计算即内模态可以分为垂直扩散过程、平流过程与水平扩散过程。为了适应海洋表面附近较小的垂直间距，垂直过程的差分格式采用隐格式，水平格式则采用显格式。为了详细说明上述计算过程，这里以温度方程为例，其形式如下：

$$\frac{\partial DT}{\partial T}+Adv(T)-Dif(T)=\frac{1}{D}\frac{\partial}{\partial\sigma}\left(K_H\frac{\partial T}{\partial\sigma}\right)-\frac{\partial R}{\partial\sigma} \tag{5.1-31}$$

式中，$Adv(T)$和$Dif(T)$分别代表平流项和水平扩散项。

方程的离散分两步进行。首先，对平流项和水平扩散项部分进行离散计算，得到垂向平均温度的一个“过渡值”$\widetilde{T}$所满足的方程：

$$\frac{\widetilde{D}\,\widetilde{T}-D^{n-1}T^{n-1}}{2\Delta t}=-Adv(T^n)+Dif(T^{n-1}) \tag{5.1-32}$$

然后，计算 $n+1$ 时刻的垂向平均温度，则有

$$\frac{D^{n+1}T^{n+1}-\widetilde{D}\widetilde{T}}{2\Delta t}=\frac{1}{D^{n+1}}\frac{\partial}{\partial\sigma}\left(K_H\frac{\partial T^{n+1}}{\partial\sigma}\right)-\frac{\partial R}{\partial\sigma} \tag{5.1-33}$$

在“蛙跳”时间差分方案中，奇数时间步的结果可能会缓慢偏离偶数时间步的解。为解决这一问题，可以通过一种弱滤波器消除这种差分方案造成的偏差。该滤波器的原理如下：

$$T_s=T^n+\frac{\alpha}{2}(T^{n+1}-2T^n+T^{n-1}) \tag{5.1-34}$$

式中，T_s 是平滑解；比例系数 α 通常设置为0.05。平滑后，T_s 重置为 T^{n-1}，同时 T^{n+1} 重置为 T^n，从而开始下一次平滑处理。

从 POM 模式的计算流程可知（详见5.2节），POM 的主程序首先需要完成模型初始化，随后在内模态循环参数的“指引”下进行内模态的时间积分。每进行一次内模态循环，所有内模态的子程序（包括平流项、水平扩散项、密度计算等）都需要调用一次。在内模态循环过程中，外模态利用内模态产生的密度、水平扩散项和底部应力求取垂向平均速度和水位，所有这些内模态产生的参量都在许多外部模态和时间步长中保持恒定。外模态需利用内模态产生的平流项和水平扩散项计算出垂向平均的平流项和水平扩散项，进而计算海面高度的起伏。

5.1.2.3 计算网格布置

POM 模式采用了 Arakawa C 网格，外模态和内模态中各要素在网格中的位置分布分别如图5-3和图5-4所示。这些图将有助于理解数值模式程序中涉及水平和垂向差分子程序的代码。尽管 POM 模式的网格看起来像是笛卡儿坐标，但严格意义上说应该是正交曲线网格，因此需要指定每一个网格的空间步长 δx、δy 和深度层 z（在代码中用 dx、dy 和 dz 表示）作为模式网格与笛卡儿坐标的关联。

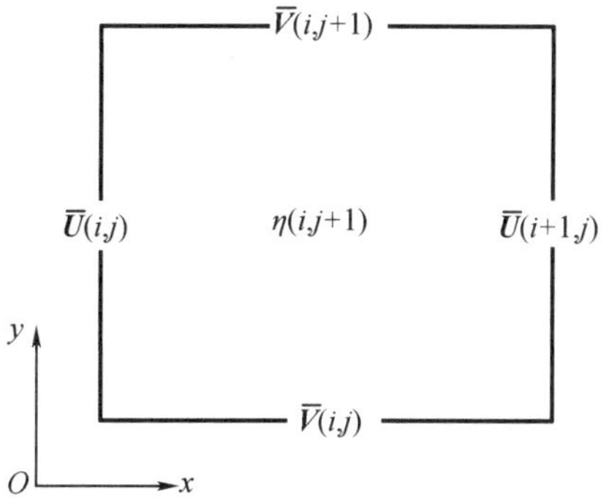

图 5-3 POM 外模态计算网格布置图

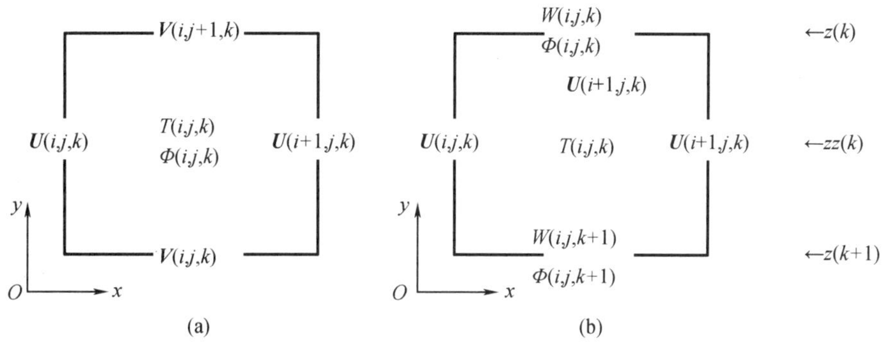

图 5-4 POM 内模态计算网格布置图

注:Φ 代表模型的湍流混合参数;T 代表温盐或者密度。

Arakawa C 网格是将 x、y 方向上的速度场和海面高度场交错放置的一种形式。与传统的重叠放置(即所有变量定义在同一网格点上,例如 A 网格)相比,Arakawa C 网格最大的优势在于空间差分天然地为中央差分格式,可在一定程度上避免因为空间差分而导致发散的情况。当前多数有限差分的海洋数值模式在设计时都选择采用 Arakawa C 网格。

5.1.3 POM 的主要特征

从前文的介绍中可以看到,POM 模式是一个在静力近似和 Boussinesq 近似条件下的基于原始三维动力方程组的海洋模型。该模式具有下列特征。

(1)模式嵌套了一个 2.5 阶湍流封闭模型来求解垂向湍流黏滞系数和扩散系数;水平湍流黏滞系数和扩散系数则是基于 Smagorinsky 公式,在一定程度上减小了人为选取混合系数造成的误差。

(2)模式水平方向采用正交曲线网格(详见图 5-5),变量在网格中的分布使用 Arakawa C 网格,可以较好地匹配水陆边界。与均匀网格相比,水平方向的正交曲线网格是随纬度渐变的,能够更好地拟合侧边界,减少"锯齿"效应。垂直方向使用 sigma 坐标,有利于处理多变且崎岖的海底地形。

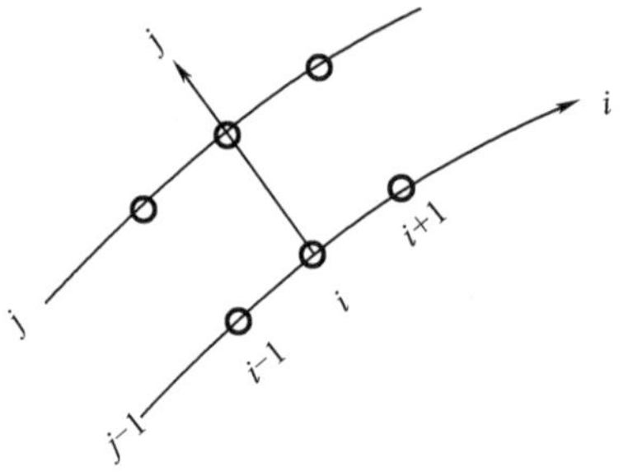

图 5-5 正交曲线坐标系

(3)水平与垂直方向的时间差分分别采用显式格式和隐式格式,这样可保证模式垂向不受 CFL 条件限制,在表层和底层能够使用更精细的网格。

(4)模式采用自由表面和内外模态分离技术。其中,外模态为二维,采用更短的时间步长计算水位(海面高度)和垂向平均流速。水位的计算结果将提供给内模态使用,而流速的垂向积分则用来校正和调整三维流速。外模态还可以从内模态获取底摩擦力,以及斜压项和平流项的垂向积分结果。内模态为三维,采用较长的时间步长计算三维流速、温盐和湍流参数。这样设置相较于完全的三维计算可节省很大的计算量。

(5)采用完整的热力学方程组,能够计算表面浮力强迫(净向下热通量和淡水通量)和侧向浮力强迫(河口淡水通量),属于完整的斜压模式。POM 模式同时还包含了平流项和水平扩散项,如速度、压强梯度和科氏力项的计算。垂向差分由对应的模块提供计算过程与结果。

(6)POM 采用蛙跳有限差分格式和分裂算子技术,同时为消除蛙跳格式对计算产生的不利影响,模式在每一时间积分层次上采用了时间滤波。

上述特征能够较好地降低模拟过程中的计算求解难度并改善模拟效果,为数值模拟在海洋科学研究中的大范围应用创造了条件。基于原始的 POM 模式,近年来派生出一种使用广义坐标系统的普林斯顿海洋模式——POMgcs。该版本既可以使用 z 坐标,也可以使用原有的 sigma 坐标,还可以使用两者的混合坐标。这样的扩展确保了在数值模拟区域垂向坐标选择的合理性,使计算结果更接近真实情况。

5.1.4 POM 的局限性与缺陷

由于采用单一的 σ 坐标,POM 在深海区域的垂向分辨率较低,因而不能很好地表达表面混合层;在海洋内部沿着倾斜密度层平流和扩散的表达也比较烦琐。同样,因为采用了 σ 坐标,模式对于水平压力梯度的处理也存在困难。由于 POM 采用了静力近似,因而无法模拟重力内波等非静力平衡过程。另外,POM 模式本身也没有考虑表层波浪的混合作用,所以模拟的温度垂向结构并不理想,其表现主要是上混合层偏浅,温跃层现象并不明显。

从计算资源与效率的角度,随着精细化海洋预报需求的日益迫切及大规模计算设备的出现,海洋模式的时空分辨率越来越高。无论海洋再分析业务化运行时间、数值预报的时效，还是模式的深入开发调试，串行版的海洋数值模式已经难以满足业务化应用的要求。遗憾的是，目前 POM 模式尚无正式发布的并行版本。

5.2 POM 计算流程及设置方法

POM 模式的计算流程如图 5-6 所示，主要包含如下几个部分。

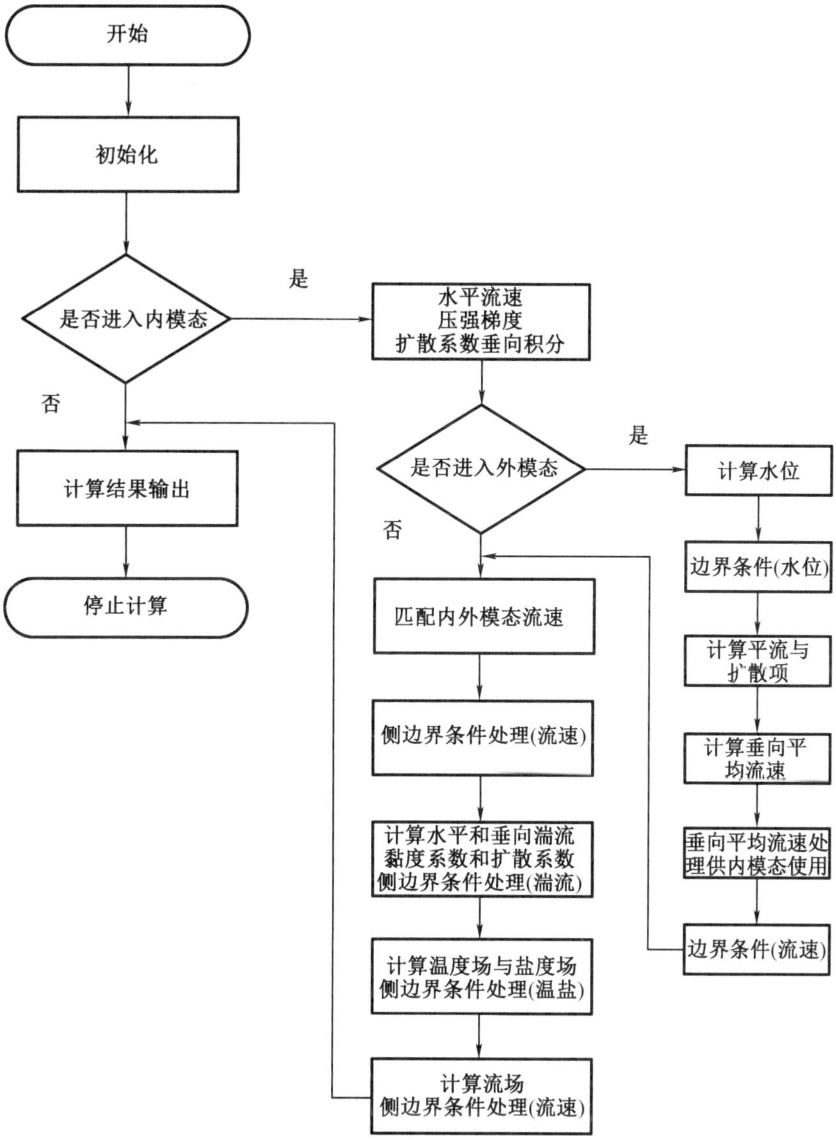

图 5-6　POM 模式的计算流程

①模式开始后对各个变量与参数赋初始值,开始进行内模态循环。

②计算斜压梯度力,随后计算平流项、扩散系数,并完成垂向积分的计算。

③进入外模态循环:首先计算水位,计算完成后调用边界条件进行水位边界处理与赋值;接下来计算二维平流项与扩散项;最后求解垂向平均流速及时间平均流速(以供内模态使用),同时进行二维流速边界条件的处理。

④外模态计算完成后,跳出外模态循环,开始调整三维水平流速以匹配外模态的流速计算结果。

⑤计算流速的垂向分量,并进行对应的垂向边界条件处理与调整。

⑥计算水平和垂向湍流黏性系数和扩散系数,并施加边界条件(若不选择湍流闭合子模型,则无须进入这一步计算过程)。

⑦计算三维温度和盐度(包括水平扩散与垂向混合),如果仅需要进行流速的诊断计算,则温度、盐度不随时间变化,因此不用进行这一步计算。

⑧计算三维流场(包括水平扩散与垂向混合)并施加边界条件,三维计算完成后跳出该时间层,进入下一时间层的计算。完成所有内模态循环后,输出计算结果(或者完成固定几个时间层之后输出计算结果),停止模式积分运算。

5.2.1 模式边界条件设置方法

边界条件是偏微分方程组定解的必要条件。在模式实际使用时,对其开边界具有相当高的要求,需要对外模态和内模态边界条件进行规范。这是一个比较棘手的问题,其原因在于实际的海洋中并不存在侧向水边界,这纯粹是由于人为选取有限计算区域而引入的。显然,处理开边界条件最好的办法是给出实际的观测资料,然而考虑观测资料的时空分布,实现这一点的难度极大。人为指定侧边界条件带来的误差不可能完全被消除,对于一个内点稳定的模式,有时会因为边界上计算不稳定,造成整个计算区内出现计算波,导致计算不稳定。POM 对边界条件的选取是敏感的,不同的侧边界条件对计算结果乃至计算的稳定性具有较大的影响。

对于 POM 模式,海陆边界的侧向边界条件由干湿网格点标记值自动处理。在程序中,标量的干湿标记值记为 fsm、纬向流速分量的标记值记为 dum 及纬向流速分量的标记值记为 dvm。POM 模式将垂直于陆地边界的速度设为 0,水平摩擦项中的切向速度也设为 0。在 sigma 坐标系中,后者的重要性不如前者,因为靠近海岸的最小水深可以相当浅,所以底部摩擦强于侧向摩擦。

POM 模式提供了几种常用的开边界条件,如直接赋值边界条件、辐射边界条件、循环边界条件等。具体设置方式可参照附表 5 和附表 6。无论选择哪种边界条件,都需要注意内外模态设置方式的匹配性以及不同要素边界条件的匹配性。例如,外模态设置的二维流速边界需要与内模态三维流速边界条件相匹配,所有开边界处的总水通量应保证积分为 0,从而确保积分稳定性等。

5.2.2　模式的初始化

POM 模式作为当今国内外应用较广泛的三维斜压原始方程数值海洋模式已经发展得相当完善,使用起来也比较简单,通常只需要更改主程序和某些特定子程序中的参数(例如边界条件),就可以将数值模式配置为一个求解特定问题的形式。在本小节,我们将给出 POM 初始化过程中需要配置的条件、参数及基本流程(图 5-7)。当我们为模式提供了必需的数据之后(例如计算区域的深度 H),模式就会基于这些输入值导出其他必要的参数(例如通过深度值 H 获得其对应的干湿网格标记值 FSM)。这里需要注意,POM 模式使用 MKS(meter kilogram second)单位系统,因此成为模式的初始条件之前需要事先进行必要的单位转换。

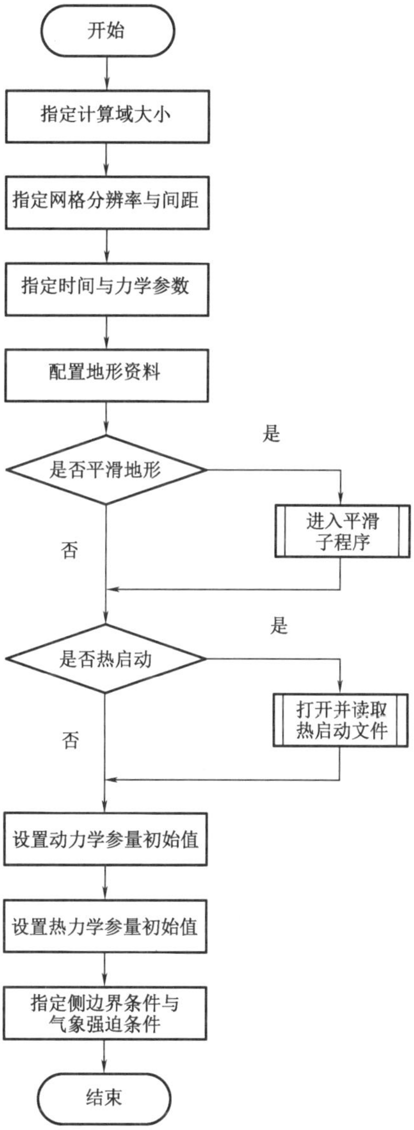

图 5-7　POM 模式初始化流程图

5.2.2.1 计算区域初始化

在利用 POM 模式进行具体问题的计算和求解之前,需要规定该问题的应用范围,包括水平方向的经纬度区间、分辨率及垂向深度范围与分层等。POM 模式中使用参数 *ALONMN*(*ALONMX*)定义计算区域的经度或 X 方向最小(大)值;用参数 *ALATMN*(*ALATMX*)表示纬度或 Y 方向的最小(大)值;变量 *IM*(*JM*)表示 X(Y)方向的最大网格点数。水平分辨率则由参数 *DXLON*(*DXLAT*)表示,这些参数之间的关系满足如下公式:

$$\begin{cases} DXLON=\dfrac{ALONMX-ALONMIN}{IM} \\ DXLAT=\dfrac{ALATMX-ALATMIN}{JM} \end{cases} \tag{5.2-1}$$

此外,在初始化的过程中还需要规定计算区域水深的最小值和最大值(*HMIN* 与 *HMAX*),以及垂直方向的最大分层数目(*KB*)。

POM 通过子程序 DEPTH 建立垂向分层。当主程序开始设置模型域时,这个子程序只被调用一次。特别地,当使用 DEPTH 来确定垂直间距时,应该至少有 6 个垂向分层(即 $KB=6$),以使程序能够正常工作。在模型的某些应用程序中,该子程序倾向于在表面附近放置更多的点来表示混合层。

5.2.2.2 基本参数初始化

在模式计算区域建立完成后,还需要在 X 和 Y 方向上设定网格间距,即在 Arakawa C 网格中以标量 η 为中心的每个网格框的网格间距,单位为 m。在 POM 模式中网格间距以数组 *DX*(*IM*, *JM*)和 *DY*(*IM*, *JM*)来表示,其中 *IM* 和 *JM* 表示 X、Y 方向的网格数。网格间距 *XLAT* 与网格点坐标之间有如下关系:

$$\begin{cases} XLAT=0.5\cdot(ALAT_{i,j}+ALAT_{i,j-1}) \\ DX_{i,j}=(ALON_{i,j}-ALON_{i-1,j})\cdot RE\cdot RAD\cdot\cos(RAD\cdot XLAT) \\ DY_{i,j}=(ALAT_{i,j}-ALAT_{i,j-1})\cdot RE\cdot RAD \end{cases} \tag{5.2-2}$$

式中,$RAD=\pi/180$;*RE* 为地球半径的通用值,取 6.365×10^6 m;*ALON*、*ALAT* 表示网格点的经纬度坐标。利用式(5.2-2)完成网格间距的计算,进一步使用这些网格间距值来计算网格框的面积,即

$$\begin{cases} ART_{i,j}=DX_{i,j}\cdot DY_{i,j} \\ ARU_{i,j}=0.25\cdot(DX_{i,j}+DX_{i-1,j})\cdot(DY_{i,j}+DY_{i-1,j}) \\ ARV_{i,j}=0.25\cdot(DX_{i,j}+DX_{i,j-1})\cdot(DY_{i,j}+DY_{i,j-1}) \end{cases} \tag{5.2-3}$$

式中,*ART*、*ARU*、*ARV* 分别表示以标量 η、水平速度分量 U 和 V 为中心的网格的面积。对于模式的侧边界,则有

$$\begin{cases} ARU_{1,j}=ARU_{2,j},ARU_{i,1}=ARU_{i,2} \\ ARV_{1,j}=ARV_{2,j},ARV_{i,1}=ARV_{i,2} \end{cases} \tag{5.2-4}$$

在 POM 中,最常用的坐标系统是直角坐标系和球面坐标系,但其他正交曲线坐标系也

可以使用特定的网格生成程序来建立。

每个网格框的科氏力参数 *COR* 可以由网格中心的纬度值计算出来：

$$COR_{i,j}=2f\cdot\sin(ALAT_{i,j}\cdot RAD) \tag{5.2-5}$$

式中 $f=7.292\times10^{-5}$ rad/s。在模型中该计算式适用于计算区域较大的情况，而对于较小的域，可以近似在每个网格中设定科氏参数都相同。

在这一步中，还需给定模式内外模态的时间步长、水平扩散系数 *HORCON* 等参数。

5.2.2.3 地形初始化

在 POM 模式中，常用数组 $H(IM,\ JM)$ 表示计算区域内各格点的海水深度。对于某些情形，特别是模拟区域地形复杂的情况，需要使用滤波器对海底地形进行滤波，以避免模式在计算过程中由于地形起伏过大造成计算不稳定。这个数组是在整个计算域上指定的，包括陆地和海洋。如果网格点位于陆地上，则 *H* 被设置为 0.0~1.0 通常是 1.0。由于模式的有限差分计算需要在计算区域之内的所有网格点上进行，因此需要利用干湿网格标记值 *FSM*、*DUM* 及 *DVM* 将陆地点计算的值设置为零。

当模型以斜压模式运行时，则应设置最小深度值，以避免计算不稳定(例如，垂直方向的分层不小于 10 时，最小深度设置为 10 m 为宜)。这是一个需要具体分析的问题，并且在很大程度上依赖于模型计算区域的范围。

5.2.2.4 启动方式选择

POM 提供了两种不同的启动方式。如果将模型从静止状态开始运行，则初始速度(*U*、*V*、*W*、*UA*、*VA* 等)和海平面(*EL*、*ETF* 等)将被设置为零，这种启动方式被称为冷启动。如果模型要在某一确定时间点(断点)重新启动，或者使用了一个输入文件初始化模型，这种启动方式被称为热启动。热启动需要在主程序开始时，读入必要的初始条件，例如流速(包含平流项)、温盐、密度、湍流(包含水平扩散、垂向混合参数)等。在 POM 模式中使用参数 nread 来控制具体选择哪种启动方式：当 nread 设为 0 时，模式从静止状态冷启动；nread 设为 1 时则表示模式需要从一个断点热启动。

5.2.3 次网格参数设置

在三维海洋模型中，运动方程的湍黏性 ν(湍涡动 ν_L)系数和物质输运方程中的湍扩散系数(K 和 K_L)都是重要的模型参数。它们本质上不同于分子黏性系数和分子扩散系数，不是单纯的物理常数，而是与湍运动相关的参数，是为了表达因有限的模型分辨率产生的平均效应而引进的一个变量。但在经典的大尺度、中尺度模型中，这些参数仍然多采用经验假定作为已知参数或与雷诺兹(Reynolds)平均运动建立经验关系。

对三维模型中的一些大尺度、中尺度问题(例如风暴潮、天文潮、大尺度边界流甚至近海环流等)，只要选择了合适的计算方程，仍可模拟出一定精度的结果。然而如果流场中存在大量的中尺度和小尺度现象(例如各类海洋锋、上升流、高频涡旋)，则小尺度湍运动对大尺度、中尺度的影响不可被忽略,此时建立较为合适且精确的次网格模型或者湍封闭模型,从而更客观地确定次网格参数(湍参数)是很有必要的。本小节关于次网格参数的讲解中涉及大量的物理海洋学公式推导,对于非物理海洋学专业的读者可以略过此部分内容。

雷诺兹在研究湍流运动时,将瞬时运动分解为平均运动(称为 Reynolds 平均)和脉动运动的线性之和(详见 2.3.5 节),即

$$\begin{cases} u=\bar{u}+u' \\ v=\bar{v}+v' \\ w=\bar{w}+w' \\ p=\bar{p}+p' \end{cases} \tag{5.2-6}$$

式中,Reynolds 平均的物理意义如下:

$$\begin{bmatrix} \bar{u} \\ \bar{v} \\ \bar{w} \\ \bar{p} \end{bmatrix} = \frac{1}{2\Delta t}\int_{t-\Delta t}^{t+\Delta t} \begin{bmatrix} u \\ v \\ w \\ p \end{bmatrix} \mathrm{d}t$$

在平均时间间隔 $2\Delta t$ 内,脉动量平均为零,即认为在此时间间隔中,不规则的脉动运动已经得到滤除。这一时间间隔不宜过大,以避免平均运动被平滑,失去其时变性。

将分解结果代入含有湍流摩擦力的运动学控制方程,以及具有守恒性的温盐输运方程中,再进行 Reynolds 平均,可得平均运动方程组。由于控制方程中含有非线性项,在求取时间平均方程的过程中无法完全消除由湍运动产生的脉动量。同理,温盐输运方程在进行 Reynolds 平均时,还会出现脉动速度与温盐的二阶交叉项。

针对上述情况,在三维海洋数值模式中可采用以下方案。

5.2.3.1 一阶封闭模型(零方程)

通常的做法是依据湍流的"半经验半理论"方法将上述脉动量的二阶分量与平均运动或其空间导数建立经验关系。例如,Boussinesq 提出了近似黏性假设,将雷诺兹应力从形式上与分子黏性应力给出相同的表达式,对垂向动量交换有

$$-\overline{u'}\ \overline{w'}=\nu_t\frac{\partial\bar{u}}{\partial z} \tag{5.2-7}$$

若采用上述假设,则湍黏性系数 ν_t 有下列计算形式:

$$\nu_t=\ell^2\left|\frac{\partial\bar{u}}{\partial z}\right| \tag{5.2-8}$$

式中,ℓ 表示湍流的混合长度,它的计算表达式如下:

$$\ell\approx\kappa(z_0+\sigma H)\left(1-\frac{\sigma}{1+S}\right)^n$$

式中，$\sigma=\frac{(h+z)}{H}$；z_0 和 S 是与海底粗糙度及海面粗糙度有关的经验参数；n 可以取 0.5 或 1；κ 为 von Karman 常数，约为 0.4。

对于三维正压海洋问题，则有

$$\nu_t=\nu_{\mathrm{m}}+\ell^2\left[\left(\frac{\partial u}{\partial z}\right)^2+\left(\frac{\partial v}{\partial z}\right)^2\right]^{1/2} \tag{5.2-9}$$

式中，ν_{m} 为分子黏性系数，该系数只在紧靠海底或没有速度切变的区域才会起到作用。而在斜压问题中，ν_t 还应该与 Richardson 数有关。例如可将式(5.2-9)方括号后乘以因子 $(1-mR_i)^n$ 或 e^{-mR_i}，其中

$$R_i=-\frac{g}{\rho_0}\frac{\partial\rho}{\partial z}\left[\left(\frac{\partial u}{\partial z}\right)^2+\left(\frac{\partial v}{\partial z}\right)^2\right]^{-1}$$

5.2.3.2 一方程湍封闭模型

若要更客观地思考湍封闭问题，应建立与湍运动相关量的输运方程。根据经典湍流理论，认定湍动能(湍动能密度)k 是最重要的参数：

$$k=\frac{1}{2}(\overline{u'^2+v'^2+w'^2}) \tag{5.2-10}$$

即单位质量流体脉动动能的雷诺兹平均。

湍动能耗散 ε 则是另外一个重要的参数：

$$\varepsilon=\nu_{\mathrm{m}}\left(\overline{\frac{\partial u_i'}{\partial x_j}\frac{\partial u_i'}{\partial x_j}}+\overline{\frac{\partial u_j'}{\partial x_i}\frac{\partial u_i'}{\partial x_j}}\right) \tag{5.2-11}$$

所谓的"一方程模型"，即首先按照 Reynolds 分解式(5.2-6)导出一个湍动能 k 的输运方程：

$$\frac{\partial k}{\partial t}+\boldsymbol{V}\cdot\nabla k=\nu_{\mathrm{m}}\nabla^2 k-\overline{\boldsymbol{V}'\cdot\nabla k'}-\frac{1}{\rho_0}\overline{\boldsymbol{V}'\cdot\nabla p'}-\overline{u_i'u_j'}\frac{\partial\bar{u}_i}{\partial x_j}-\varepsilon \tag{5.2-12}$$

式中，$k'=\frac{1}{2}(u'^2+v'^2+w'^2)$，则 $k=\overline{k'}$，$\boldsymbol{V}'$ 为流速(u',v',w')的脉动分量。k 是一个二阶量，但是为求解这个相关量，方程中同时出现了三阶项。基于式(5.2-12)，即可在已知平均流速 $\overline{V}$ 的情况下可求解 k。这就要求必须对方程右端脉动二阶项(湍动能耗散 ε)和三阶项(见下文的湍动能的扩散项)，根据其与平均运动的关系做出假定，或基于统计方法获得相关表达式，即

$$-\overline{\left(k'+\frac{1}{\rho_0}p'\right)u_i'}\approx C_k\frac{k^2}{\varepsilon}\frac{\partial k}{\partial x_i}=\nu_k\frac{\partial k}{\partial x_i} \tag{5.2-13}$$

式(5.2-13)在方程中形成了湍动能的扩散项(湍动能方程右端第四项)。对于湍动能的产生项，则有

$$-\overline{u_i'u_j'}\frac{\partial\bar{u}_i}{\partial x_j}=\nu_t\frac{\partial\bar{u}_i}{\partial x_j}\frac{\partial\bar{u}_i}{\partial x_j} \tag{5.2-14}$$

而耗散 ε 可依据经验统计取为

$$\varepsilon=\frac{c_0k^{3/2}}{\ell} \tag{5.2-15}$$

对于斜压过程,压强梯度力与速度脉动的二阶项中还会出现由密度空间梯度形成的湍动能产生项。在大尺度与中尺度海洋中,结合不可压缩的连续方程及薄层流场特征,k 的输运方程将变为如下形式:

$$\frac{\partial k}{\partial t}+\boldsymbol{V}\cdot\nabla k=\frac{\partial}{\partial z}\left(\nu_k\frac{\partial k}{\partial z}\right)+\nu_t\left[\left(\frac{\partial u}{\partial z}\right)^2+\left(\frac{\partial u}{\partial z}\right)^2\right]+C_\rho\frac{g}{\rho_0}K\frac{\partial\rho}{\partial z}-\varepsilon \tag{5.2-16}$$

式中,湍流长度尺度仍然记为 ℓ,显然仍然可以按前一小节的经验式给出。从而根据式(5.2-3)与式(5.2-4)得到

$$\nu_k=C_k\sqrt{k}\,\ell,\quad \nu_t=C_t\nu_k=\sigma_tk \tag{5.2-17}$$

湍流混合长度 ℓ 也可以根据 Launder 和 Spalding 的关系式,建立 ℓ 与 k 的关系(微分关系式):

$$\frac{\mathrm{d}\left(\frac{k^{1/2}}{\ell}\right)}{\mathrm{d}z}=\frac{\kappa}{\ell}\left(\frac{k^{1/2}}{\ell}\right) \tag{5.2-18}$$

代入海底边界条件:$\ell=\kappa z_0$ 和 $k=k_0$,并积分,有

$$\ell=\kappa\left[\left(\frac{k}{k_0}\right)^{1/2}z_0+k^{1/2}\int_{-h}^{z}k^{-1/2}\mathrm{d}z'\right] \tag{5.2-19}$$

式中,z_0 为海底粗糙度,且

$$\nu_t=c^{1/4}k^{1/2}\ell \tag{5.2-20}$$

式中,无量纲常数 $c\approx0.08$。

显然,我们可以通过式(5.2-12)~式(5.2-19)求得 k 与 ℓ,从而再由(5.2-20)得到 ν_t。从湍动能(湍动能密度)k 的输运方程(5.2-16)可以发现,该方程右侧最后一项是湍能局部耗散项 ε,其前面两项是湍能的局部生成项,前一生成项是在平均速度的切变作用下产生的,而后一项则由密度的梯度生成。假设湍能生成与耗散局部平衡,则有

$$\nu_t\left[\left(\frac{\partial u}{\partial z}\right)^2+\left(\frac{\partial v}{\partial z}\right)^2\right]+C_\rho\frac{g}{\rho_0}K\frac{\partial\rho}{\partial z}=\varepsilon \tag{5.2-21}$$

将式(5.2-3)和式(5.2-6)代入式(5.2-7),导出

$$\nu_t=C_e\ell^2\left[\left(\frac{\partial u}{\partial z}\right)^2+\left(\frac{\partial v}{\partial z}\right)^2\right]^{1/2}\sqrt{1-C_\rho R_i} \tag{5.2-22}$$

式中,$C_e=\frac{C^{3/8}}{C_0^{1/2}}$。式(5.2-22)即为一种零方程模型的斜压 Prandtl 混合长度表达式。由此可见所谓的"零方程模型"本质上是"一方程模型"的湍能生成与耗散局部平衡的特殊形式。

5.2.3.3 双方程模型

为了更客观地进行湍流闭合,除了在前一节中建立的湍动能输运方程,还需要建立第二个湍流参数的输运方程。在流体力学领域中,最常见的是再建立一个湍能耗散率 ε 的输

运方程。类似于推导湍动能 k 的输运方程，在导出二阶脉动输运方程之后，同样对其生成项与耗散项等给出它们的经验假定形式，得到下列方程：

$$\frac{\partial \varepsilon}{\partial t}+\boldsymbol{V}\cdot\nabla\varepsilon=\frac{\partial}{\partial z}\left(\nu_\varepsilon\frac{\partial \varepsilon}{\partial z}\right)+c_0^*\nu_t\left[\left(\frac{\partial u}{\partial z}\right)^2+\left(\frac{\partial v}{\partial z}\right)^2\right]\frac{\varepsilon}{k}+C_1^*\frac{\varepsilon}{k}\frac{g}{\rho_0}\frac{\partial \rho}{\partial z}-C_2^*\frac{\varepsilon^2}{k} \tag{5.2-23}$$

当式(5.2-16)与式(5.2-23)联立求出 k 和 ε 后，即依据量纲可得湍流黏性系数：

$$\nu_t=\frac{C_t k^2}{\varepsilon} \tag{5.2-24}$$

这样的双方程模型通称为 $k-\varepsilon$ 模型。而 POM 模型则使用了一种较为特殊的双方程湍流封闭方案：在建立了 $k(q^2)$ 方程之后，再建立了一个 $k\ell(q^2\ell)$ 的输运方程，通过这两个量可以解出湍流混合长度 ℓ，最后根据式(5.2-21)最终获得湍流黏性系数 ν_t。

上述的 ν_t 就是海洋模式中垂向动量交换系数(湍流黏性系数)。由于海洋的薄层空间特征，显然湍流黏性作用一般水平方向远小于垂向，因此在处理大尺度、中尺度问题时通常略去水平湍流黏性项，或者将水平湍流黏性系数设置为常数。当研究的海域中存在海洋锋或者高频涡旋等中小尺度现象，则水平湍流黏性系数可以采用类似 Prandtl 混合长度的 Smagorinsky 公式来计算。

应用于 POM 模式的水平湍流黏性系数方案即为 Smagorinsky 公式，式中参数 C(也称为 Horcon 参数，同样是 POM 模式中的表示形式)的值为 0.10~0.20，且网格越细密该值越小。Smagorinsky 水平湍流计算方案的优势在于 C 为标量，当数值模式分辨率提高时，水平湍流黏性系数减小，且该系数也会随着速度梯度的减小而降低。

5.2.3.4 Mellor-Yamada 方案

在处理次网格参数的湍流闭合问题时，垂向的湍流黏性作用更为重要。事实上，在 POM 模式中，可基于式(5.1-6)和式(5.1-7)求解湍动能 q^2 及其与湍流混合长度乘积(即 $q^2\ell$)。这里使用的是 Mellor 和 Yamada 所描述的湍流闭合方案的一个适当简化的 2.5 阶模型。

POM 模式参数表 5-1 中的垂向运动黏性系数 K_M 和垂向扩散系数 K_H 计算方法如下：

$$K_M=q\ell S_M \tag{5.2-25}$$

$$K_H=q\ell S_H \tag{5.2-26}$$

式中，参数 S_M、S_H 均为 Richardson 数 G_H 的函数，即

$$S_H[1-(3A_2B_2+18A_1A_2)G_H]=A_2\left(1-6\frac{A_1}{B_1}\right) \tag{5.2-27}$$

$$S_H[1-9A_1A_2G_H]-S_H[(18A_1^2+9A_1A_2)G_H]=A_1\left(1-3C_1-6\frac{A_1}{B_1}\right) \tag{5.2-28}$$

$$G_H=\frac{\ell^2}{q^2}\frac{g}{\rho_0}\left(\frac{\partial \rho}{\partial z}-\frac{1}{c_s^2}\frac{\partial p}{\partial z}\right) \tag{5.2-29}$$

式(5.2-29)和式(5.2-30)中的五个常数是根据近表层湍流数据计算的，它们分别为 $(A_1, B_1, A_2, B_2, C_1)=(0.92, 16.6, 0.74, 10.1, 0.08)$。当 G_H 接近 0.028 8 时，稳定性函

数极限为无穷大,该值大于人们期望在自然界中找到的值。在式(5.2-29)中,c_s^2 是声速的平方。

5.3 其他常用海洋模式简介

根据世界气候研究计划(the world climate research program,WCRP)的统计,世界上现有超过 40 种海洋模式。除了 POM 以外,其他模式也都具有各自特点和优势。由于实际应用经验与篇幅所限,这里仅选取了两个成功应用且具有典型特征的海洋模式(FVCOM 与 HYCOM)进行介绍。

5.3.1 FVCOM 模式

为了研究近海和河口环流过程,美国的麻省大学海洋科学和技术学院的美籍华人学者陈长胜及其领导的研究组开发了一个基于三维原始方程组的三角形网格、有限体积海洋模式,即 FVCOM 模式(finite volume coastal ocean model)。该数值模式已经广泛应用于全球各个海区的工程或科学研究中,成为有限体积海洋模式的典型代表。目前,FVCOM 模式仍然在不断升级,截至 2021 年,其最新版本为 4.4.2。

与 POM 模式相同,FVCOM 模式也是一个基于三维原始方程组的海洋模式,且同样采用了垂向 sigma 坐标及静力近似、Boussinesq 近似等近似假设。因此,在直角坐标系下其控制方程组与 POM 的控制方程组完全相同,这里不再赘述。

FVCOM 模式的数值离散方法采用有限体积法。这种方法综合了当前海洋研究中的有限差分和有限元模型的优点,在数值计算中既可以像有限元模型一样完成复杂的海岸线拟合,又便于离散差分原始动力学方程组,从而保证了较高的计算效率,其采用了方程的积分形式和先进的计算格式,特别是对于具有复杂海岸线与地形的计算问题可以更好地保证质量守恒性。

在水平方向上,FVCOM 模式采用无结构、非重叠的三角形网格,可以方便地拟合复杂的边界并进行局部加密。这个特点使得该模式在处理岛屿众多和潮汐汊道等地形不规则的复杂问题时表现尤为优秀。在垂直方向,FVCOM 模式应用了 σ 坐标以便更好地拟合复杂的海底地形。

与 POM 模式相同,FVCOM 模式是基于自由海面的三维原始控制方程组建立的海洋模型,方程组包括动量方程、连续方程、盐度扩散方程、温度扩散方程及状态方程等。次网格参数的设定使用了 Mellor-Yamada 2.5 阶湍流闭合方案计算垂向混合,并应用 Smagorinsky 湍流闭合方程计算水平方向的混合。在时间积分上,FVCOM 模式也同样采用了外模态与内模态分离的数值离散方案。

作为一个面向业务化应用的海洋模式,FVCOM 模式已开发出 MPI 并行计算版本,可实现在集群机和大型超算节点上的高效并行计算,亦可通过编译的选项在 Windows 和 Linux 操作系统上运行。在解决实际的模拟问题时,通常推荐在 Linux 环境下完成模式的编译和运算。

此外,FVCOM 模式还开发了许多附加功能模块,譬如:该模式包含三维的干湿网格处理模块,这使得该模式在解决近岸滩涂、河口漫滩等动态的边界问题时更为方便、合理。FVCOM 模式还提供了淡水模块(用于模拟地表径流)、地下水输入模块、拉格朗日质点跟踪模块、海冰模块,以及泥沙输运模块、水质模块、生态模块等。这些模块使 FVCOM 能够被方便地应用于海洋生态等其他研究领域。

5.3.2 HYCOM 模式

HYCOM 模式是在美国的迈阿密大学开发的等密度棉坐标海洋模式(MICOM 模式)基础上发展起来的。该模式是原始方程全球海洋环流模式,保留了 MICOM 模式等密度面坐标的优点,同时采用垂向混合坐标(等密度坐标、σ 坐标和 z 坐标的混合)。这样的坐标系设置,可以在开阔的大洋或者深海等具有显著分层的区域采用等密度坐标,然后平滑过渡到浅海或者近海大陆架区域的地形跟随坐标(即 σ 坐标),而在混合层或者分层不明显的海域则采用 z 坐标。混合坐标扩展了传统的等密度坐标海洋模式的应用范围,弥补了既有的 MICOM 模式在浅海海域垂向分层过于浅薄的缺点,使得 HYCOM 模式的适应能力更强。

HYCOM 模式同样是基于三维原始动力方程的海洋模式,其控制方程(组)在$(x,\ y,\ s)$坐标系下(这里的 s 表示为尚未给定的垂向坐标)的形式为

$$\frac{\partial \boldsymbol{V}}{\partial t_s}+\nabla_s\frac{\boldsymbol{V}^2}{2}+(\zeta+f)\boldsymbol{K}\times\boldsymbol{V}+\left(s\frac{\partial p}{\partial s}\right)\frac{\partial \boldsymbol{V}}{\partial p}+\nabla_s M-p\,\nabla_s\alpha=-g\frac{\partial \boldsymbol{\tau}}{\partial p}+\left(\frac{\partial p}{\partial s}\right)^{-1}\nabla_s\left(\nu\frac{\partial p}{\partial s}\nabla_s\boldsymbol{V}\right) \quad (5.3\text{-}1)$$

$$\frac{\partial}{\partial t_s}\left(\frac{\partial p}{\partial s}\right)+\nabla_s\cdot\left(\boldsymbol{V}\frac{\partial p}{\partial s}\right)+\frac{\partial}{\partial s}\left(s\frac{\partial p}{\partial s}\right)=0 \quad (5.3\text{-}2)$$

$$\frac{\partial}{\partial t_s}\left(\frac{\partial p}{\partial s}\theta\right)+\nabla_s\cdot\left(\boldsymbol{V}\frac{\partial p}{\partial s}\theta\right)+\frac{\partial}{\partial s}\left(s\frac{\partial p}{\partial s}\theta\right)=\nabla_s\cdot\left(\boldsymbol{V}\frac{\partial p}{\partial s}\nabla_s\theta\right)+H_\theta \quad (5.3\text{-}3)$$

式中,$\boldsymbol{V}=(u,\ v)$表示水平流速矢量;p 为压强;θ 为模式的热动力学变量;$\alpha=\rho_{\text{pot}}^{-1}$ 为位势比容;$\zeta=\dfrac{\partial v}{\partial x_s}-\dfrac{\partial u}{\partial y_s}$为相对涡度;$M=gz+p\alpha$ 为 Montgomery 位势;$gz=\varphi$ 为重力位势;f 为科氏参数;$\boldsymbol{K}$ 为垂向单位矢量;ν 为湍流黏性/扩散系数;$\boldsymbol{\tau}$ 为表层或底层摩擦引起的剪应力矢量;H_θ 为源项。

相较于 POM 和 FVCOM,HYCOM 具有灵活的垂直分层结构,既可以在上混合层和跃层附近给出较高的垂向分辨率,又能在底边界和浅海采用随地形变化的 σ 坐标,较好地保持了真实海底地形的原貌,从而避免了阶梯效应。因而 HYCOM 更加适用于地形较为复杂的海区,以及层化效应显著的开阔大洋。此外,HYCOM 还集成了多种水平坐标系,包括 Mercator 坐标系、曲线正交坐标系(orthogonal)、f 平面坐标系(f-plane)和北极双极点坐标系(arctic dipole patch)等,能够适应全球及区域等不同海区的模拟。在次网格参数设置方面,

HYCOM 提供了多种复杂的湍流封闭方案,例如 KPP(k-profile parameterization)、KT(kraus-turner)、PWP(price-weller-pinkel)、MY-2.5(即 mellor-yamada2.5 阶湍流闭合方案)等方案,用以解决混合层和分层相对不明显(层化较弱)区域的跨等密度面混合问题。为了方便用户使用,HYCOM 还提供了多种边界条件处理模块、冷热启动模块,并提供了包括地表径流、气象要素在内的多种数据包,使用户能够直接利用程序包中的数据开展简单的模拟实验。

到目前为止,人们已经发展出了数十种相对成熟的海洋数值模式。这些模式各有优势,但尚未有一个模式可以完全地替代另一个。由于我们对海洋各种过程的了解是在各种参数化的简化条件下进行的,真实海洋中的运动是如此多样和复杂,这使我们只能根据研究的内容来选取适当的数值模式。

第 6 章 海洋数值模拟应用实例

本章分别以吕宋海峡周边海域环流特征模拟和渤黄海潮汐模拟为例对 POM 和 FVCOM 模式的设置方法及运行流程进行介绍。

6.1 吕宋海峡周边海域环流数值模拟

南海是我国南部的一个半封闭海盆，也是我国最重要的边缘海之一。南海地形复杂，其中的环流、中尺度涡、内波等多尺度海水运动现象丰富多样。位于南海西北部的吕宋海峡是西北太平洋和南海之间重要的物质、动量和能量交换通道，对南海海洋环流和各种中尺度过程的形成及演变起着重要作用。其所具有的复杂地形和多尺度动力学过程，使得该区域的建模与数值模拟具有很高的挑战性。长期以来，这里一直是海洋数值模拟重点关注的区域。本节基于 POM 模式建立了一个覆盖吕宋海峡及其周边海域的区域海洋模型，并对其模拟结果进行简单的讨论。

6.1.1 模式的建立与运行

6.1.1.1 模式的建立

POM 模式的垂向坐标系为随海底起伏的 σ 坐标系。为了更好地模拟复杂地形条件下的海洋环流，Ezer 和 Mellor 在对 POM 模式的垂向坐标系进行了拓展，并称之为广义坐标系统的普林斯顿海洋模式（POMgcs 模式）。POMgcs 模式既可以使用 z 坐标，也可以使用 σ 坐标，或两者的混合坐标。z 坐标存在阶梯效应；σ 坐标虽然可以随海底地形变化，但是其在深海与浅海采用相同比例的分层方式，因此在深海区跃层附近的垂向分辨率很难满足精度要求。另外，由于 σ 坐标随地形变化，因此在地形变化较剧烈的海区，流体静力学一致性条件难以得到满足。而混合坐标既可以在海洋混合层和跃层附近使用 z 坐标给出较高的垂向分辨率，又能在海底和浅海采用随地形变化的 σ 坐标，在较好地保持真实地形原貌的同时还避免了阶梯效应，比较适合于吕宋海峡及邻近海域这样地形复杂的海区，同时恰当的垂向分层方式还有利于流体静力学一致性条件得到满足。由于南海地形的复杂性，本章选用了广义坐标的 POMgcs 模型来建立吕宋海峡环流模式。

模式的区域范围设置为（13°N~30°N、105.5°N~130.5°N），覆盖了南海北部、东海南部、吕宋海峡及西北太平洋的部分海域。模式的水平分辨率为 1/12°（8.5~9.0 km），垂直分层为 35 层,最深为 5 500 m,采用混合坐标系,即 z 坐标与 σ 坐标相混合。在模式区域内部水深大于 200 m 的区域使用 z 坐标按标准层分层,当所处层次超过当地水深的 0.9 倍时采用 σ 坐标;在水深小于 200 m 的区域仅使用 σ 坐标。正压(外模态)和斜压(内模态)时间步长分别设为 7.5 s 和 450 s。

模式全域使用 ETOPO5 地形数据集,此地形数据的空间分辨率、格点位置均与数值模式相同,无须对其进行插值处理。需要注意的是,ETPOP5 对于某些岛屿无法分辨,于是手动加入这些岛屿(将数据集对应网格点的水深值设置为 1,待地形数据导入后,模式代码自动将该点的干湿网格标记值 FSM 设置为 0),这些岛屿包括巴士海峡的巴坦群岛、巴布延群岛等。此外,为了保证模式长期稳定地运行,在模式中对输入的地形数据进行了适当的空间平滑。

模式的初始场和开边界条件来自 Mercator Ocean 的全球海洋资料同化与再分析系统(GLORYS2V4)。GLORYS2V4 的水平分辨率为 1/4°,垂直分层 75 层,最大深度层为 5 902 m,可提供温度、盐度、流速、海面高度等海洋状态要素。GLORYS2V4 有日平均与月平均两种再分析数据,可通过其官方网站 https://marine. copernicus. eu/获取。在这里我们使用的是月平均再分析数据,用于提供模式初始值与开边界条件。考虑到 GLORYS2V4 数据在分辨率与岸线分布等方面可能与模式不匹配,再分析数据在提供给数值模式之前需要预处理,包括水平方向的线性插值与地形匹配。而在模式的代码中,也包含了三维温盐、边界流速值的垂向插值子程序。

驱动海洋模式所需的气象强迫场由欧洲中期天气预报中心(ECMWF)的 ERA-5 再分析数据集插值得到,包括表面风速、总云量及 10 m 气温资料,其水平分辨率为 1/4°,时间分辨率为 1 h。ERA-5 气象再分析数据通过其官网进行查询。

6.1.1.2 模式运行

数值模式试验从 1998 年 1 月 1 日开始,采用气候态的三维温盐场作为模式的初始条件(这里取 1993—2017 年的 GLORYS2V4 月平均温盐资料,按月求取平均值),同时将模式的流速与海面高度等要素的初始值设置为 0,并提供气候态边界条件、气象强迫场,用以驱动数值模式,直至达到稳定。

该模式在气候态强迫场和边界条件的驱动下,经过 5 个模式年的积分,其动力学参数和热力学参数等都具备稳定的季节变化特征且不再剧烈震荡,此时认为模式已经达到稳定,结束积分并保存相应时刻的热启动文件(详情参考 5.2.2.4 节,本实例的断点保存时间为 2003 年 1 月 1 日 0 时),之后将模式的开边界条件及气象强迫条件更换为实时数值,并从断点时刻重新启动数值模式,继续向前积分 5 年,至 2007 年 12 月 31 日停止。

6.1.2 模拟结果分析

对模拟结果的检验是海洋数值模式开发和使用的重要环节,是评估模拟结果可靠性的主要方法,但由于观测数据相对稀少,仅能对海洋模式的部分结果进行检验。本小节将上述模式的模拟结果与 GLORYS2V4 全球海洋再分析产品及观测资料(记为 obs)进行对比,以检验上述模拟结果。为了表达方便,我们在这一节把上述 POM 模式的模拟结果记作 pom,再分析结果记作 glo,观测数据记作 obs。

6.1.2.1 海面温度

海面温度可通过卫星遥感进行大面积观测,是检验海洋模拟结果的常用数据。本小节使用 GHRSST(group for high resolution sea surface temperature)的全球海面温度(SST)数据产品对海面温度模拟结果进行检验。该产品的水平分辨率为 1/4°,时间分辨率为 1 d。图 6-1 给出了海面温度的多年(2003—2007 年)平均值及其误差的大面分布图。由于再分析系统同化了卫星遥感 SST 资料,因此其数据与卫星观测数据基本吻合(图 6-1(a)(b))。数值模拟实验(图 6-1(c))也基本模拟出了研究海区内的主要温度分布特征,但在部分海区出现了较大偏差,例如东海及台湾海峡温度偏低、黑潮温度偏高,尤其是南海中部温度大面积偏低,平均误差达到了 1 ℃左右;另外,对于一些特殊的海洋过程模拟结果也与观测有一定差异,例如东海黑潮温度锋过强,没有模拟出台湾海峡温度锋,吕宋海峡的太平洋暖水入侵强度和范围也远大于观测。

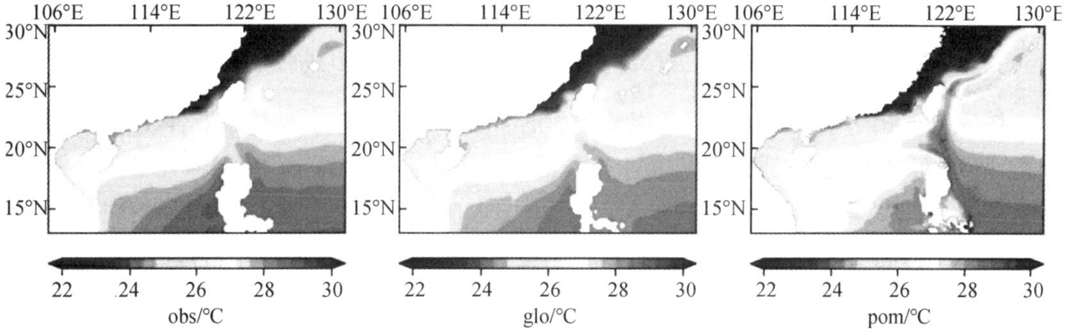

(a)观测资料　(b)再分析结果　(c)模拟结果

图 6-1 海面温度的多年(2003—2007 年)平均值及其误差的大面分布图

为了分析模式对不同尺度海洋过程的模拟能力,将 SST 时间序列分解为低频信号(周期大于半年的信号分量之和)与高频信号(周期小于半年的分量之和)。我们选取吕宋海峡西侧一点(位于 18°N, 117°E)对其 SST 波动过程进行具体分析。如图 6-2 所示,该点的 SST 变化具有明显的年周期和较强的短周期成分。数值试验模拟的 SST 低频波动曲线明显低于观测,除春季误差较小外,其他季节误差均在 2 ℃左右。对比图 6-2(a)与图 6-2(b)可以发现,模式的高频模拟效果在春季最好,较强的虚假震荡均出现在其他季节,这显示了低频海洋过程对高频过程的强烈调制作用。

6.1.2.2 温盐剖面

海面温度仅能表现海洋表面的温度模拟效果,水下的模拟效果则需要利用温盐剖面数据进行检验。这些数据通常在水平方向上分布不连续,因此仅能进行单个剖面的比较。本小节利用 Mercator Ocean 的全球海洋多种观测资料分析与再处理系统提供的三维温盐观测数据网格化产品进一步检验温盐剖面的模拟结果。在吕宋海峡周边选取三个点进行检验，其位置分别为 A(18°N, 117°E)、B(21°N, 120°E)与 C(23°N, 123°E)。

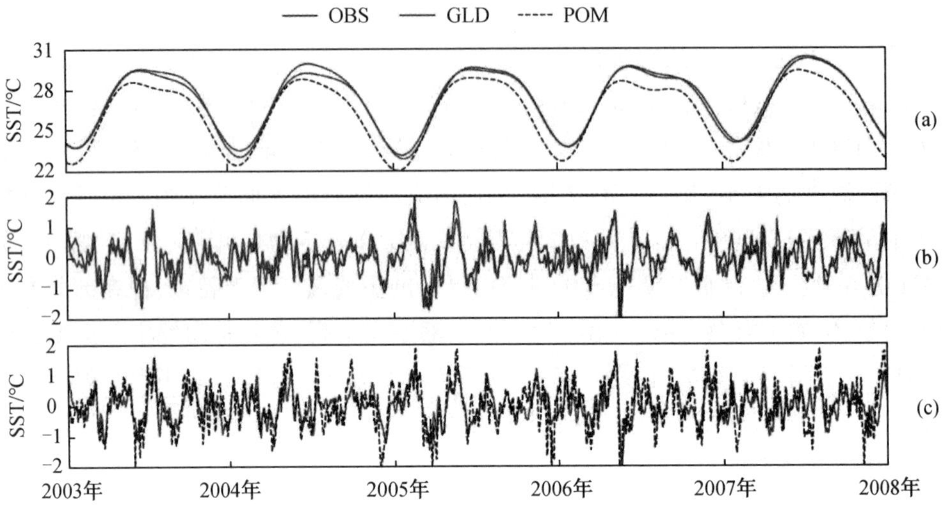

图 6-2　点(117°E, 18°N)处的 SST 时间变化曲线

注:图(a)表示周期大于半年的低频信号;图(b)(c)均为周期小于半年的高频信号。

图 6-3 给出了上述三个地点的温盐剖面的多年平均值比较。整体来看,POM 模式模拟出的温度剖面曲线随深度的变化趋势基本与 OBS 模式一致(图 6-3(a)~图 6-3(c),虚线),但在 A、B 两处模拟误差仍然较大,尤其是 A 点在跃层处温度误差超过 5 ℃,在 1 000 m 以下误差仍达到 1 ℃以上。盐度模拟是海洋数值模拟的难点,本研究中盐度的模拟效果依然不理想,在 A 点处甚至没有模拟出盐度剖面垂向分布的基本形态(图 6-3(d)~图 6-3(f),虚线);在 B 点 POM 模式虽然模拟出了盐度垂向分布的大体趋势,但表层和此表层的正、负跃层强度远弱于观测数据。

从上述对比结果来看,我们所使用的 POM 模式基本能够正确模拟出海水温度和盐度的大体分布状态和时间演变过程,但一些较小尺度的海洋过程模拟效果仍不理想。导致这种结果的原因主要有两方面:一是模式本身不够完善,除了差分计算产生的误差以外,小尺度过程都采用参数化方法来近似,导致模拟结果对模式参数十分依赖,而参数的设定具有一定的主观性和经验性;二是模式的初始条件和边界条件不准确,这也是模式产生误差的重要因素,尤其是中小尺度信息难以给出准确的初界、边界条件,这也使得中小尺度模拟效果较差。此外,盐度的模拟效果远不如温度,这主要是由于盐度本身的变化规律更加复杂及模式的参数化方案过于简单所致。

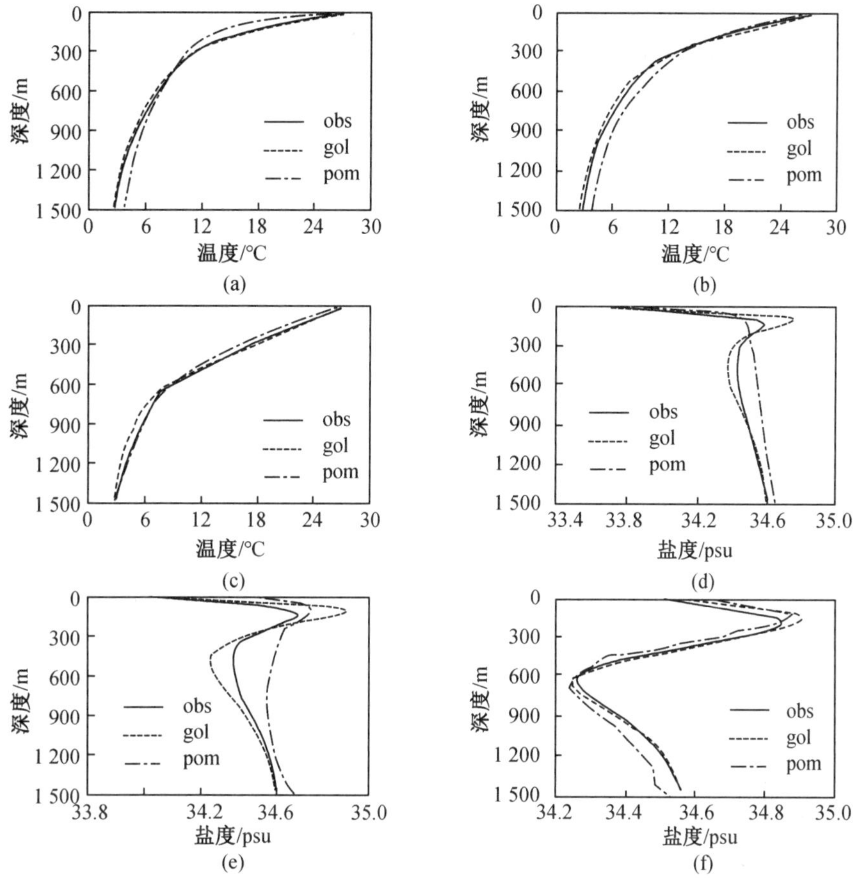

注：图(a)(b)(c)分别为 A、B、C 点的温度剖面；图(d)(e)(f)为 A、B、C 点的盐度剖面，位置见本小节第一段。

图 6-3 单点温盐剖面均值曲线

6.1.3 海面高度模拟结果

海面高度的变化原因复杂，与潮汐、海流、风场及从海面到海底的海水密度都有直接关系，因此海面高度的模拟难度较大，也是检验模型模拟能力的重要指标。这里所使用的海面高度观测资料 ADT 来自欧洲哥白尼气候变化服务（copernicus climate change service，C3S)的全球海洋卫星观测网格化数据，空间分辨率为 1/4°，时间分辨率为 1 d。考虑海面高度 ADT/SSH 数据的参考平面差异，本书使用海面高度异常值 SSHA 代替(减去 2003—2007 年平均值)。

图 6-4 给出了多年平均 SSHA 的模拟结果、再分析资料与卫星观测的大面分布图。由于再分析系统同化了卫星高度资料，因此整体分布与测高数据基本吻合(图 6-4(a)，6-4(b))且误差基本控制在±5 cm。控制实验也基本模拟出了研究海区内的海面高度分布特征(图 6-4(c))，但在南海北部、吕宋海峡西部出现了较大的偏差，尤其在南海北部，平均偏低 10~20 cm。

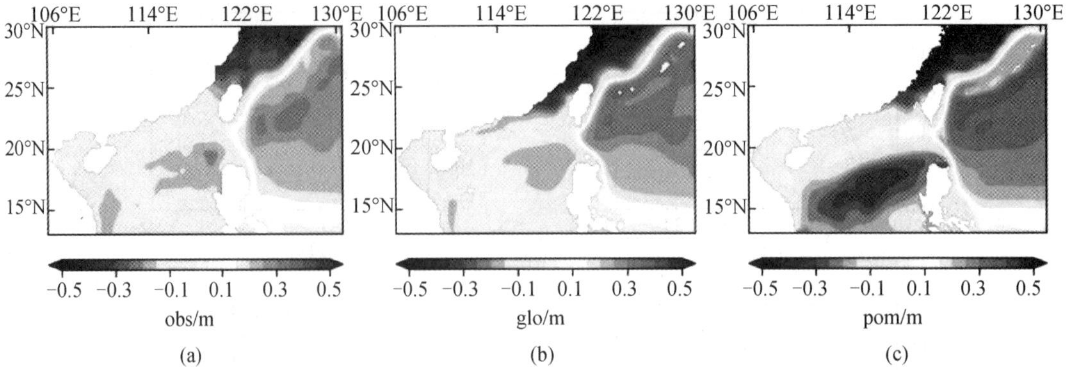

图 6-4　海面高度异常值的多年(2003—2007)平均值及其误差的大面分布图

除了对平均状态的检验,我们还可以借助 Hovmöller 图对海面高度时空变化的模拟效果进行检验。如图 6-5 所示,我们选取了南海中部一个纬向断面绘制了海面高度的 Hovmöller 图。该图显示了海面高度随时间从东向西的传播过程。为了突出模拟的细节,我们在这里滤除了周期大于半年的低频信号。

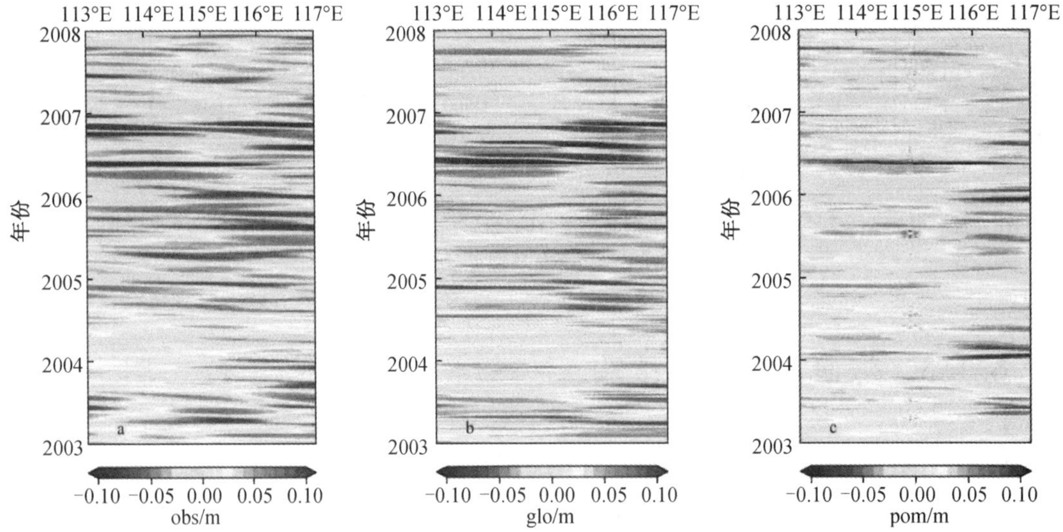

注:断面位置为 16°N, 113°E-117°E。

图 6-5　海面高度异常 SSHA 高频信号的 Hovmöller 图

通过三组数据的对比可以看到,全球海洋再分析系统计算出的海面高度波动状态与卫星资料给出的结果基本一致。而我们使用 POM 模式模拟的海面高度则“平静”许多,海面高度起伏不大,许多较弱的海面波动过程没有模拟出来且位置和时间均与观测数据存在差异,仅有一些较强的波动信号模拟效果尚可。

与温度和盐度的模拟结果类似,海面高度的大体分布规律和演变趋势能够被较好地模拟出来,但细节模拟效果较差。此外,海面高度的模拟效果比海面温度的模拟效果差了很多,这是由于海面高度与海面以下所有深度上的模拟结果都直接相关,跃层处的温度和盐度模拟效果较差,这些都直接体现到了海面高度的模拟结果上。

6.1.4 黑潮入侵的模拟效果

对具体海洋现象的模拟检验是海洋模式模拟能力评估的重要方面,本节以黑潮为例对上述模式的模拟结果进行检验。吕宋海峡区域的黑潮流径具有多变性和多样性,模拟难度较高,是评价模式中小尺度模拟能力的重要指标。

吕宋海峡的黑潮流径具有三种常见的典型状态:黑潮在吕宋海峡中部或南端进入南海形成一个顺时针的流套,再从海峡北端流出南海,被称为流套型流径 (looping path);黑潮不进入南海,直接跨越海峡,被称为跨越型流径(leaping path);黑潮进入南海后不再流出,被称为泄露型流径 (leaking path)。三种流径都可能出现在任何季节,决定其流径变化的主要因素目前仍无定论,而数值模拟是研究此类问题的有力工具。

本书利用地转流涡度信息可以判断吕宋海峡区域具体出现了哪种流径状态,并据此找出两个典型时刻,绘制了三套数据在该区域的海面高度和表层流速的空间分布图。如图 6-6 所示,上面三幅图分别是出现泄露型流径时利用卫星遥感观测数据、全球再分析数据和 POM 模式模拟结果绘制的海面高度和表层流速分布图;下面三幅图是出现流套型流径时的分布图。通过对比可以看到,POM 模式模拟的结果基本模拟出了流套型和泄露型两种流径,但泄露型流径流入南海的流量过大,流套型流径的强度和位置也与观测存在一定差异。

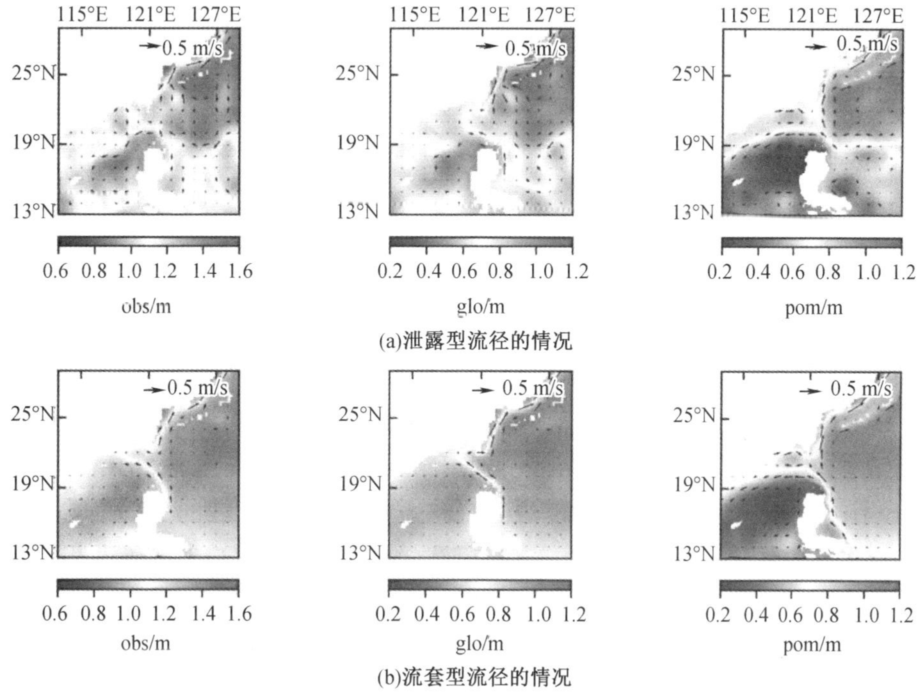

注:从左至右分别为卫星遥感观测数据、全球再分析数据、POM 模式模拟结果。

图 6-6 吕宋海峡区域的海面高度和表层流速的空间分布图

从上述一系列的对比检验情况可以看到,本书使用的海洋模式能够大体模拟出海水运动的基本特征,但对一些细节的模拟效果有待改善。相比之下,全球再分析数据也是利用海洋模式计算出的结果,但却与观测数据吻合得非常好,这是因为再分析系统使用了数据同化技术将观测信息与模式的模拟结果进行了融合,因此已不再是单纯的模拟结果了。

6.2 渤黄海潮汐数值模拟

本节中,我们以 FVCOM 模式为例,对基于有限体积法的海洋模式的使用过程进行介绍。

海水的潮汐潮流运动直接影响近岸海域的物质混合、泥沙沉积、海流方向与强度等海洋动力和生态过程。渤海周边地区经济发达,资源丰富,人们的海上生产活动频繁,因而对渤海海域潮汐、潮流的准确模拟和预报是保障该海域海上运输、渔业生产等经济活动安全,提高生产效率的重要条件。本节采用 FVCOM 模式对渤海海域的潮汐、潮流现象进行数值模拟,并对潮汐模拟过程中的主要影响因素进行简单讨论。

6.2.1 数据准备

根据潮汐动力学理论,近海潮汐主要是大洋潮波传入浅海后与海底地形、海陆分布、海底摩擦等局地地理特征发生非线性作用后形成的波动信号,因此在模拟潮汐潮流时,准确的海陆边界、水深和开边界潮位资料数据都是关键的输入要素。此外,还需要一些数据处理软件用于读取数据,并生成适合于 FVCOM 模式的岸线数据、水深数据及三角形网格数据。

6.2.1.1 岸线数据

本算例使用美国国家海洋大气管理局(national oceanic and atmospheric administration, NOAA)的岸线数据(global self-consistent, hierarchical, high-resolution geography database, GSHHG)来构建渤黄东海的海陆地形。GSHHG 是全球高分辨率地理数据库,由两个数据库——世界向量海岸线(WVS)和 CIA 世界数据库(WDBII)合并而成。GSHHG 结合了早期版本的 GSHHG 海岸数据库和 WDBII 的河流和边界数据,可下载的数据格式包括 ESRI shapefile 格式或本地二进制格式两种。其可下载的全球岸线有经度和纬度两列数据,主文件图形格式后缀为 shp,图形索引格式后缀为 shx,属性数据文件格式后缀为 dbf。在后续的潮汐模拟中,本书仅仅需要渤黄海(117.5°N-127°N,34°E-41°E)的海陆分布即可,因此需要使用专门的工具软件对原数据进行目标海域提取,并且将格式转为后缀名为 dat 的二进制格式。本算例使用 GEODAS-NG 软件中的 Coastline Extractor 工具进行数据提取和格式转换。

GEODAS-NG 是一系列工具的集合，其中的应用工具包括：HydroPlot 是用于显示和编辑地理图像数据的应用工具，数据适用于 MGD77/MGD77T、MAG88T、XYZ 格式数据文件，以及 ASCII 二进制网格数据文件、shapefile 格式数据文件、等高线和海岸线数据文件；Shapefile Maker 是将其他多种格式的数据创建或转换为 shapefile 格式文件的应用工具；Coastline Extractor 是海岸线提取的应用工具；Grid Translator 是用于处理 GEODAS 或其他网站下载网格化数据集的应用工具；Data Reformatter 是用于转换数据格式的应用工具；Geoplot 同样是用于显示和编辑地理图像数据的应用工具，不过适用数据范围较窄，仅可适用于 MGD77T 和 MAG88T 类型数据文件。

6.2.1.2 水深数据

本算例所使用的水深数据为 ETOPO1 数据。ETOPO1 是美国国家海洋大气管理局（national oceanic and atmospheric，NOAA）下属的美国地球物理中心（national geophysical data center，NFDC）于 2008 年 8 月发布的全球陆地表面地形和水深数据，能够刻画出海底地形的大部分细节信息。ETOPO1 具有“冰面”和“基岩”两个版本，“冰面”版本是以南极和格陵兰岛的冰盖为基准线的网格化数据，“基岩”版本是以冰盖下的基岩为基准线的网格化数据。这两个版本由不同的全球和区域数字数据集产生，数据集采用多个机构提供的水深、地形和岸线数据。目前，ETOPO1 数据基准已转换到 WGS 84 坐标系下，该数据下载地址为 https://www.ngdc.noaa.gov/mgg/global/global.html。

由于 ETOPO1 是网格化全球数据集，格式为 netCDF，无法直接用于 FVCOM 模式，需要对数据进行提取和转换。在本算例中利用免费的软件工具包 GEODAS-NG 中的 Grid Translator 应用工具对原始数据进行编辑和区域选择。如前所述，ETOPO1 是全球地形数据，在进行计算前首先要划定目标海域，然后需要剔除陆地高程值，最后，由于 FVCOM 模式中要求水深为正值，因此需要将原始数据为负值的水深转换为正值，保存成后缀为 CST 的数据文件以便后续处理计算。

6.2.2 模式设置及运行

本算例的计算范围为 117.5°E~127°E 及 34°N~41°N 的渤海及黄海海区，区域范围如图 6-7 所示，处理好岸线和水深数据后就可以制作三角形模式网格。生成三角形网格的软件有很多，既有开源软件也有商业软件，有功能强大但是使用复杂的 Gridgen、ICEM 和 GAMBIT，也有丹麦 DHI 公司研发的 MIKE 系列商业软件。本算例中使用的模式网格生成软件是由 Aquaveo 公司开发的 Surface-water Modeling System（简称 SMS 软件），其下载地址为 https://www.aquaveo.com/downloads-sms。在 SMS 软件中选择 WGS 84 投影方式导入目标区域的岸线数据，使用 ETOPO1 水深数据，将开边界两侧岸线连接起来，开边界设置在 34.5°附近。

在近海、近岸海域潮波计算中有两种边界条件：一种是海-陆边界，即闭边界；另一种是海-海边界，即开边界。在闭边界处，给固壁边界条件，即法向流速为 0。在开边界处，需要给定随时间变化的海面高度ζ值,称为强迫水位。如何给定边界条件是海洋数值模拟中非常重要的问题,需要根据不同计算对象采用不同的方法。其中最简单的两种方法是给定水位或法向流速分量。因韩国附近岸线大小岛屿众多,不利于计算对地形比较敏感的近岸潮汐,因此在设置开边界区域时没有严格按照纬线划分,避开了小型岛屿众多的区域。

考虑到计算机运行时间及计算精度要求,将空间分辨率设置为0.1°,近岸区域没有额外加密,最终生成718 675个网格和364 111个网格节点。生成三角形网格后需要检查网格质量,处理不符合要求的三角形。根据FVCOM手册上的建议,三角形内角最小不能小于30°,最大不能大于130°;相邻两个三角形面元比不小于0.5。按照此原则,最终生成的计算网格如图6-7所示。图6-7中可直观看到网格分布非常密集,因此岸线区域也不需要加密。由于空间分辨率较高,图6-7中难以直接观察到所生成的三角形网格,局部放大后才可见。

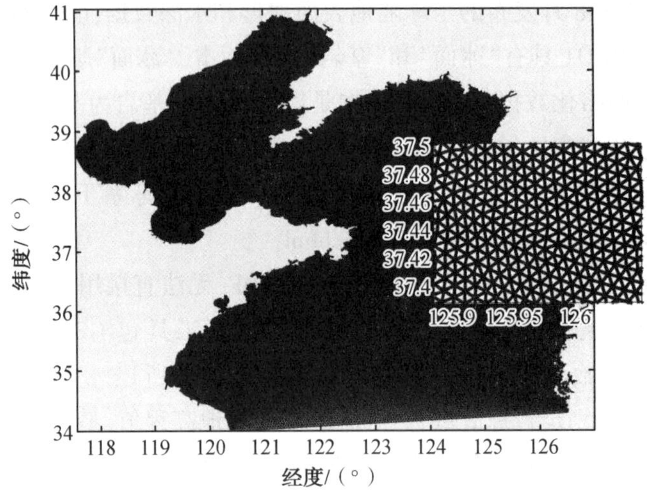

图6-7 计算海域水平网格分布图

最后将所下载的ETOPO1水深数据插值到三角形网格,结果如图6-8所示。从水深分布图可以看出,渤黄海有一部分区域水深小于10 m,这对于潮汐模拟来说会有所影响。因为本算例并未采用干湿网格,在潮汐振幅较大的区域会出现计算错误。因此,在调试过程中,会根据计算需要对部分区域的水深进行适当调整,以避免计算错误。FVCOM模式采用σ坐标,在本算例中,垂向分层为5层。

构建非结构性三角形网格后,需要给出开边界节点上的潮位信息,用以驱动计算海域内所有节点的潮位。开边界节点上的潮位由美国俄勒冈大学开发的TPXO潮汐模型计算得到,模型可在TPOX官方网站中获取。TPOX模型除了提供潮位信息以外,还提供了OTPS(nc)软件工具(处理TPOX数据)及其他免费工具,如TMD(Tide Model Driver)、Harmonica和OTPS2FRC。TMD软件包括一套用于获取和预测潮汐场的脚本和一个快速浏览特定范围潮位信息的图形用户界面,因此十分适合初次上手的用户。本算例主要针对M2、K1、O1和S2四个主要分潮产生的潮汐潮流进行计算,因此,开边界条件也只需要给出相应的四个分潮的潮位。

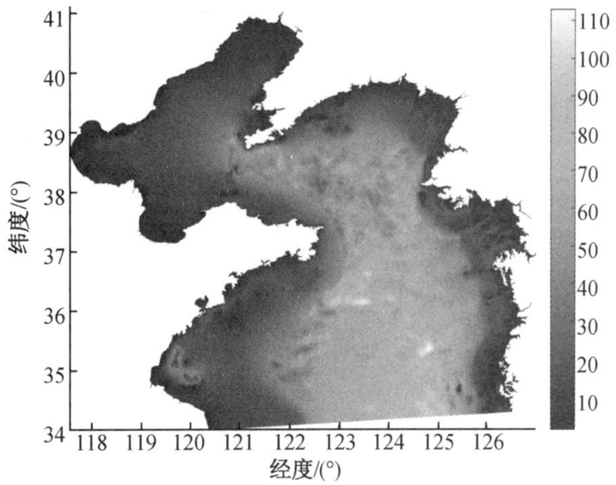

图 6-8 计算海域的水深分布图

与 POM 模式相同，FVCOM 模式也采用内外模态分离的方式进行时间差分，本算例的外模态时间步长设置为 60 s。此外，海底摩擦是潮汐能量消耗的主要渠道，海底摩擦系数设置是否合理是模拟近岸潮汐的关键因素。由于通常无法得到客观的海底摩擦系数数据，为了方便，在本算例中将海底摩擦系数设置为常数 0.002 5。

6.2.3 模拟结果与分析方法

本算例利用 FVCOM 模式进行正压潮的模拟，因此只有水位和正压流速是本算例的有效输出。如图 6-9 所示，潮流和潮汐水位都呈现周期性振荡的特征。模式从静止的初始状态开始积分，由开边界的强迫水位驱动出周期性的往复运动。可以看到由于前期模式设置为静水状态，因此初始潮位为 0，需要等模式稳定后才能进行后续的分析和计算。

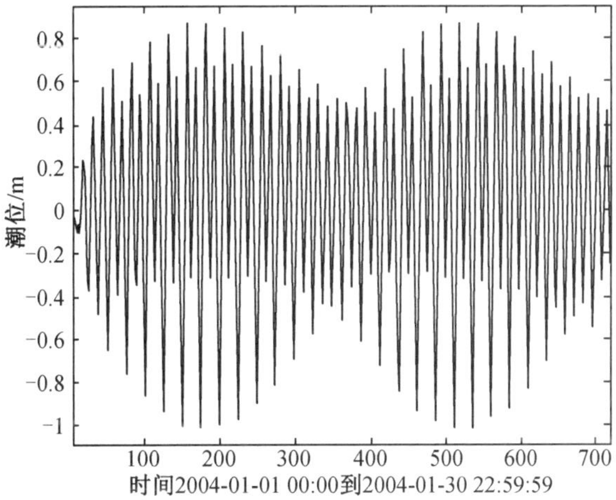

图 6-9 某节点上计算所得潮位

由于潮汐、潮流均呈现出固定频率周期性震荡特征,因此可以方便地利用其振幅及相位信息对其进行描述。利用最小二乘原理,根据水位的时间序列数据分析其周期和相位的方法在潮汐学中被称为调和分析法。我们在此处对调和分析法进行简单介绍,详细的推导过程可参考潮汐学的相关书籍。

在计算海域中任意给定节点,其周期性起伏的潮位 ζ 可以分解为一系列固定周期的正弦波:

$$\zeta(t)=A_0+\sum_{i=1}^{M}R_i\cos(\omega_i t-\theta_i)\quad t=0,1,\cdots,N-1 \tag{6.2-1}$$

式中,A_0 是余水位;M 是考虑的分潮数目;R_i 是各分潮的调和常数振幅;ω_i 是各分潮的角频率;θ_i 是各分潮调和常数迟角;N 是一个潮周期的时间步长个数。

R_i 和 θ_i 被称为潮汐的调和常数。由于各个分潮的角频率是已知的,因此只需要获得潮汐的调和常数就掌握了计算海域的潮汐规律。调和分析将观测到的或者计算得到的潮汐水位视为多个分潮的叠加,从而求出各个分潮的调和常数振幅和调和常数迟角。掌握研究海域潮汐调和常数规律,就可以利用调和常数开展潮汐预报和分析潮汐性质。

在调和分析中,最小二乘法是一种经典、有效且应用广泛的方法。假设需要分析 M 个分潮,潮位 ζ 可以用以下函数来表示:

$$\zeta(t)=A_0+\sum_{k=1}^{M}R_k\cos(\omega_k t-\theta_k)=A_0+\sum_{k=1}^{M}(A_k\cos\omega_k t+B_k\sin\omega_k t) \tag{6.2-2}$$

式中,A_0 为平均海面高度;R_k 为振幅;θ_k 为相位;$A_k=R_k\cos\theta_k$;$B_k=R_k\sin\theta_k$;M 代表需要调和分析的分潮数目。

为了使式(6.2-2)充分逼近实际潮位 $\zeta(t)$,按最小二乘法原理得到

$$D=\int_{t_0}^{t_0+T}\left[\zeta(t)-A_0-\sum_{k=1}^{M}(A_k\cos\omega_k t+B_k\sin\omega_k t)\right]^2\mathrm{d}t \tag{6.2-3}$$

式中,t_0 为调和分析起始时刻;T 为潮汐资料积累时长。

使 D 最小的条件为

$$\frac{\partial D}{\partial A_0}=0$$

$$\frac{\partial D}{\partial A_k}=0$$

$$\frac{\partial D}{\partial B_k}=0 \tag{6.2-4}$$

由此可以求得系数 A_k、B_k 使式(6.2-4)为最小,进而可以得到潮汐的调和常数。

在本算例中,潮汐模拟了 30 天,这是由于数值模拟中采取的时间步长较短、数据较多,因此调和分析资料积累时长 T 选择一个月也能满足需求。而对于一般的调和分析计算调和常数的过程,样本资料时间长度越长,计算拟合结果越准确。通常使用最小二乘法分析单站长期潮汐资料,为了得到更加准确的结果,资料时间长度一般取一年。

根据模式模拟结果获得潮汐调和常数后,可以绘制同潮图并据此分析潮汐要素特征值,如潮汐的传播方向、潮波传播速度、无潮点的分布、各地潮差大小等。

利用本算例模拟结果分析得到的调和常数绘制的渤黄海 M2 分潮同潮图如图 6-10 所示。从图 6-10 中可以看出 M2 潮波由开边界传入向北传播,逆时针旋转,在黄渤海形成 3 个无潮点;由于水深变浅,传播速度开始变慢,在地转偏向力、海岸线和海底地形的相互作用下,形成了整个计算区域的半日潮波系统。

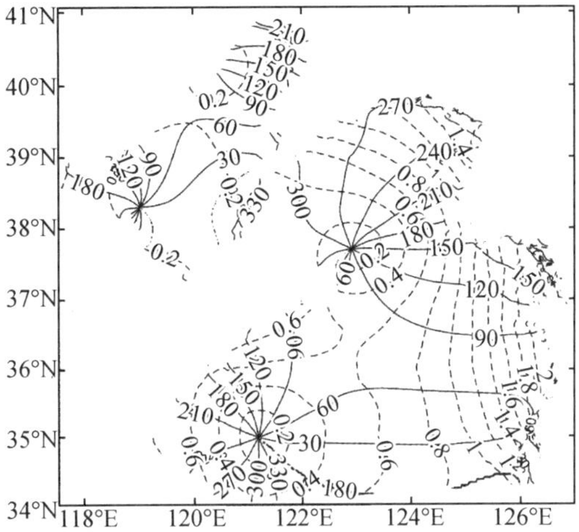

图 6-10 渤黄海 M2 分潮同潮图

利用同样的方法也可以进行潮流调和分析,只需将水位数据换成流速的两个分量即可。由于潮流不仅有大小还有方向,其表达方式略为复杂,通常会通过绘制潮流椭圆的方式来表达潮流特征。将潮流的东西分量 u 和南北分量 v 分解为一系列的正弦波,可得潮流椭圆的参数方程为

$$\begin{cases} u = U\cos(\omega t - \xi) \\ v = V\cos(\omega t - \eta) \end{cases} \tag{6.2-5}$$

式中,U、ξ 和 V、η 分别为分潮流的东分量 u 和北分量 v 的调和常数振幅和位相;ω 为分潮的圆频率。消去 t 之后得

$$V^2u^2 - 2UV\cos(\xi-\eta)uv + v^2U^2 = V^2U^2\sin^2(\xi-\eta) \tag{6.2-6}$$

于是我们得到了一个椭圆方程,称为潮流椭圆方程,它表示分潮流矢量端点轨迹。

在潮流椭圆分布图中,潮流椭圆的长轴指示了该处最大流速和最大流速方向,而椭圆短轴指示了该处最小流速和最小流速方向。当长短轴长度接近时,表明潮流的旋转性较强,表现为旋转流;当短轴长度远小于长轴,甚至几乎长度为零时,则表明潮流基本做来回往复运动,称为往复流。

利用本算例计算的潮流数据进行调和分析并计算其潮流椭圆,其中渤黄海 M2 分潮潮汐椭圆分布图如图 6-11 所示。可以看到由于近岸海区地形较为复杂,水深较浅,存在海峡、岛礁等各种特殊地形,因此近岸区域潮流椭圆率较大,椭圆短轴小于长轴,潮流主要表现为往复流;外海潮流椭圆的椭圆率则受地形影响较小,潮流主要为旋转流。

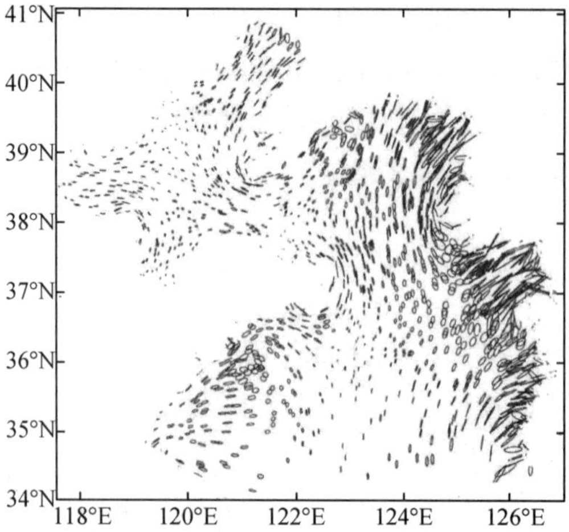

图 6-11　渤黄海 M2 分潮潮汐椭圆分布图

第 7 章　海洋数据可视化

以图像化的形式将海洋数值模拟结果表达出来是海洋数值模拟与仿真的重要环节。在计算机学科的分类中，对数据进行交互的可视表达以增强认知的技术称为可视化。利用可视化技术可以直观地表达数据的分布规律和内部信息，通过将具体的数值以图形方式直观呈现。这些图形方式可以表现出物理状态在区域或时域的变化和特点，从而更好地探究海洋环境要素场的结构特征和变化形态。

海洋数据可视化可以看作海洋数据的后处理过程，也是对海洋数值模拟结果进行直观表达的重要方法，即通过一定的处理方法，得到海洋数据的图形或图像表示，从而能够从视觉上直观地感知数据的信息。

海洋数据可视化的方法依赖于科学可视化。科学计算可视化是当前计算机学科的一个重要研究方向，这一科学术语正式出现于 1987 年 2 月美国国家科学基金会召开的一个研讨会上。研讨会发表的总报告给出了科学计算可视化的定义、覆盖的领域及近期与长期的研究方向。科学可视化的处理对象是科学数据，主要面向自然科学领域，如海洋学、气候学、医学等，研究如何对这些领域的数据和模型给出合理的解释，探索如何有效呈现数据的特点和关系来揭示数据中蕴含的规律。从 1990 年起，美国计算机学会计算机图形学技术委员会开始举办一年一度的可视化国际学术会议。与此同时，自 18 世纪后期统计图形学诞生后，抽象信息的视觉表达方式仍然在不断发展，以揭示数据及其他隐匿模式的奥秘。进入 21 世纪后，随着计算机技术的发展，研究人员开始追求高时空分辨率的海洋数据，使数据量、数据类型爆炸式增长，可视化技术也随之不断发展，综合了可视化、图形学、数据挖掘理论与方法的可视化理论模型、方法和用户交互手段不断出现，辅助用户从大尺度、复杂、矛盾甚至不完整的数据中快速挖掘有用的信息，以便做出有效决策。

近几年，可视化技术在海洋领域得到了广泛的发展，特别是针对海洋不同方面的应用需求，国内外的研究机构都有不同的成果。例如谷歌公司在 2009 年以 Google Earth 为基础添加了海洋环境、海底地形等方面的信息形成了 Google Ocean 这一海洋可视化软件。随着大数据的兴起，可视化方法可以帮助我们更好地理解和分析庞大的数据集。

7.1　海 洋 数 据

海洋数据种类繁多，不同类型的海洋数据往往具有不同的格式和特性，对可视化技术的要求也不同。在进行海洋数据可视化之前，首先需要依据海洋数据的特性和格式对海洋数据进行分类。

7.1.1 海洋数据分类

科学数据一般可分为三种类型,即数值数据、几何数据(几何造型)与图像数据(位图、照片、扫描仪输入点阵数据)。

数值数据又称属性数据,用来表示温度、速度、强度等海洋环境要素。数值数据通常可划分为标量、矢量和张量形式,是可视化技术应用研究人员最关心的数据。标量是最简单的类型,只包含一个数值,例如海温数据;矢量包含大小和方向,例如海流速度数据;张量是具有多重方向性的更复杂的物理量,例如深海中的压力,它在海洋的各个方向上都有不同的大小,给船体或深海探测器等各种物体带来的是三维空间中的压力分布。

几何数据用来表示对象的形状,包括点、线、多边形、曲面等,通常由几何造型软件定义或生成。数值数据有时也可能与几何数据有联系,这是因为数值数据往往是与空间位置相关联的,而几何数据描述了空间的形状和位置。在可视化中,数值数据与几何数据的联系可以通过将属性值与几何对象进行映射来实现。对于标量数据,可以通过在几何对象的表面或内部定义属性值来表示。例如,海洋某一深度处,可以将温度数据沿着地理坐标的每个点进行插值,然后使用颜色映射将不同的温度值呈现为地图上的不同颜色,这样可以直观地展示海洋在该深度上的温度分布。

图像数据通常是指海洋表面或水下环境中所采集到的图像信息。这些图像一般通过水下机器人、卫星遥感等各种设备获取。图像数据通常捕捉海洋表面、生物群落、气象现象等多方面的信息。图像数据通常以点阵数据(位图)形式表示,例如卫星遥感图像数据等。海洋图像数据可以以多种数字形式表示,包括常见的图像格式(如 JPEG、PNG)和专门用于科学数据的格式(如 NetCDF、HDF5),以满足不同应用场景下的需求。

数据是可视化基础,其特点决定了可视化的方法和流程。相对于其他类型的科学数据,海洋环境数据具有以下特点。

(1)多样性。海洋环境数据涵盖了广泛的信息和参数,包括海洋温度、盐度、流速、氧气含量、pH 值等。这些数据可以来自各种传感器、卫星观测、浮标、船只及科学研究项目等不同来源,由于观测手段、技术指标各异,资料数据呈现出多样化的特征。各类海洋数据间存在着相互联系、相互补充等关系,共同影响数据集的质量。

(2)大规模和高分辨率。海洋环境数据通常是大规模的,涵盖着广阔的海洋区域。此外,随着技术的进步和数据采集方法的改进,海洋环境数据的分辨率也越来越高,能够提供更详细和更精确的信息。随着海洋观测设备的大量使用及海洋专项技术的不断发展,特别是"空、天、地、底"海洋立体观测技术的飞速发展,积累了大量不同时期、不同分辨率、不同海域的海洋数据。海洋数据的规模增长速度十分迅猛。

(3)动态性和时空变化。海洋环境数据具有明显的时空动态性。海洋环境变化受到季节、潮汐、海流、风力、气候等多种因素的影响,因此海洋数据可能存在时间上的变化和空间上的差异。

(4)多层次和多维度。海洋环境数据涉及不同的水深层次、不同的海洋区域及不同的观测参数。海洋环境数据具有多维度的特征,需要综合考虑不同要素之间的关系。如何有效地展示和比较多个参数在空间和时间上的变化趋势,并且保持可视化结果的清晰和易于理解,是一个具有挑战性的任务。

(5)实测数据稀缺和难以获取。由于海洋环境的广阔和复杂性,获取海洋环境数据是一项挑战性任务。许多海洋区域没有足够的观测站点或传感器,导致数据存在稀缺性和局限性,同时存在散点数据,需要对其进行时间和空间上的插值等处理。另外,自然环境不断变化导致海洋的边界线十分模糊,而且有些海洋要素的定义界限也并不明确,例如领海界线、海岸带等。由于无法划定精确的边界,导致同一环境要素的不同等级划分也有一定的模糊性。

(6)数据质量和准确性。海洋环境数据的质量和准确性对于进行可靠的分析和预测至关重要。由于海洋环境的极端条件和数据采集的困难性,数据中可能存在错误、噪声和偏差,需要进行相应的质量控制和数据处理。

7.1.2 海洋数值数据格式

现有的海洋数据种类繁多,数据量大,为了满足不同系统的使用及传输需求,海洋数据应针对不同的数据类型及软件平台采用不同的存储格式。在海洋数据可视化过程中常见的数据格式包括 VTK 数据格式、CDF 数据格式、NetCDF 数据格式及 HDF 数据格式等。

7.1.2.1 VTK 数据格式

VTK 是美国 Kitware 公司为自己的开源软件 VTK(visualization tool-kit)可视化工具包提供的一种数据格式。VTK 数据格式支持的数据集类型包括点数据集(point dataset)、结构化网格数据集(structured grid dataset)、非结构化网格数据集(unstructured grid dataset)、多块数据集(multi-block dataset)等。对于海洋领域中复杂的海洋地形、边界和障碍物等,使用非结构化网格可以更好地表示这些特征。每种数据集类型都有不同的元数据和属性信息来描述其几何、拓扑和属性特征,这些信息一起构成了 VTK 文件格式中的数据集定义部分,使数据可以被准确地解释和可视化。

传统 VTK 数据格式由 5 个基本部分组成,即文件版本和标识符、文件头、文件格式、数据集结构和属性部分。前三个部分不可省略,后两个部分可以省略。文件版本和标识符部分由一单行组成,其形式为"#vtk DataFile Version. x",它属于 VTK 数据格式中的文件头部分,用于指示文件的版本和类型:其中"DataFile"表示这是一个包含数据的文件,"Version. x"表示该文件遵循 VTK 数据格式的版本号,例如"Version 4. 2"是指这个文件采用了 VTK 数据格式的 4. 2 版本。属性部分描述数据集属性,例如关键字"POINT_DATA"表示点数据集。文件格式用于描述文件类型,包括"ASCII"和"binary"两种。数据集结构用于描述数据的几何和拓扑结构,以关键字"DATASET"或者"CELL DATA"开始,后跟描述数据集类型的关键字。当数据文件中使用"DATASET"关键字时,后面会跟随具体的数据集类型和相关信息,用于定义数据集的几何形状和拓扑结构;当数据文件中使用"CELL DATA"关键字时,表示之后的数据是与单元相关的属性数据。

VTK 数据格式可以有效地存储多维数据,适用于海洋领域中三维或四维数据集的存储。例如,对于海洋模型输出的三维温度、盐度和流速数据,VTK 可以轻松地存储这些数据并保持其结构。VTK 数据格式在存储海洋数据时具有灵活性、扩展性和兼容性的优势,能够满足海洋领域中多维数据和复杂网格的存储需求,可与其他工具和库进行无缝集成。

7.1.2.2 CDF 数据格式

CDF (common data format)是由美国国家航空航天局 (NASA)开发的一种用于存储和交换科学数据的文件格式。CDF 为独立于编程语言的数据格式,可以在多种编程语言中使用,包括 Fortran、C、Java、Python 等。它提供了一套 API(应用程序编程接口),使得研究人员能够方便、灵活地读取和写入 CDF 文件,并操作其中的数据。

NetCDF (network common data form)由美国国家大气研究中心 (NCAR)开发,最初为了满足地球科学领域对于存储和共享数据的需求而设计,目前已成为一种广泛应用于气象、海洋、地球科学等领域的标准数据格式。

7.1.2.3 NetCDF 数据格式

NetCDF 文件是自描述型的文件,每个 NetCDF 文件由三个部件组成,即维、变量和属性。在 NetCDF 文件中,维度用于定义数据的大小和形状。每个维度都有一个名称和一个大小(长度),维度可以用来描述数据的空间(如经度、纬度、高度)、时间(如年、月、日)及其他维度信息。维度在 NetCDF 文件中一旦被定义就无法被更改。变量用于存储数据值,每个变量都有一个名称、数据类型和关联的维度。变量可以是标量、一维、二维或多维的,并可以包含任意形状的数据。变量可以包含真实观测值、模型输出、计算结果等。变量在 NetCDF 文件中可以是可读写的,并且可以使用索引或切片操作访问和更新变量中的数据。属性用于存储与变量或整个文件相关的元数据。属性是键-值对的形式,其中键是属性的名称,值可以是浮点数、整数、字符串、布尔值或数组等。属性可以用来描述变量的单位、缺失值、坐标系、数据来源等其他相关信息。属性是可被修改的,可以通过添加、删除或修改来改变属性。

NetCDF 文件包含了关于数据结构、维度、变量和属性的详细描述信息,这使得不同用户和系统可以更容易地理解和使用数据。目前,NetCDF 文件支持的基本数据类型主要包括 byte、char、short、long、float 和 double。NetCDF 文件支持对单个数据值或对单个变量的任意数据超块(hyper-slab)进行直接访问,同时 NetCDF 文件支持数据压缩和并行计算。总体来说,NetCDF 是一个灵活、可扩展和易于使用的科学数据格式,具有丰富的功能和兼容性,广泛应用于气象、海洋、地球科学等领域,也是海洋数值模拟最常用的数据存储格式。

7.1.2.4 HDF 数据格式

HDF (hierarchical data file)是美国国家高级计算应用中心为了满足各种领域研究需求而开发的一种能高效存储和分发科学数据的新型数据格式。HDF 文件采用层次结构来组织数据，包含以下几个主要组件：文件头（file header）包含有关文件的元数据信息；数据集（datasets）用于存储实际的数据，可以是多维数组；组（groups）用于组织和管理数据集的容器，可以形成层次结构；属性（attributes）为附加到数据集、组或文件的元数据信息。每个HDF文件可以包含多个层级，并且每个层级可以包含多个组、数据集和属性。这种层次结构使得数据组织清晰，并且能够在不同层级之间建立关联。使用HDF数据格式进行数据存储时，数据可以以压缩或不压缩的方式存储，并且可以根据需要选择不同的压缩算法。此外，HDF数据格式还支持数据块划分和分布式存储，以提高数据访问效率。HDF数据格式是一个跨平台的文件格式，可以在不同操作系统（如Windows、Linux、Mac OS）和不同编程语言（如C、C++、Python）中使用和访问。

HDF数据格式通过其灵活性、高效性和跨平台性等优点，成为处理和管理大规模科学数据的重要工具，在科学数据存储和管理领域广泛应用，特别适用于存储大规模、复杂的数据集，如遥感数据、气象数据和地震数据等。它提供了灵活的数据组织和存储方式，能够更好地管理、分析和共享科学数据。

7.2 海洋数据可视化步骤

海洋数据可视化流程如图7-1所示。

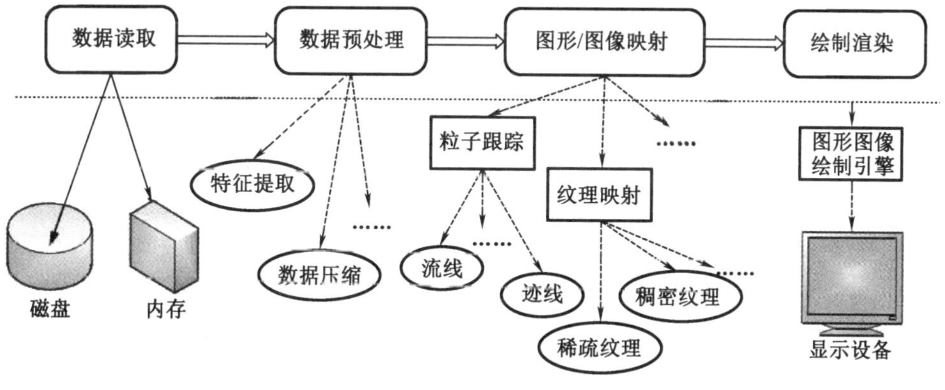

图7-1 海洋数据可视化流程图

7.2.1 数据读取

数据读取是将磁盘或数值模拟程序内存中的海洋数据提取并传输到可视化程序内存的过程。根据数据的更新频率将可视化分为离线可视化和在线可视化。离线可视化使用静态数据，直接通过磁盘I/O操作读取流场数据。在采用并行可视化方法处理海量数据时，需要设计高效的磁盘I/O策略，满足可视化算法的处理需求。同时要进行数据格式处理,将数据转换为常见的数据格式(如 NetCDF 等),以便后续分析和可视化。在线可视化使用实时或近实时数据。这种方法为数值计算中间结果的观察提供了支持,该方法将数值计算内存中的中间结果数据直接进行可视化或者读到可视化程序内存中后进行可视化,得到数值计算中间结果的可视化结果。

7.2.2 数据预处理

数据预处理是对原始海洋数据进行规范化处理的过程。海洋数值模拟结果或实际观测数据通常不能直接进行可视化,需对其进行必要的规范化处理,将其存储为可视化过程中所需的统一数据格式,从而提高可视化算法的绘制效率,实现算法交互的实时性。

海洋数据通常包含噪声、缺失值和异常值。对海洋数据进行数据清理是数据预处理的必要过程,其方法主要包括数据规范化处理(例如,删除缺省值及错误数据)、滤波及平滑处理(例如,删除噪声等)、网格重新划分(划分成适宜进行可视化显示的数据网格或改变网格结构)、坐标变换、特征检测、增强和提取、特征映射等。数据清理和预处理不仅可以消除原始数据中的错误数据,避免干扰,还可以根据需要对缺失数据或者稀疏数据加密,使可视化结果更加完善。

网格数据是可视化最常用的海洋数据类型,它将数据定义在网格采样点上,不同的网格采样点间有不同的连接关系,便于计算机系统处理。网格重新划分是一种常见的预处理过程,其目的是将原始海洋数据处理为可视化方法需要的网格类型,如三角形网格、笛卡儿网格等。图 7-2 给出了几种典型的二维网格模型。

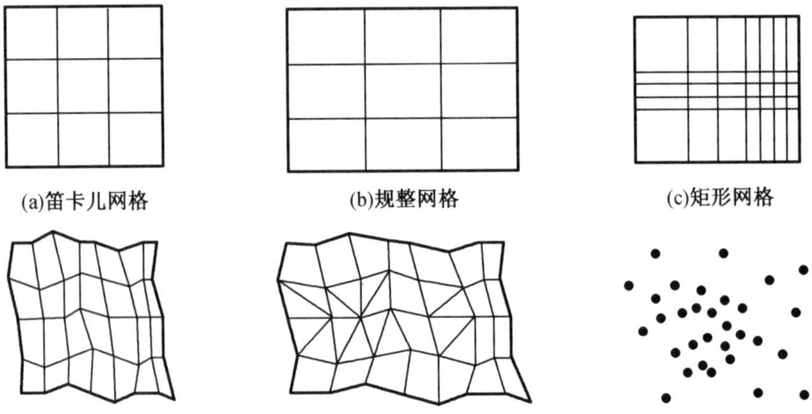

(a)笛卡儿网格 (b)规整网格 (c)矩形网格

(d)结构网格 (e)非结构网格 (f)散乱点

图 7-2 典型的二维网格模型

(1)笛卡儿网格:以二维矩阵表示数据场,场中每个体元都是单位正方形,体元各棱与坐标轴平行,用一对整数 (i,j) 隐式标记体元,也可以直接用整数坐标 (i,j) 寻址。

(2)规整网格:是一种体元为矩形的规则结构,轴与坐标轴平行,同一轴内网格间距离相等。以一对整数 (i,j) 标记体元,构成体元顶点的网格点坐标由 $(i*dx,j*dy)$ 确定,其中 dx、dy 分别表示体元的长、宽。

(3)矩形网格:每个体元为规则的矩形,轴与坐标轴平行,但各轴上的网格点间距离不等,这使得体元大小不一。以一对整数 (i,j) 标记体元,体元顶点在空间的位置由 2 个一维数组表示。

(4)结构网格:每个体元为四边形,大小不同,以一对整数 (i,j) 标记,体元顶点在空间的位置由 2 个一维数组表示。之所以把它称为结构网格是因为每个内部点都有相同数目的近邻。这种网格常用于计算海洋内部的受力、湍流分析等。

(5)非结构网格:非结构网格的体元为多边形。在非结构网格中除了要保存网格点坐标,还要保存网格点之间、网格点与边、网格点与单元、网格点与体元、边与单元、单元与体元之间的联结信息。

(6)散乱点:散乱点是网格的特例,每个散乱点数据都是独立的,可以将其转化为其他网格数据。

在特定情况下,还需要对原始数据进行必要的特征提取、数据压缩等操作,从而突出特征数据,减少可视化需要处理的数据量。特征提取是数据预处理的一个重要步骤,通过特征提取能够直接删除不重要的区域,实现数据压缩,从而大大减少可视化需要处理的数据量,提高可视化效率。特征提取的方法很多,如分量提取、切片提取等。由于海洋数据具有复杂的拓扑结构,通常采用六面体体元或四面体体元的数据组织方法。前者对于规则的和结构化的不规则矢量数据比较有效,而后者则适用于拓扑结构任意复杂的数据场。通过分析数据找出用户感兴趣的区域或者流场中的某些重要特征,如旋涡、激波、马鞍点等。海洋数据分析和建模的方法包括统计分析、时序分析、空间分析、机器学习和深度学习等。

7.2.3 数据映射

数据映射是将数值数据转变为几何数据的过程,也就是将复杂数据转变为可直接进行图像显示的数据过程,因此数据映射可以说是可视化技术的核心。以流场数据为例,数据映射过程是通过粒子跟踪、纹理映射、转换函数等方法将流场数据中的信息映射为流线段、迹线段、噪声纹理线条、像素等图形、图像元素,从而实现基于图形绘制引擎对流场的渲染和绘制。数据映射是可视化步骤中较费时的一个步骤,例如粒子跟踪需要大量的离散积分运算。同时,可视化结果的质量也是由这一步决定的,高清的映射方法有助于可视化结果更准确地表现原始数据所携带的信息。

标量场映射相对容易,通常只需要定义颜色映射和透明度映射。在选择了合适的颜色和透明度映射后,就可以对数据应用这些映射。矢量场映射需要将矢量数据映射到某种可以直观表现和理解矢量数据特性的视觉元素上,通常可以映射为箭头或线段的长度和方向、颜色、纹理或图案等。张量场的可视化相对于矢量场来说更加复杂,除了需要进行大小与方向的映射,还需要对其他属性进行映射,因此通常选择不同的几何模型,并附加体积、颜色等进行映射。

7.2.4 可视化绘制与显示

绘制与显示过程是指将映射生成的几何数据(点、线、曲面等几何元素数据)转换成图像数据并绘制到显示设备上进行渲染的过程,是海洋数据可视化的最后一个步骤。在科技迅猛发展的今天,可视化技术中关于绘制算法的理论研究相对成熟,同时许多高级编程语言也开发了对应的可视化第三方库。

7.3 标量数据可视化方法

海洋数据中的标量数据包括海面温度、海水的盐度、海洋营养盐浓度等。标量数据是形式最简单的海洋数据,也是海洋数据可视化最常处理的数据。我们在此处分别针对二维标量数据和三维标量数据的可视化方法进行介绍。标量可视化的方法主要包括等值线、等值面、足迹表法、错切片法及光线投影算法。

7.3.1 二维标量数据可视化绘制方法

等值线是可视化二维空间标量场的基本方法,如地图上的等高线、天气预报中的等压线和等温线等。任意一个空间变量数据点都可以用三维坐标(x,y,z)表示,其中二维坐标(x,y)表示三维空间点在平面上的投影位置,z表示数据的空间属性值。由于海洋数值模拟产生的标量数据都对应于特定的离散点,因此在计算等值线的过程中必须对已有数据进行空间插值,得到绘制等值线所需的分辨率。常用的插值方法有双线性插值法、样条插值法及克里斯金插值法等。

等值线生成算法主要有不规则三角网格法和矩形网格法。这两种等值线绘制方法各具特点,算法的实现及绘制过程也存在较大的区别。矩形网格法具有算法流程设计简单、程序容易实现、等值线不容易相交等优势,所以矩形网格法被人们广泛地研究和应用。但是,矩形网格法对原始数据具有一定的约束要求,需要被处理数据的分布相对均匀且连续分布。对于一些非结构网格的数值模型而言,其模拟结果的数据分布结构并不符合这种约束条件,为了能适用于更广泛的原始数据类型,三角形网格模型应运而生。TIN 模型具有良好的适用性,是应用三角网格法的基础。无论选用哪种算法,在生成等值线的过程中都需要处理等值点的位置解算、平滑、跟踪及等值线间的填充等一系列问题。下面以矩形网格法为例进行说明。

7.3.1.1 等值点计算

对等值点的计算需要给定一个待遍历的属性值,该值表示等值点集所构建的等值线属性,利用该值可以遍历出矩形网格数据中满足约束条件的所有等值点的位置。其计算过程如图 7-3 所示。

假设$f(x,y)$是在点(x,y)处的数值,等值线是在二维空间标量场中满足$f(x,y)=c$的空间点集按一定顺序连接而成的线。值为 c 的等值线将二维空间标量场分割为两部分:等值线一侧的数据满足$f(x,y)<c$,另一侧则是由满足$f(x,y)>c$的点构成。通常我们只需要计算出等值线与矩形网格四条边的交叉点位置,并按照合理的排序连接起来便可以绘制出满足要求的等值线。为了确定等值线与网格边线的交叉点位置,我们通常假设标量场的数值在边线上依线性规律变化,于是可通过线性插值的方法计算其位置。对于水平边线,等值点坐标计算公式如下:

$$\begin{cases} x=x_A+\dfrac{C_K-f(A)}{f(B)-f(A)}\times(x_B-x_A) \\ y=y_A=y_B \end{cases} \tag{7.3-1}$$

式中,x 和 y 分别为等值点的横纵坐标;$C_K=c$ 为等值线属性值;A、B 两点为水平边线的两个端点。同样,垂直边线上等值点坐标计算公式如下:

$$x=x_A=x_B$$

$$y=y_A+\frac{C_K-f(A)}{f(B)-f(A)}\times(y_B-y_A) \tag{7.3-2}$$

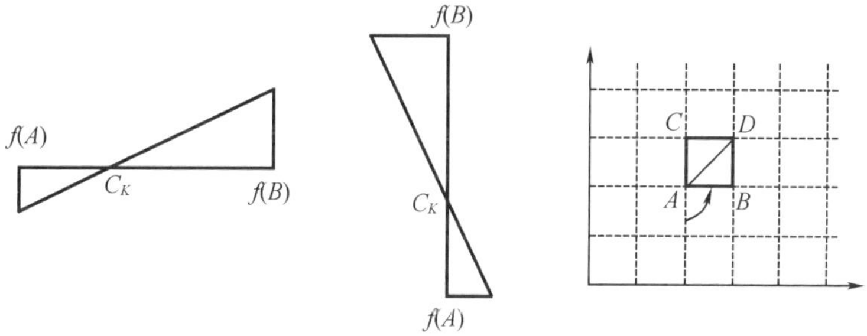

图 7-3 矩形网格边线上等值点位置计算示意图

利用以上方程式便可计算出区域规则网格划分下的所有网格边线上的等值点,以此作为等值线生成的基础。将解算出来的等值点位置值保存在线性的存储结构中,等值点位置的数据结构为$(x,y,flag)$,其中 $flag$ 用于标识等值点在网格的哪一类边线上,例如通常令 $flag=1$ 表示等值点在水平边上,$flag=0$ 表示等值点在垂直边上。

7.3.1.2 等值线追踪

当数据单元(网格)边线上的等值点确定后,则需要将等值点按一定顺序进行连接。边界追踪法是一种常用的等值点连接方法。当等值线进入一个数据单元后必然也会从该数据单元中穿出,所以当等值线进入一个数据单元后即可对数据单元中的其他边界进行探测,获取下一个等值点所在的边界和位置,然后将等值点连接,直至等值线闭合或穿出数据集边界。

另一种方法是移动四边形(marching squares,简称 MS)法。其基本思想是逐个处理二维空间标量场的网格单元,插值计算等值线与该网格单元边线的交点,根据网格单元上每个顶点与等值线的相对位置,按一定顺序连接这些交点,生成等值线。若网格单元的顶点只有“大于等于给定阈值”“小于给定阈值”两种状态,则等值线穿过网格单元的类型只有 16 种,各种可能类型如图 7-4 所示。在处理网格单元时,根据这 16 种形式依次确定处理网格单元的等值线连接方式。图 7-4 中形式 5 和形式 10 存在实线和虚线两种连接方式,这种二义性的连接方式依赖相邻的网格单元,可选择继续向前或被截断的连接方式。

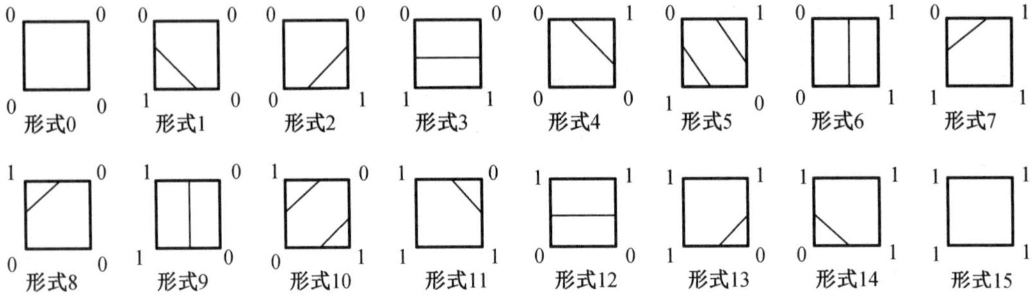

图 7-4　等值线穿过平面矩形单元网格的 16 种形式

7.3.2　三维标量数据可视化绘制方法——面绘制

三维可视化方法主要分为面绘制和体绘制两种类型,其中每一类型又有多种不同的可视化算法。

面绘制方法的本质是利用中间几何图元拟合等值面的过程。等值面可以看作是等值线在三维空间的推广,即在三维标量场中找到满足 $f(x,y,z)=c$ 的点的集合。面绘制的具体流程为首先根据所需设定值或者基于区域进行分割,然后在三维场中构造中间几何图元(如三角面片、四边形面片等),再将所有这些中间几何图元连接起来,拟合出物体表面,即实现了对物体表面的三维可视化。面绘制方法主要包括以下几种具体算法。

7.3.2.1　移动立方体算法

最著名的、应用最广泛的等值面提取算法是移动立方体算法(简称 MC 算法),它可以看作是 MS 法在三维情况下的拓展。其基本思想是将等值面与网格单元相交的方式枚举出来,对每一种情况分别处理。网格单元的每个顶点,既可能在等值面内部也可能在等值面外部,因此,等值面与网格单元一共有 256 种相交方式。通过旋转对称性和反射对称性简化后,可以进一步将等值面与单元相交情形简化为 15 种,如图 7-5 所示。再利用镜面对称性,可以进一步将等值面与单元相交情形简化为 14 种(图 7-5 中形式 11 和形式 14 是镜面对称的)。

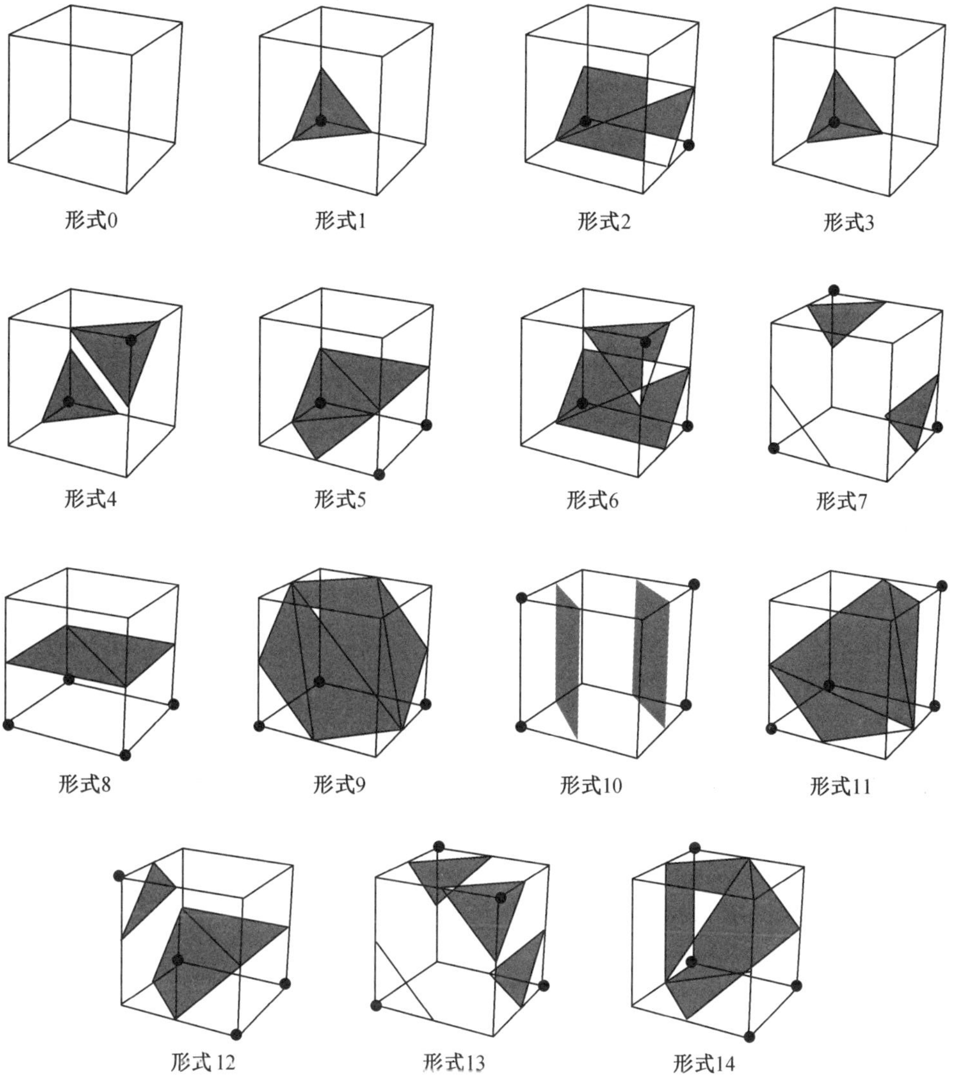

图 7-5 等值线穿过立方体单元网格的 15 种形式

旋转对称性：假设存在两个立体网格单元 C_1 和 C_2，若存在一系列的旋转操作，能够使单元 C_1 旋转后的每个顶点的状态与单元 C_2 对应顶点的状态相同，则称 C_1 和 C_2 具有旋转对称性。

反射对称性：如果存在一系列旋转操作能够使单元 C_1 经旋转后每个顶点的状态与单元 C_2 对应顶点的状态都相反，则称 C_1 和 C_2 具有反射对称性。

镜面对称性：如果存在一个平面，使单元 C_1 对该平面的镜像的每个顶点的状态与单元 C_2 对应顶点的状态都相同，则称单元 C_1 和 C_2 是镜面对称的。

绘制等值面的具体流程：依次处理每一个立体网格单元，按照每个顶点的状态生成 4 比特编码，根据编码查找等值线与网格单元相交的情形，通过插值计算等值线与网格单元相交的几何位置。如果所有网格单元都已被处理，则等值面绘制结束。

7.3.2.2 移动四面体算法

移动四面体(marching tetrahedra,简称 MT),算法是用于渲染隐式曲面的算法。它的基本思想与 MC 算法相同,主要区别在于:MT 算法是在 MC 算法的基础上,将立方体体素切割成六个不规则的四面体,使每个四面体都共享立方体的一个主要对角线;再把这些四面体作为新体素,继续构造中间几何图元;进而在其中构造等值面,实现三维场中的物体表面绘制。四面体是最简单的多面体,其他多面体都可以剖分成四面体,所以这种方法具有良好的适用性。MT 算法和 MC 算法计算简单, 易于理解,适合并行处理,能够有效地表达三维标量场的特征表面信息。但是,这些方法需要判断每个顶点与指定等值面的位置关系,当数据场存在形状较小、结构复杂、噪声大等无法利用几何表面准确描述的特征时,容易产生大量散乱的三角形或存在漏洞的网格。

7.3.2.3 平行轮廓线法

平行轮廓线法通过在等值线上选取一系列等间距的高度值,并将它们连接成一组平行的曲线,以展示不同高度值的等值线分布。

平行轮廓线法的基本思想是:在上下相邻两层切片图像中,按一定规则连接目标轮廓线顶点,在两层切片图像中间构成一个个小三角面片,拟合这些面片重建物体表面的多面体近似。顶点连接方式多种多样导致重建效果不同,为得到平滑表面可通过优化准则选择规范的连接方式,如体积最大准则、表面积最小准则、跨距最短准则等。

7.3.3 三维标量数据可视化绘制方法——体绘制

体绘制方法是一种基于光学映射的方法。它无须构造中间几何图元,是通过模拟光线穿过三维体直接投射在二维屏幕上的效果,由三维场中每个体素的颜色值和不透明度来累积合成最终图像的一种技术。体绘制方法将三维场看作是一个规则的、离散的数据场,光线射入三维场中,经过体素发生吸收、反射、散射等现象,通过计算每个体素对屏幕的颜色值和不透明度的贡献,将离散的数据场映射成图像。

体绘制方法按照实现过程可以分为两大类:一类是以图像空间为序的方法,其计算过程按照像素顺序,逐次计算每个像素上累计的颜色值:另一类是以物体空间为序的方法,其计算过程按照体素顺序,逐次计算每个体素对像素的贡献,最后合成二维图像。

7.3.3.1 光线投射算法

光线投射算法 (ray casting)是由 M. Levoy 在 1988 年提出的以图像空间为序的体绘制方法,也是目前最常用的体绘制算法之一。

光线投射算法的基本思想:对于体数据中的每一个体素,沿着视线方向发出一条光线,光线穿越整个体数据,在穿越的过程中对其进行采样获得颜色值和不透明度值,并对颜色值进行累加、对不透明度值进行合成,当光线穿越完整个体数据时停止计算,累加得到颜色值和不透明度。光线投射算法原理示意如图 7-6 所示。当物体表面具有镜面反射或折射性质时,算法会继续追踪反射或折射光线,直到达到最大反射深度或遇到一个不反射或不折射的表面为止。

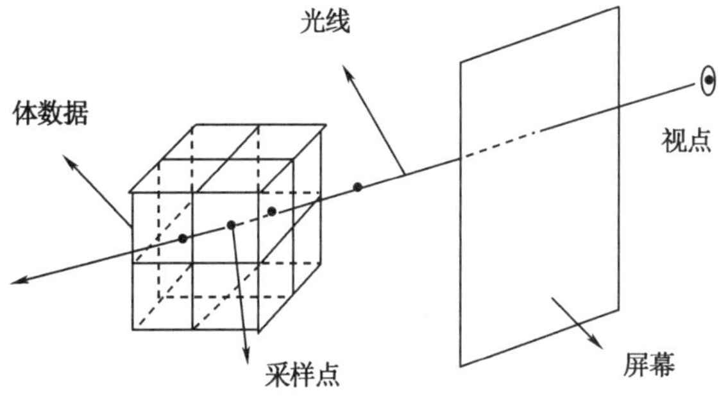

图 7-6 光线投射算法原理示意图

光线投射算法的基本流程包括数据预处理、重采样、设计传递函数及图像合成等几个步骤。

体数据都是以离散点(体素)的形式存在,而绘制的对象本身却是连续的。将连续的对象离散化为体数据的过程称为采样。在绘制过程中,通常难以保证所要处理的点恰好是由实际体数据提供的体素。对于那些原始体数据中未能提供的点值,需要使用一定的计算方法通过现有的体素求得体数据中的任意点值。为了达到这个目的,还原连续的体数据是非常必要的,这个还原的过程称为重构;在还原的连续体数据中求得绘制过程中需要的离散点值称为重采样。

重采样是在确定数据点位置的时候,用插值方法通过附近的体素数值近似地确定该体素的数值。常采用的插值方法是三线性插值,即利用重采样点附近的 8 个体素点,首先在两个方向上进行线性插值,然后在第三个方向上进行二次插值。

完成数据重采样之后,需要将体素数据映射为相应的颜色值和不透明度,这种映射关系被称为传递函数。光线投射算法中传递函数的定义域是三维数据场的数据属性,它可以直接用三维数据的数值作为定义域,也可以用局部三维数据的二次计算结果作为定义域,如梯度幅值、曲率、二阶方向倒数等。例如,在进行海洋三维水声场可视化时,可以选用三维抛物线模型作为传递函数。

光线投射算法中传递函数的值域是数据点的光学属性,如颜色、不透明度等。通常情况下,用颜色来区分数据场中不同数值大小的数据点,颜色常采用 RGB 模型。用不透明度来调节不同数值数据点的可见程度,对感兴趣的数据点设置较高的不透明度,对不感兴趣的数据点设置较低的不透明度,这样就可以在生成的二维图像中突出感兴趣的数据点,对不感兴趣的数据点进行适当隐藏。光学属性除了常用的颜色和不透明度外,还有折射率、阴影参数、辐射度等属性。

图像合成计算是光线投射算法的最后一个步骤,也是算法中的关键环节,其效率直接关系三维数据场可视化的实时性和图像质量。图像合成是将多个有前后遮挡重叠关系的重采样点的光学属性沿光线传播的方向,按照从前到后或从后到前的顺序对光线上的采样点进行合成,最终形成像素的颜色。

如图 7-7 所示,屏幕上像素点 C 向三维数据场中发出一条光线,假设光线与三维数据场的初始交点为 C_0,按一定采样步长在光线上得到一系列采样点 $\{C_1, C_2, C_3, C_4, C_5, \cdots\}$,假设采样点的数据已经完成数据分类操作,经传递函数将采样点的数值映射成光学属性,即颜色和不透明度。$C_i(i=0,1,2,\cdots,n)$ 的光学属性可以表示为 $C_i\{R, B, G, \alpha\}$ 其中 R、G、B 分别为红、绿、蓝的数值。α 为不透明度,范围为 $[0,1]$,数值越大表示该采样点越不透明;透明度则用 $\beta=1-\alpha$ 表示。按照由前向后的顺序对所有采样点的光学属性进行加权合成,计算结果即为该像素点最终的光学属性。设屏幕上某一个像素的光学属性为 $\boldsymbol{C}$,其合成的权值是由透明度决定的,像素点对应的光线由前向后顺序通过各采样点为 $\boldsymbol{C}_i(i:0\sim n)$,则由前向后的加权合成公式为

$$\boldsymbol{C} = \begin{bmatrix} R_0 \\ G_0 \\ B_0 \end{bmatrix} * \alpha_0 + \begin{bmatrix} R_1 \\ G_1 \\ B_1 \end{bmatrix} * \alpha_1\beta_0 + \begin{bmatrix} R_2 \\ G_2 \\ B_2 \end{bmatrix} * \alpha_2\beta_0\beta_1 + \cdots + \begin{bmatrix} R_n \\ G_n \\ B_n \end{bmatrix} * \alpha_n\beta_0\beta_1\cdots\beta_{n-1}$$

$$= \sum_{i=1}^{n} \begin{bmatrix} R_i \\ G_i \\ B_i \end{bmatrix} * \alpha_i \prod_{j=0}^{i-1}\beta_j + \begin{bmatrix} R_0 \\ G_0 \\ B_0 \end{bmatrix} * \alpha_0 \tag{7.3-3}$$

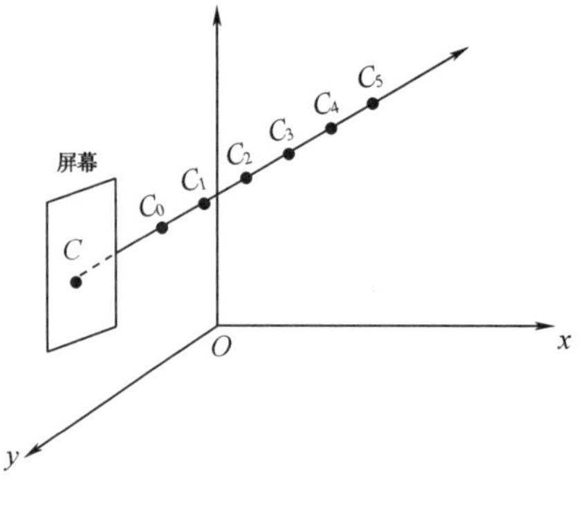

图 7-7　图像合成原理示意图

然后,利用如下公式对所求得的光学属性进行颜色值还原,得到的颜色值即为屏幕上某一像素的最终颜色值:

$$\boldsymbol{C}_T = 255\boldsymbol{C} = 255\begin{bmatrix} R \\ G \\ B \end{bmatrix} \tag{7.3-4}$$

完成屏幕上所有像素的合成后,便形成一幅二维图像,即三维数据场可视化的结果。

7.3.3.2　足迹表法

足迹表法是一种用于物体对象空间的体绘制方法,它的目的是以一种高效的可视化方

式呈现体积数据的特征和属性。足迹表法的基本思想是逐层、逐行、逐个地利用足迹函数计算每一个数据点对屏幕像素的贡献并加以合成，形成最后的图像。

如何计算离散的三维光强度场对二维屏幕像素点的贡献是这一算法的关键。根据采样理论，重采样过程的第一步是将离散的三维光强度场重构为连续场，并确定每一个三维采样点对屏幕像素点有所贡献的范围。重采样是指对体积数据进行采样点密度的调整或变换。某一个像素点的最终光强度值可以通过对该像素点有所贡献的全部采样点重构核的空间卷积域作积分求得。重构核是指用于重新构建体积数据的函数或过程。重构核的选取直接影响体积渲染的质量和效果。

对于多种不同的重构核，通过积分计算其足迹函数并非易事。因此需采用离散方法来计算足迹函数所覆盖区域内若干点上的权值。为了避免对采样点进行重复的计算，对于每一种重构核可构造一个表，称为足迹表，将该表中每个网格点上的权值按照式(7.3-5)预先算好，在计算三维采样点对各像素点的贡献时，只需查表就可以了，因而大大提高了计算速度。

$$Weight(x,y)_D = footprint(x-D_x, y-D_y) \tag{7.3-5}$$

式中，x、y 表示图像平面像素点坐标，D_x、D_y 表示采样点投影在图像平面的坐标。对于平行投影而言，当投影方向相同时，每个三维采样点重构核的空间卷积域在屏幕上的投影范围都是相同的，可以用同一个足迹表来实现查找。当投影方向改变后，重构核的空间卷积域在屏幕上的投影范围的大小和形状有可能会发生相应的变化。因此，对于某一种重构核函数，首先需要构造一个在正投影情况下的通用足迹表作为基准，然后再求出该重构核的空间卷积域在任意投影方向下不同大小的投影范围与通用足迹表之间的映射关系。这样，就能快速求出任意观察方向每一个三维采样点对屏幕像素的贡献。

设三维海洋离散数值数据场的采样点分布在矩形网格交点上，采样网格至少在同一方向上是等间距的。该数据场采样点的值可用 $\rho(x,y,z)\cdot\sum\delta(x-u,y-v,z-w)$ 来表示，其中 $\rho(x,y,z)$ 是相应的三维连续数据场的密度函数，$\sum\delta(x,y,z)$ 是用于采样的梳状函数。

三维离散数据场的重构核通常用 $h_x(x,y,z)$ 来表示，用于计算当前位置周围的像素或数据点对当前位置的贡献程度，从而实现特定的图像处理或数据分析任务。一般地，一维重构核函数是一条曲线；二维重构核函数则是一个二维平面上的函数；三维重构核函数描述的是一系列的等值曲面，其自变量是空间位置距中心点的距离（即球的半径）。当离散数据在三个坐标轴上的采样间距相同时，空间域内的等值面是球面；当离散数据在三个坐标轴上的采样间距不相等时，空间域内的等值面是椭球面。

下面是几个常用的三维空间重构核。

1. 圆锥函数

$$h_v(x,y,z) = 1-\sqrt{\frac{x^2}{a^2}+\frac{y^2}{b^2}+\frac{z^2}{c^2}} \tag{7.3-6}$$

式中，a、b、c 分别是椭球面三个轴向的长度。当这三个参数相等时，所定义的是一个球形域。圆锥函数在很短的区间内变化，而在这个区间之外其值为零。它在图像重建中经常被用来进行插值,因为它在短区间内有较好的平滑性,而在区间外为零可以避免一些不必要的干扰。圆锥函数适用于需要在特定半径范围内保持较均匀权重的情况,例如图像处理中的局部均值滤波。

2. 高斯函数

$$h_v(x,y,z)=\exp\left[-\alpha\left(\frac{x^2}{a^2}+\frac{y^2}{b^2}+\frac{z^2}{c^2}\right)\right] \tag{7.3-7}$$

式中,a、b、c 分别表示椭球面三个轴向的长度。α 的大小反映了等值面密度值的变化率:α 越大,等值面密度值的变化越快;α 越小,等值面密度值的变化就越慢。高斯函数呈现钟形曲线,中心最高且对称。随着距离增加,高斯函数的值迅速衰减。高斯函数适用于需要强调中心位置或者在距离中心较远的位置降低权重的情况,例如图像模糊处理。

3. Sync 函数

$$h_v(x,y,z)=\frac{\sin\left(\pi\sqrt{\frac{x^2}{a^2}+\frac{y^2}{b^2}+\frac{z^2}{c^2}}\right)}{\pi\sqrt{\frac{x^2}{a^2}+\frac{y^2}{b^2}+\frac{z^2}{c^2}}} \tag{7.3-8}$$

式中,a、b、c 的含义与前两种重构核相同。

Sync 函数以原点为中心,呈现周期性波动。Sync 函数适用于需要精确重建频谱信息、避免频谱失真的情况,例如信号处理中的插值操作。

重构是根据某种重构核,通过三维卷积运算,将离散的三维数据场恢复成连续的三维数据场的过程。

首先根据选择的重构核和视线方向建立相应的足迹表;然后每一层的所有体素同时进行投影,通过查询足迹表求得在每个体素的影响范围内,体素对所有像素的贡献值;最后通过图像合成技术对每个像素所得的所有贡献值进行求和计算,合成图像,得出最后的可视化效果图。

足迹表法的不足之处是方法的绘制效率取决于足迹表的数据量及内部体素的数据量,当数据场的数据量较大时不适合采用该方法进行三维重建。

7.3.4 面绘制方法与体绘制方法的比较

面绘制方法和体绘制方法在各自领域内都有很好的三维可视化效果。面绘制方法更适用于表示物体表面的形状和特征,而体绘制方法更适用于表示物体内部的特征和密度分布。两种方法在绘制思想的不同,导致在绘制速度、可视化效果等方面都存在很大的差异。两种方法的主要差异如表 7-1 所示。

面绘制方法是指在计算机图形中绘制表面的可视化过程。因为它只绘制物体的外表面(表面网格)来呈现物体的形状和外观,所以对内存等硬件资源的需求较小,绘制速度也很快。由于面绘制方法只绘制特定面,包括等值面、纹理映射、阴影等,不会受到其他数据的影响,所以绘制效果很清晰。但也正是因为这样,它不能够整体显示三维数据,看不到三维物体内部结构,在需要绘制内部信息的场合下不宜采用该方法。

表 7-1 面绘制方法与体绘制方法的主要差异

项目	面绘制方法	体绘制方法
内存资源需求	小	大
可视化绘制速度	快	慢
可视化效果	清晰,易丢失内部信息	真实感强,内部信息更完整

体绘制方法是指在计算机图形中绘制物体内部的可视化过程,通过调节不同数据的不透明度,可以清楚地显示三维物体内部结构信息,绘制效果更加真实。体绘制方法更侧重于对物体内部结构和属性的可视化,但是庞大的计算量是体绘制方法——特别是光线投射算法所面临的最大问题,这导致体绘制方法绘制速度较慢,同时也对硬件性能有更高的要求,在普通个人计算机上更是难以快速完成可视化图像绘制。

7.4 矢量数据的可视化方法

海洋是一种复杂的流体系统,海洋数据中的矢量数据主要用来描述海洋中的流场,因此关于海洋矢量数据的可视化可以理解为海洋中流场的可视化。矢量数据的可视化方法包括点图标法、积分曲线法、纹理法和特征法。

7.4.1 点图标法

点图标法是矢量场可视化方法中最简单、最易于实现的方法。其思想是,针对数据场中的每个采样点,对矢量场的大小、方向两个属性,分别用图标的大小(或颜色)和方向来表示。点图标法中常用的图标有箭头、锥体、有向线段等。以图标表示矢量时,首先需要进行矢量属性与图标属性的映射,以矢量箭头为例,需要用箭头的方向映射矢量场采样点的方向,用箭头的颜色或长度映射采样点处属性值的大小。

点图标法易于实现,且能够直接显示数据空间内各点的矢量信息。但其缺点也较为明显:当采样点较为密集时,逐点进行图标化会使图像显得杂乱,不能很好地表达场的信息;图标化的采样点过少又不能准确反映整个矢量场的状态。这种方法多适用于较小的、简单的矢量场,对于大型的、复杂的矢量场大量的箭头显得十分繁杂,可视化效果不好。

利用点图标法进行海洋数据的可视化绘制时,数据表达效果与数据采样程度直接相关,而海洋数据可视化过程中往往涉及庞大的数据量。如图 7-8 所示,基于点图标法进行海流可视化时,由于采集数据过密导致箭头表达杂乱无章、前后遮挡,无法清晰地解释海流数据场的分布。随着高性能科学计算应用方面的飞速进展和数据采集设备的不断发展,以及海洋数据分辨率的不断提高,面对大量数据的绘制,人们开始寻找更适合的方法对海洋矢量数据进行可视化模拟。

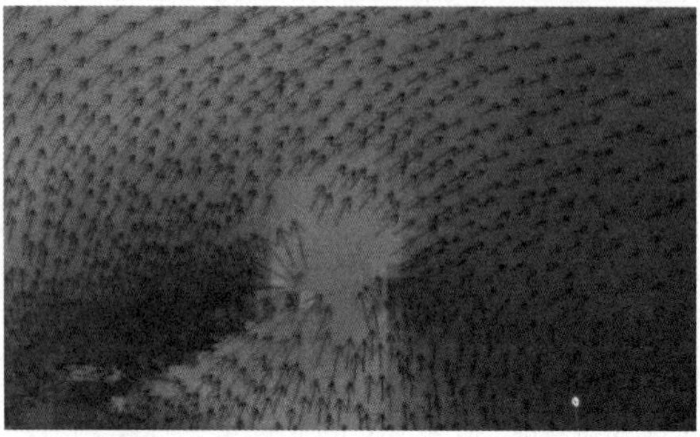

图 7-8　以点图标法绘制的二维海洋流场

7.4.2　积分曲线法

积分曲线法用积分曲线表达向量场的内在特征。其基本思想是根据已知的海流矢量场数据,通过积分计算得到海流的轨迹。

由于积分曲线法的实质是绘制海流的迹线,因此在已知流场数据的情况下,首先需要确定迹线的初始位置,即放置种子点,通俗地说,就是在矢量场中的选定位置放置粒子,然后观察粒子运动的轨迹。种子点初始位置的选取对积分曲线法的绘制效果有强烈影响,如果种子点放置不好,得到的可视化效果可能比较混乱,不利于用户观察流场结构。更为严重的是,分布不好的矢量线有可能会丢失流场中某些重要的特征。完成种子点放置后就可以进行迹线的生成。积分算法是积分曲线法的核心,在数据预处理和速度插值之后得到的数据是分布在离散网格点上的数据,需要通过积分算法将离散的点生成完整曲线。下面介绍两种积分算法:一阶 Eular 方法和四阶龙格库塔法。

海水质点的运动方程可以表达为

$$\frac{\mathrm{d}h}{\mathrm{d}t}=V(X) \tag{7.4-1}$$

式中,X 是 t 时刻质点的位置,$V(X)$ 是矢量场中 X 处的矢量值。

该方程的积分解生成的就是任一时刻质点的位置 X。质点跟踪的过程就是确定质点在物理空间中一系列具体位置的过程。从初始位置开始,计算空间中跟踪主要分为三步:第一步,在计算空间中为位于物理空间 X 的质点定位,求出其在网格单元和相对于网格点的位置偏差;第二步,在网格单元内,通过插值求出该点的矢量值;第三步,解微分方程,找出下一质点位置。微分方程 (7.4-1)的解为

$$x(t+\Delta t)=X(t)+\int V(X(t))\,\mathrm{d}t \tag{7.4-2}$$

式中,Δt 是时间片的一个逼近。Δt 的选择比较重要,Δt 太小则计算开销太大;Δt 太大则会

带来较大的误差,降低粒子跟踪的精度。在离散空间中,积分方程的最简单解法是一阶 Eular 方法,积分项直接由乘法和求和来近似替代,于是方程 (7.4-2)被改写为

$$x(t+\Delta t)=X(t)+V(X(t))\cdot\Delta t \tag{7.4-3}$$

一阶 Eular 逼近方法是一种很粗糙的近似算法,特别是在涡流中心附近位置会出现漂移现象,因此只能得到有限的线段,无法到达涡流点。

实际应用中,一般采用精度更高的四阶龙格库塔法。四阶龙格库塔方法的理论基础来源于泰勒公式和使用斜率近似表达微分的思想。它预先计算积分区间中几个点的斜率,然后将这几个值进行加权平均,将该加权平均值用作下一个点的斜率依据,从而提高数值积分的精度。

假设已知质点位置的初值为 $x(t_0)=x_0$,质点运动方程为 $x'(t)=f(t,x)$,则其四阶龙格库塔求解公式可由式(7.4-4)表达:

$$x_{n+1}=x_n+\frac{h}{6}(k_1+2k_2+2k_3+k_4) \tag{7.4-4}$$

其中

$$\begin{cases} k_1=f(t_n,x_n) \\ k_2=f\left(t_n+\dfrac{h}{2},x_n+\dfrac{h}{2}k_1\right) \\ k_3=f\left(t_n+\dfrac{h}{2},x_n+\dfrac{h}{2}k_2\right) \\ k_4=f(t_n+h,x_n+hk_3) \end{cases} \tag{7.4-5}$$

式中,h 是时间间隔;x_n 为现在的积分位置;x_{n+1} 为下一点求解的积分位置;k_1 和 k_4 分别代表时间段开始和结尾处的斜率;k_2 和 k_3 均表示时间段中点的斜率。由于计算时所取的空间位置分别是由 k_1 和 k_2 两个不同的斜率值计算出来的,因此最终的质点位置是由四个斜率的加权平均计算出来的。虽然四阶龙格库塔法是对微分方程的线性近似,但其精度误差可以达到 $O(t^5)$。

积分曲线法通过绘制质点轨迹来表达矢量场,具体展示方法可以使用线图、动画或其他方式呈现。图 7-9 展示了利用线图显示的积分曲线法可视化的效果。相对于点图标法,积分曲线法可以更直观地观察海流的运动规律和特征,例如海流的流向、旋转、涡旋等运动特征。需要注意的是,在利用积分曲线法进行可视化时要根据实际情况选择合适的参数和解算方法,以确保结果的可靠性和有效性。

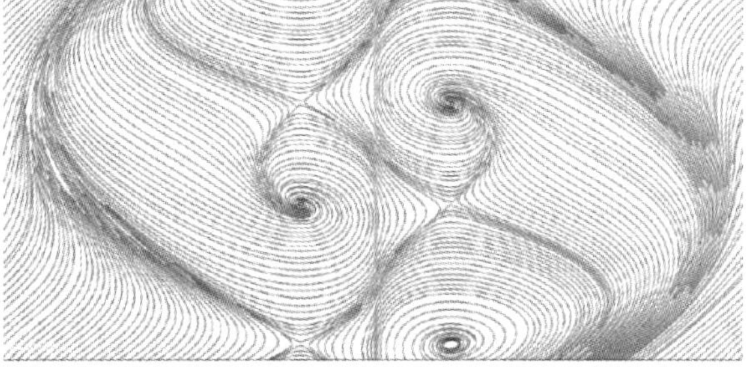

图 7-9 积分曲线法可视化的效果图

7.4.3 纹理法

纹理法是自20世纪90年代兴起的一种矢量场可视化方法。纹理是兼具形状和色彩两种属性的颜色排列图案,通过将纹理属性合理地映射到矢量属性信息就可以利用纹理表达矢量。纹理可视化方法是通过对噪声等纹理的计算,得到表现矢量场中的各种信息的纹理线条及颜色变化的一种可视化方法。

纹理法中的纹理图案具有一定方向性,综合了几何形状和颜色映射两种方法的优点,能够细腻、形象地表征流场信息,尤其适合于二维矢量场可视化显示。相比其他可视化方法,纹理法能够全局地表现矢量场的各种信息,以一种稠密的表现方式表现矢量场在全部空间范围上的各种信息,从而解决其他可视化方法中的种子点选择问题。这种可视化的全局性主要得益于纹理显示结果计算的全局性,通过在全部流场范围内计算所有粒子的运动轨迹,使所有流场特征得以保留,也正是这种显示范围的全局性使得纹理可视化深受研究者的青睐。纹理法在海洋数据可视化中应用广泛,例如绘制海表风场图,通过观察纹理图像,可以直观地理解海洋表面风场的空间变化和动态特征。

线积分卷积(LIC)算法是最常用的纹理可视化算法,由 Cabral 和 Leedom 在1993年首次使用。该算法实现非常简单,即利用一维低通卷积核双向对称地沿流线方向卷积整个噪声纹理。

LIC 算法的基本原理如图7-10所示:图(a)中的噪声纹理数据根据图(b)中的矢量场方向信息进行卷积,则可以得到在图像空间上连续的 LIC 纹理,结果如图(c)所示。该方法本质上是一种滤波方法,即通过对噪声进行有方向的滤波模拟流体运动的视觉效果。LIC 算法能够很好地表现流场的速度方向,这也使其成为了纹理法中应用最多的方法之一。

在二维流场中,LIC 算法的计算过程如图7-10(d)所示。对于流场中任意一点 $p(x,y)$,根据流场中矢量信息进行粒子跟踪计算,向前后各积分 n 步,得到包括点 $p(x,y)$ 在内的 $2n+1$ 个采样数据点,则点 p 处的局部特征可由以该点为中心的流线段描述。以此流线段为滤波核,对输出噪声纹理进行卷积计算,得到该点的输出纹理值,计算公式如下:

$$F_{\text{out}}(p)=\frac{\sum_{i=-n}^{n}F_{\text{in}}(p_i)h_i}{\sum_{i=-n}^{n}h_i} \tag{7.4-6}$$

式中,$F_{\text{in}}(p_i)$ 表示点 p_i 处的输入纹理;p_i 表示前后流线积分得到的采样点,其中 $p_0=p$;h_i 为滤波核函数得到的 p_i 对 p 影响的权重值,最简单的滤波核函数为常函数。

LIC 算法流程图如图7-11所示。首先,需要读入已知的流场数据,从而确定纹理图像的长、宽值并初始化白噪声纹理;其次,要将不规则网格上的流场数据,插值到规则网格上,并归一化处理;最后,根据白噪声纹理值、流场数据及核函数进行卷积求和计算。LIC 算法要求流场数据是正方形网格或矩形网格形式,目前还不适用于曲线网格或不规则网格,对于这两种类型的数据需要预处理成规则的正方形网格或矩形网格数据。

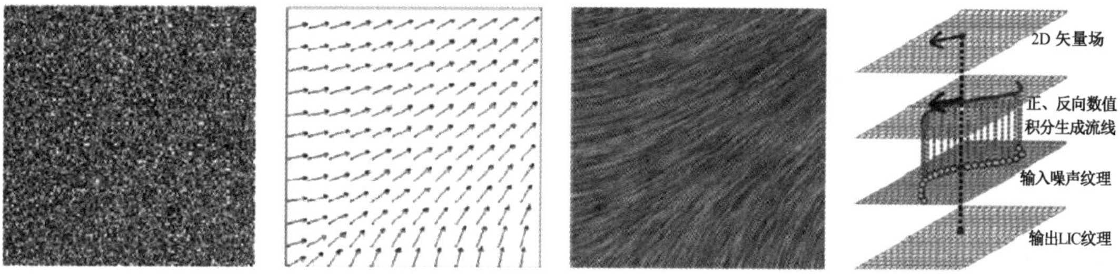

(a)噪声纹理　(b)矢量场　(c)LIC纹理　(d)LIC计算原理

图 7-10　线积分卷积法流场可视化示意图

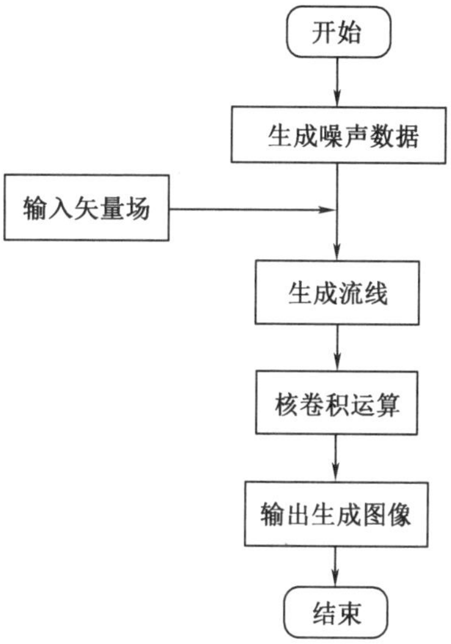

图 7-11　LIC 算法流程图

LIC 算法能全局、动态、连续地表示流场信息。当卷积核函数为周期性函数时,改变核函数的相位可以得到动态纹理效果,实现流场的动态展示。在对海洋数据的可视化中,利用 LIC 算法可以将海流数据转换为纹理图像,可以观察到海流的流动路径、旋转和交汇等情况。这对于研究海洋环境中的物质输运、混合和扩散过程非常有用。LIC 算法对输入数据中的噪声和异常值比较敏感。这意味着如果数据中存在噪声或异常值,它们可能会对最终生成的纹理图像产生干扰,从而影响可视化结果的准确性和可靠性。

7.4.4　特征法

特征指矢量场中的重要结构、形状或变化。特征法剔除了用户不关注的非特征区域,突出对用户具有特殊研究意义的特征区域,减少了可视化映射的数据量,在很大程度上缓解了由于遮挡带来的可视化问题,提高了可视化效率。在矢量数据中通常包含多种物理量,如动能、动量、涡量、螺旋度、压力场梯度、涡度等,这些物理量通常是分析矢量场状态、结构和特征的重要依据,通过这些物理量可以提取矢量数据的特征,获得更好的可视化效果。

在特征法中可视化数据分析是关键,根据具体海洋数据和研究目标,选择合适的特征提取方法来从海洋矢量数据中提取关键特征。在对海洋数据进行数据分析时,常采用主成分分析法(PCA)、线性判别分析法(LDA)和拓扑分析法这三种方法。

PCA 法是主流的全局线性降维方法。它通过线性变换将原始特征转换为一组称为主成分的新特征,使得这些主成分的方差最大,并且彼此之间是互相独立的。通过分析主成分的特征向量,可以了解原始特征对于数据方差的贡献程度,有助于提取关键的特征信息。在海洋矢量数据中,有些变量可能对数据的分析和可视化没有太大的贡献。通过 PCA 法,可以得到各个主成分的权重,根据权重大小可以判断变量的重要性,从而选择最相关的特征进行进一步的分析和可视化。

另一种比较常用的方法是 LDA 法。它的基本思想是从高维样本中提取最有判别能力的低维样本特征,从而达到抽取分类信息和压缩特征空间维数的效果,保证投影后样本在新的子空间有最大的类间距离和最小的类内距离,使样本在特征空间中有最佳的可分离性。这个新的低维空间可以用于降低数据的维度,并减少冗余信息。LDA 法存在一定的局限性:对数据的分布假设要求较严格,要求不同类别的样本满足高斯分布;在高度非线性的情况下分析效果可能不好。

拓扑分析法也是一种十分重要的特征分析方法。矢量场拓扑是可用于分析矢量场的重要特征结构,它把流场按不变流型分制成流动性质相同的区域,通过观察流场简单的拓扑结构就可以把握整个流场的流动特征。拓扑结构是由临界点刻画的,对于不同的临界点类型拓扑结构也不尽相同。一个矢量场的拓扑由临界点和连接临界点的积分曲线和曲面组成。临界点分为四类:交点、聚点、马鞍点和中心。交点和聚点都可进一步分为吸引交点、排斥交点、吸引聚点和排斥聚点。矢量场的物理特征参数,如通量、散度、旋度等,反映了矢量场的性质与特点,与各类临界点有确定的对应关系,因此可以从物理特征的角度计算和提取临界点。矢量场拓扑能够有效从矢量场中抽取主要的结构信息,可以帮助研究人员理解和分析海洋矢量数据的特征,并发现潜在的模式和趋势。

7.5 张量数据可视化

张量是矢量的推广,即标量可看成 0 阶张量,向量可看成 1 阶张量。扩散张量数据是海洋张量场数据的典型代表,例如热扩散张量、溶质扩散张量等。常用的扩散张量数据的可视化方法有三种:标量指数法、张量标记法和纤维追踪法。

标量指数法将每一个张量转化为一个标量,之后用标准的标量场可视化方法显示。以扩散张量为例,常用的标量指数主要衡量扩散过程的两个物理性质,即各向异性和扩散速度。扩散张量各向异性可以用线性各向异性和分数各向异性两种标量指数来描述,其中线性各向异性指数主要用于描述张量在不同方向上的差异程度,它可以通过计算张量特征值之间的比率来获得。扩散速度则通常使用平均扩散度来表示。将张量数据用标量指数表达后,就可以直接采用体绘制方法绘制张量特征的三维分布。

张量标记法是指通过标记同时显示张量维度上的信息。张量图标标记了张量的特征向量和特征值, 特征向量对应图标轴的方向,特征值对应图标轴的长短。通常用椭球体、立方体、圆柱体等超二次图标等作为张量图标。

纤维追踪法是将张量场简化为向量场的可视化方法。该方法计算张量场的特征值和特征向量,特征值最大的方向往往代表重要的变化趋势,因此该方法不断跟踪特征值最大的特征向量。

7.6 并行计算在海洋数据可视化中的应用

由于海洋数据存在多样性、多层次、多维度等特点,无论是海洋流场、海底地形还是海洋生态系统数据,其维度和数量都可能非常大。处理和分析这些大规模数据需要大量的计算资源和处理能力,通过并行计算,可以充分利用分布式计算资源,提高海洋数据可视化的效率和质量。

7.6.1 并行计算简介

串行计算的思想是将一个问题分解成为一系列离散指令,在一个处理器上有序执行每个指令。并行计算则是同时对多个任务或多条指令或对多个数据项进行处理,其执行过程是将一个问题分解为一系列可以并发执行的离散部分;每个部分可以进一步被分解成一系列离散指令;来自每个部分的指令可以在不同的处理器上被同时执行。并行计算需要一个总体的控制或协作机制来对不同部分的指令进行调度。

7.6.2 利用 GPU 并行计算

GPU (graphic processing unit)是图形处理器。GPU 与 CPU 不同,CPU 是专门为处理图形任务而产生的芯片。GPU 擅长同时处理大量的简单计算,这种特性让它在处理大数据和并行计算方面非常出色。使用 GPU 加速是在海洋数据可视化绘制中较为常见的并行计算方法。应用 GPU 的编程方式主要有两种,一种方式是基于图形应用程序编程接口 (API)来实现图形硬件和图形软件交互,例如 OpenGL 或 Direct3D 这一类的图形接口库。研究人员通过编写图形 API 的特定语言代码来描述、渲染操作和计算任务,并通过 API 调用将任务提交到 GPU 进行执行。另外一种方式是调用 GPU 自带的 API 应用程序接口,例如 CUDA (compute unified device architecture)和 OpenCL,这种编程方式允许研究人员将计算任务分配给 GPU,并利用 GPU 的大规模并行处理能力加速计算。通用计算 API 编程适用于需要大量数据并行处理的科学计算、深度学习等领域。

利用GPU并行计算进行可视化的工作流程如下：当需要进行图形渲染或大规模并行计算时，CPU将输入数据发送到GPU；GPU接收到数据后，首先会在顶点着色器中进行顶点处理，包括顶点变换、光照计算、裁剪等步骤，此阶段的核心是将物体从3D空间变换到2D屏幕空间，并生成每个顶点的属性（如颜色和纹理坐标）；经过顶点处理后，GPU进行片段处理（也叫光栅化），即GPU会在此阶段将3D图形转换为2D像素，这一步骤涉及将几何图形切分为标准的像素网格（即光栅图像），并确定每个像素的属性值；之后GPU进入像素操作阶段，每个像素的最终颜色和深度值会在片元着色器中计算出来，包括纹理映射、颜色混合等操作；最后，生成的2D图像数据会被发送到显存的帧缓冲区，等待显示器在下一帧刷新时显示出来。在整个过程中，每个阶段都由特定的硬件单元处理，利用GPU进行并行计算属于在单一计算机上使用多核的并行计算。

GPU在海洋数据可视化中有广泛的应用，例如，GPU可以加速海洋地形数据的渲染和呈现。通过使用图像纹理和顶点着色器等技术，可以实现逼真的海洋地形效果，如波浪、海底地形等。GPU可以用于模拟海洋中的流体运动和水面效果，通过使用计算着色器和物理引擎，可以实现涡旋、涌浪、粒子演算等动态的海洋流体效果。GPU还可用于加速海洋气候模拟的计算过程，通过使用通用计算API如CUDA或OpenCL，可以利用GPU的并行计算能力进行大规模的海洋气候模拟，以研究海洋环境变化、气候模式和海洋循环等。实际上，GPU在海洋数据可视化领域有广泛的应用，为科学研究、海洋工程和环境保护等提供了强大的计算和可视化能力。

7.6.3 利用集群计算机并行计算

随着高性能科学计算应用的飞速发展和数据采集设备的不断更新，高时空分辨率的海洋数据集的规模也不断扩大。大规模场景绘制及科学计算可视化等应用任务超出了单个计算机设备的处理和绘制能力。使用计算机集群方式可以处理这些大规模的数据，实现实时交互和实时可视化，大幅度提升了计算机的处理速度。

在计算机集群方式中消息传递模型十分重要。集群计算通常利用节点与其他节点进行通信，共享数据和结果。节点是指集群中的一台计算机或服务器，是集群的基本组成单元。在计算机集群中，主节点通常负责任务调度、资源管理和结果合并等管理和协调工作，而计算节点则负责执行具体的计算任务。节点之间可以相互通信和协作，共享数据和结果，以实现并行计算的目标。节点之间的通信方式包括互联网络的消息传递和共享存储器。在互联网络的消息传递中，最常用的是消息传递接口（MPI）。MPI标准定义了一组具有可移植性的编程接口，实现在不同计算节点间的数据通信和消息传递。MPI适用于加速处理大数据，并且具有很好的灵活性和可移植性。共享存储器通过将所有节点连接到一个共享的物理内存中来实现数据共享。在共享存储器系统中，各个节点可以直接读取和写入共享内存中的数据，就像在访问本地内存一样。共享存储器的优点是编程模型相对简单，节点间的通信和同步操作可以直接通过读写共享内存来实现。但是在大规模并行计算系统中，共享存储器的性能扩展性和可扩展性可能成为限制因素。

海洋数据的处理和分析需要大量的计算资源和算法。集群计算可以提供高性能的并行计算能力,使海洋数据的预处理、压缩、滤波、插值等操作更加高效。例如,在处理高分辨率全球海表温度数据时,可以使用超级计算机,超级计算机主要使用传统的离线后处理模式。离线后处理模式指科学数值模拟过程结束运行后,可视化程序针对模拟过程产生的数据进行处理及可视化绘制的模式。

海洋数据可视化中的交互性非常重要,因为用户需要能够在不同尺度和视角下浏览和分析数据。集群计算可以提供高并行的计算能力,使用户可以实时、交互地探索和操作海洋数据可视化结果。例如,在实现海洋可视化系统的过程中,研究人员可以将不同的物理要素分发到集群中的不同节点上进行并行处理,实现实时可视化响应和交互。

7.7 海洋数据通用可视化系统

不同领域对可视化系统有不同的需求。海洋数据通用可视化系统包括图形库及图形软件包、专用可视化系统和基于可编程的通用可视化系统。本节将简要介绍一些具有代表性的可视化工具,并对其进行简要说明。

7.7.1 D3.js

D3. js(data driven documents)是一个用于创建动态、交互式数据可视化的 JavaScript 库。它提供了强大的工具和技术,使开发者能够基于数据创建复杂的可视化效果。D3. js 可以将海洋温度数据以地图或热力图的形式展示出来,帮助人们观察并分析海洋的温度变化。此外,D3. js 还可以结合其他气象数据,如气压、风速等,绘制出复杂的气候模型,帮助人们探究气候变化的原因和影响。在海洋数据可视化的绘制应用中,D3. js 具有加载并绘制地图,绘制模拟地球,绘制比例尺等功能,可以可视化海洋污染和海洋生态系统,例如展示海洋污染物的分布、浓度变化和影响范围等。此外,D3. js 还可以模拟海洋生态系统的交互作用,帮助人们了解和预测不同污染或环境因素对海洋生态系统的影响。D3. js 更新过程中改变了配色方案,它应用 ColorBrewer 的优秀方案来完成配色函数接口,包括分类、发散、顺序单色调和顺序多色调方案。这些方案有离散和连续两种版本。总之,D3. js 在海洋数据可视化中提供了强大而灵活的工具,可以帮助研究人员和决策者更好地理解和解释海洋数据,从而促进海洋科学的发展和海洋资源的管理。通过创造性地利用 D3. js 的功能,可以呈现出令人印象深刻的可视化效果,并为海洋研究和保护做出重要贡献。

7.7.2 OpenGL

OpenGL (open graphics language)是优秀的开源图形渲染库,具有灵活的投影、光照、材质、图元绘制等多种图形渲染功能。在海洋数据可视化中,OpenGL 可以发挥重要作用,利用 OpenGL 强大的 3D 渲染能力,可以将海洋地形和海洋表面以逼真的方式进行可视化。例如,通过生成地形网格、应用纹理贴图和光照效果,可以呈现出水面波动、海浪、海洋底部的地形等细节。

OpenGL 可用于绘制生物群落、物种分布和生态相互作用等海洋生态系统模拟结果的可视化,通过渲染三维植被、鱼群、海洋生物等,可以观察到生态系统的动态变化和相互关系。另外,OpenGL 具有良好的跨平台特性,使用 OpenGL 图形库开发的图形软件可以在大多数应用平台上移植。目前,OpenGL 在图形可视化领域居于主体地位,它制定了多种图形渲染规范,可以为图形软件开发者提供灵活、方便、功能强大、标准化的图形接口,可以灵活地进行三维图形的绘制工作。OpenGL 在海洋数据可视化中具有广阔的应用前景,提供了强大的渲染和绘图能力,使海洋科学家和研究人员能够创造出高度逼真、交互式的可视化效果,从而加深对海洋数据的理解和分析。

7.7.3 OSG

OSG (open scene graph)是一个开源的三维图形渲染引擎,它提供了一套强大的工具和库,用于创建高性能、交互式的三维图形应用程序。OSG 是一个跨平台的工具,支持 Windows、Mac 和 Linux 等操作系统。OSG 不仅在 osgEarth、粒子系统、图形渲染、三维可视化方面应用成熟,还有许多相关的第三方工具和扩展库,例如 osgEarth 用于地理信息系统、osgShadow 用于阴影渲染等,丰富了 OSG 的功能和应用领域。

OSG 可以通过加载和渲染地形数据,呈现出逼真的海洋地形,通过高程图、纹理贴图和光照效果,可以展示出海洋中的山脊、海沟和海底地貌等特征。此外,OSG 还可以模拟和渲染水面波动、流动和反射等,使海洋的水体看起来更真实。OSG 可以绘制和渲染船舶、平台、海洋结构物等复杂的 3D 模型。通过对这些对象进行建模、纹理映射和动画效果处理,可以呈现出精确的船舶形状、建筑结构和装置布局等细节,有助于航海和海洋工程的可视化分析。

OSG 支持实时数据流的可视化,可以将海洋监测数据、气候数据、海流数据等实时更新的数据展示在交互式场景中。通过在三维场景中绘制动态图表、图形和特效,可以实时反映海洋环境的变化,并帮助决策者做出及时的判断和决策。OSG 提供了丰富的用户交互功能,包括缩放、旋转、平移、漫游等操作,使用户可以自由浏览和分析海洋数据。此外,OSG 还支持用户自定义的分析工具,例如绘制船舶轨迹、计算海洋数据的统计特征等。

7.7.4 Matlab

Matlab 由 Matworks 公司开发,是一款主要用于算法开发、数据可视化、数据分析及数值计算的高级技术计算语言和交互式环境的软件。Matlab 具有强大的数据处理和分析功能,可以对海洋数据进行各种处理操作,包括加载数据、处理缺失值、拟合和插值、统计分析等。

这使得用户能够更好地理解和分析海洋数据的特征和趋势。

Matlab 本身自带很多数据作图、可视化和人工智能工具。Matlab 提供了丰富的绘图和可视化函数,可用于创建各种类型的海洋数据图表,包括线图、散点图、柱状图、等高线图、地图等。用户可以通过定制绘图参数和样式,使海洋数据图表更加直观和易于理解。在海洋数据的可视化绘制中,Matlab 可以读取多种数据类型,常用于绘制海温、盐度等标量数据的可视化,同时还可以借助函数和库针对海洋流场中速度矢量、旋度矢量、梯度矢量等矢量数据进行可视化。Matlab 可以与其他工具和编程语言进行集成,例如 C/C++、Python 和 Fortran 等,这使得用户能够方便地与现有的软件系统进行数据交互和共享。

7.7.5 Python

Python 是近年来非常流行的通用编程语言,因为其结构具有逻辑性、易读、跨平台、开源等特点受到众多研究人员的喜爱。同时 Python 中关于可视化的工具包也十分完善,具有良好的灵活性、可塑性。在 Python 中常用的可视化库有 matplotlib、pyqtgraph、ggplot、plotnine、basemap 等。它们不仅可以进行地理信息读写、坐标映射及转换、投影等,还可以进行图像更新,同时还具有良好的交互性。在海洋计算区域较小时,Python 可进行较好的可视化绘制。

7.7.6 天河 CDF 并行可视化系统

天河 CDF 并行可视化系统是中国的超级计算机天河系统研制团队开发的一种高性能可视化系统。天河 CDF 并行可视化系统旨在实现高效的大规模数据可视化和分析,并能与天河超级计算机相互配合,提供快速的数据处理和可视化展示。利用天河超级计算机不仅可以计算海洋数值模拟,还可以处理可视化数据类型复杂的情况,包括时变、高维、高精度、多样性(包括结构网格、非结构网格、混合网格)的海洋数值数据,同时还可以处理体绘制、纹理绘制等算法中的复杂计算问题。天河 CDF 并行可视化系统可以与天河超级计算机紧密配合,充分利用并行计算能力,实现快速的数据处理和可视化。这使得该系统可以处理大规模数据集,并在较短时间内生成高质量的可视化结果。天河 CDF 并行可视化系统采用分布式存储和计算架构,能够有效地处理大量的数据并进行实时可视化。

总之,天河 CDF 并行可视化系统通过充分利用并行计算能力、提供多维数据可视化支持和强大的交互功能,以及实时可视化效果等优点,为用户提供了高性能和可扩展的数据可视化工具,帮助用户更好地理解和分析复杂的数据。

参 考 文 献

[1] 白云. FORTRAN 95 程序设计[M]. 北京:清华大学出版社,2011.

[2] 曹建. 基于格网的等值线生成和裁减算法[D]. 长沙:中南大学,2009.

[3] CHAPMAN S J. FORTRAN 95/2003 程序设计[M]. 刘瑾,庞岩梅,赵越,等,译. 北京:中国电力出版社,2009.

[4] 成安生. 潮汐调和分析的算法[J]科学通报,1975(11):524-528.

[5] 陈国良. 并行计算:结构·算法·编程[M]. 修订版. 北京:高等教育出版社,2003.

[6] 陈科. FORTRAN 完全自学手册[M]. 北京:机械工业出版社,2009.

[7] 陈为,沈则潜,陶煜波. 数据可视化[M]. 北京:中国工信出版社,2013.

[8] 陈宗镛. 潮汐分析和推算的一种模型[J]. 海洋与湖沼,1979,10(3): 230-237.

[9] 程心一. 计算流体动力学:偏微分方程的数值解法[M]. 北京:科学出版社,1984.

[10] 储敏,徐永福. 区域海洋模式中的开边界问题[J]. 海洋科学,2009(6):112-117.

[11] 丁丽娟. 数值计算方法[M]. 北京:北京理工大学出版社,1997.

[12] 都志辉. 高性能计算并行编程技术:MPI 并行程序设计[M]. 北京:清华大学出版社,2001.

[13] 方国洪. 潮汐分析和预报的准调和分潮方法 I. 准调和分潮[J]. 海洋科学集刊,1974(9)1-15.

[14] 方国洪. 潮汐分析和预报的准调和分潮方法Ⅲ. 潮汐和潮流分析的一个实际计算过程[J]. 海洋科学集刊,1981(18):19-39.

[15] 冯士筰,孙文心. 物理海洋数值计算[M]. 郑州:河南科学技术出版社,1992.

[16] KANTHA L H,CLAYSON C A. 海洋与其过程的数值模型[M]. 乾爱国,黄海华,程道同,等,译. 北京:中国水利水电出版社,2014.

[17] DALE H. 海洋环流数值模拟[M]. 王东晓,宏波,蔡树群,等,译. 北京:气象出版社,2005.

[18] 黄祖珂,陈宗镛. 潮汐响应分析[J]. 山东海洋学院学报,1983,13(2):13-20.

[19] 黄嘉佑. 气象统计分析与预报方法[M]. 北京:气象出版社,1990.

[20] 黄杰. 海洋环境综合数据时空建模与可视化研究[D]. 杭州:浙江大学,2008.

[21] 李思昆,蔡勋,王文珂,等. 大规模流场科学计算可视化[M]. 北京:国防工业出版社,2013.

[22] 李威. 台湾以东黑潮锋的数值研究[D]. 青岛:中国海洋大学,2008.

[23] 林少官,袁蒲佳. 多元统计分析及计算程序[M]. 武汉:华中工学院出版社,1987.

[24] 刘顺隆,郑群. 计算流体力学[M]. 哈尔滨:哈尔滨工程大学出版社,1998.

[25] 刘卫. FORTRAN 90 程序设计教程[M]. 北京:北京邮电大学出版社,2003.

[26] 刘万春. FORTRAN 程序设计[M]. 北京:国防工业出版社,2000.
[27] 潘忠英. 基于 OpenGL 的三维可视化方法研究[J]. 计算机与数字工程,2014,42(3):512-516.
[28] 彭国伦. FORTRAN 95 程序设计[M]. 北京:中国电力出版社,2002.
[29] CHIVERS I,SLEIGHTHOLME J. Fortran 权威指南[M]. 北京:人民邮电出版社,2009.
[30] 钱永甫,朱伯承,王谦谦. σ 坐标系海洋模式中水平压力梯度的一种算法[J]. 南京大学学报:自然科学版,1998,34(6):691-700.
[31] 石教英,蔡文立. 科学计算可视化算法与系统[M]. 北京:科学出版社,1996.
[32] 宋叶志,茅永兴,赵秀杰. FORTRAN 95/2003 科学计算与工程[M]. 北京:清华大学出版社,2011.
[33] 苏芳. 基于 GPU 的二维矢量场可视化点噪声方法的研究与实现[D]. 青岛:中国海洋大学,2012.
[34] 孙文心,江文胜,李磊. 近海环境流体动力学数值模型[M]. 北京:科学出版社,2004.
[35] 谭浩强,田淑. FORTRAN 语言:FORTRAN 77 结构化程序设计[M]. 北京:清华大学出版社,1990.
[36] 田红瑛. FORTRAN 语言在大气科学专业的教学与实践改革探讨[J]. 高等理科教育,2021(2):79-82.
[37] 王凯,方国洪,冯士筰. 渤海、黄海、东海 M2 潮汐潮流的三维数值模拟[J]. 海洋学报,1999(21):1-13.
[38] 王怀晖. 基于特征的复杂流场纹理可视化关键技术研究[D]. 北京:国防科学技术大学,2015.
[39] 王庆节,葛卫民,王保旗. FORTRAN 95 程序设计与数据结构基础教程[M]. 天津:天津大学出版社,2009.
[40] 王锐,钱学雷. OpenSceneGraph 三维渲染引擎设计与实践[M]. 北京:清华大学出版社,2009.
[41] 汪同庆. FORTRAN 90 程序设计[M]. 武汉:武汉大学出版社,2004.
[42] 吴洪宝,吴蕾. 气候变率诊断和预测方法[M]. 北京:气象出版社,2005.
[43] 徐华,薛宇峰. 关于大气科学专业"FORTRAN 语言程序设计"课程的教学思考[J]. 当代教育实践与教学研究(电子刊),2016(5):303-304.
[44] 徐赛花,张二华. 基于 CUDA 的三维数据并行可视化[J]. CT 理论与应用研究,2011,6(1):47-54.
[45] 徐士良. FORTRAN 常用算法程序集[M]. 北京:清华大学出版社,1995.
[46] 叶安乐,李凤岐. 物理海洋学[M]. 青岛:青岛海洋大学出版社,1992.
[47] 余锦华,杨维权. 多元统计分析与应用[M]. 广州:中山大学出版社,2005.
[48] 杨胜朋. 气象专业 FORTRAN 编程语言教学探索[J]. 科教导刊,2013(36):88-91.
[49] 袁驷,叶康生. FORTRAN 90 编程指南[M]. 3 版. 北京:高等教育出版社,2000.
[50] 张德富,倪南. 并行程序设计语言和模型[M]. 南京:南京大学出版社,1994.

[51] 张丽.机器学习与流场数据可视化[M].北京:电子工业出版社,2017.

[52] 张清波.矢量场可视化技术研究及其在海洋数据处理上的应用[D].青岛:中国海洋大学,2002.

[53] 张文生.微分方程数值解[M].北京:科学出版社,2015.

[54] 张武生,薛巍,李建江,等.MPI并行程序设计实例教程[M].北京:清华大学出版社,2009.

[55] 张韵华,奚梅成,陈长松.数值计算方法和算法[M].北京:科学出版社,2000.

[56] 郑沛楠,宋军,张芳苒,等.常用海洋数值模式简介[J].海洋预报,2008(4):108-120.

[57] 周迪斌.基于纹理的高质量矢量可视化研究[D].杭州:浙江大学,2008.

[58] 周振红,郭恒亮,张君静,等.FORTRAN 90/95高级程序设计[M].郑州:黄河水利出版社,2005.

[59] 朱建荣.海洋数值计算方法和数值模式[M].北京:海洋出版社,2003.

[60] 朱建荣,丁平兴,朱首贤.黄海、东海夏季环流的数值模拟[J].海洋学报:中文版,2002(S1):123-133.

[61] 朱乾根,林锦瑞,寿绍文,等.天气学原理和方法[M].北京:气象出版社,2000.

[62] 朱首贤,朱建荣,沙文钰.M2分潮对夏季长江冲淡水扩展影响的数值模拟[J].海洋与湖沼,1999,30(6):711-718.

[63] AXTELL R, AXTELL C. FORTRAN 90/95 for Programmers[M]. New York: McGraw-Hill, 1998.

[64] BLECK R. An oceanic general circulation model framed in hybrid isopycnic-Cartesian coordinates[J]. Ocean modelling, 2002, 4(1): 55-88.

[65] YOUNG W R. A semi-spectral primitive equation ocean circulation model using vertical sigma and orthogonal curvilinear horizontal coordinates[J]. Journal of computational physics, 1991,3(12):99.

[66] CASULLI V, CHENG R T. Semi-implicit finite difference methods for three-dimensional shallow water flow[J]. International journal for numerical methods in fluids, 1992, 15(6): 629-648.

[67] DOODSON A T. The harmonic development of the tide-generating potential[J]. Proceedings of the royal society a mathematical physical & engineering sciences, 1921, 100(704): 305-329.

[68] DOODSON A T. The analysis of tidal observations[J]. Philosophical transaction of the royal society of london, 1928(227): 223-279.

[69] ERICKSON H, POPP K. FORTRAN 90/95 pocket guide[M]. New York: Prentice Hall, 2002.

[70] EZER T, MELLOR G L. A generalized coordinate ocean model and a comparison of the bottom boundary layer dynamics in terrain-following and in z-level grids[J]. Ocean modelling, 2004, 6(3-4): 379-403.

[71] GAN J, LI H, CURCHITSER E N, et al. Modeling South China Sea circulation: Response to seasonal forcing regimes[J]. Journal of geophysical research: oceans, 2006, 111(C6): C06034.

[72] HALLIWELL G R. Evaluation of vertical coordinate and vertical mixing algorithms in the hybrid-coordinate ocean model (HYCOM)[J]. Ocean Modelling, 2004(7): 285-322.

[73] HUANG Z, LIU H, HU J, et al. A double-index method to classify Kuroshio intrusion paths in the Luzon Strait[J]. Advances in atmospheric sciences, 2016, 33(6): 715-729.

[74] JORDI A, WANG D P. SbPOM: A parallel implementation of princeton ocean model[J]. Environmental modelling & software, 2012(38): 59-61.

[75] KOBAYASHI M H, JOSÉ M, JOSÉ C P. A conservative finite-volume second-order-accurate projection method on hybrid unstructured grids[J]. Journal of computational physics, 1999, 150(1): 40-75.

[76] MARSHALL J, ADCROFT A, HILL C, et al. A finite-volume, incompressible navier stokes model for studies of the ocean on parallel computers[J]. Journal of geophysical research oceans, 1997, 102(C3): 5753-5766.

[77] MARSHALL J, HILL C, PERELMAN L, et al. Hydrostatic, quasi-hydrostatic, and nonhydrostatic ocean modeling[J]. Journal of geophysical research: oceans, 1997, 102 (C3): 5733-5752.

[78] MELLOR G L, YAMADA T. Development of a turbulence closure model for geophysical fluid problems[J]. Reviews of geophysics, 1982, 20(4): 851-875.

[79] MELLOR G L, YAMADA T. A Hierarchy of turbulence closure models for planetary boundary layers[J]. Journal of atmospheric sciences, 1974, 31(7): 1791-1806.

[80] NAN F, XUE H J, YU F. Kuroshio intrusion into the south China sea: A review[J]. Progress in oceanography, 2015(137): 314-333.

[81] NAN F, XUE H J, CHAI F, et al. Identification of different types of Kuroshio intrusion into the south China sea[J]. Ocean dynamics, 2011, 61(9): 1291-1304.

[82] OEY L Y, MELLOR G L, HIRES R. I. A three-dimensional simulation of the Hudson-Raritan estuary. Part I: Description of the model and model simulations[J]. Journal of physical oceanography, 1985a(15): 1676-1692.

[83] OEY L Y, MELLOR G L, HIRES R I. A three-dimensional simulation of the Hudson-Raritan estuary. Part Ⅱ: Comparison with observation [J]. Journal of physical oceanography, 1985, b(15): 1693-1709.

[84] PERKIN R G, LEWIS E. The practical salinity scale 1978: Fitting the data[J]. IEEE journal of oceanic engineering, 1981, 5(1): 9-16.

[85] POST F H, VROLIJK B, HAUSER H, et al. The State of the art in flow visualisation: Feature extraction and tracking[J]. Computer graphics forum, 2010, 22(4): 775-792.

[86] PRANDLE D. Ocean hydrodynamics of the Japan and East China Seas[J]. Estuarine,

coastal and shelf Science, 1986, 23(3): 429-438.

[87] SHCHEPETKIN A F, MCWILLIAMS J C. The regional oceanic modeling system (ROMS): a split-explicit, free-surface, topography-following-coordinate oceanic model [J]. Ocean modelling, 2005, 9(4): 347-404.

[88] SMITH P. Programming FORTRAN 90[M]. New York: Springer-Verlag, 1997.

[89] STELLING G S, KESTER J. On the approximation of horizontal gradients in sigma co-ordinates for bathymetry with steep bottom slopes[J]. International journal for numerical methods in fluids, 2010, 18(10): 915-935.

[90] WISCHGOLL T, SCHEUERMANN G. Detection and visualization of closed streamlines in planar flows[J]. IEEE transactions on visualization & computer graphics, 2001, 7(2): 165-172.

[91] WHALLEY J. FORTRAN 95/2000 for Dummies[M]. New York: Hungry MindS, 2004.

附　　录

附表 1　海水的比定压热容 C_p(根据 UNESCO,1983;单位:J·kg^{-1}·℃$^{-1}$)

S	p/(×10^7 Pa)	θ_{68}/℃				
		0	10	20	30	40
25	0	4 048.4	4 041.8	4 044.8	4 049.1	4 051.2
	1	4 011.5	4 012.9	4 020.2	4 026.9	4 031.8
	2	3 978.0	3 986.3	3 997.4	4 006.2	4 013.6
	3	3 947.8	3 962.0	3 976.2	3 986.9	3 996.7
	4	3 920.6	3 939.8	3 956.7	3 968.9	3 980.9
	5	3 896.3	3 919.6	3 938.6	3 952.0	3 966.1
	6	3 874.4	3 901.1	3 921.9	3 936.3	3 952.4
	7	3 854.9	3 884.3	3 906.5	3 921.7	3 939.5
	8	3 837.4	3 869.0	3 892.2	3 907.9	3 927.6
	9	3 821.8	3 855.1	3 879.0	3 895.1	3 916.4
	10	3 807.7	3 842.3	3 866.7	3 883.0	3 905.9
30	0	4 017.2	4 013.8	4 019.1	4 024.7	4 027.2
	1	3 982.1	3 986.2	3 995.4	4 003.2	4 008.4
	2	3 950.3	3 960.8	3 973.3	3 983.1	3 990.8
	3	3 921.6	3 937.6	3 953.0	3 964.3	3 974.4
	4	3 895.7	3 916.3	3 934.1	3 946.9	3 959.1
	5	3 872.5	3 897.0	3 916.7	3 930.6	3 944.9
	6	3 851.7	3 879.3	3 900.6	3 915.3	3 931.7
	7	3 833.1	3 863.3	3 885.7	3 901.1	3 919.3
	8	3 816.5	3 848.7	3 872.0	3 887.8	3 907.9
	9	3 801.6	3 835.4	3 859.2	3 875.4	3 897.1
	10	3 788.2	3 823.2	3 847.4	3 863.6	3 887.1
35	0	3 986.5	3 986.3	3 993.9	4 000.7	4 003.5
	1	3 953.3	3 959.9	3 970.9	3 979.7	3 985.2
	2	3 923.1	3 935.7	3 949.6	3 960.2	3 968.2
	3	3 895.9	3 913.5	3 930.0	3 942.0	3 952.3
	4	3 871.3	3 893.2	3 911.8	3 925.1	3 937.6
	5	3 849.3	3 874.7	3 895.0	3 909.2	3 923.9

附表 1(续)

S	$p/(\times 10^7$ Pa)	θ_{68}/℃				
		0	10	20	30	40
35	6	3 829.5	3 857.9	3 879.5	3 894.5	3 911.1
	7	3 811.8	3 842.6	3 865.2	3 880.7	3 899.3
	8	3 796.0	3 828.7	3 851.9	3 867.8	3 888.2
	9	3 781.8	3 816.0	3 839.7	3 855.7	3 877.9
	10	3 769.1	3 804.4	3 828.3	3 844.3	3 868.3
40	0	3 956.4	3 959.3	3 968.9	3 977.0	3 980.1
	1	3 925.0	3 934.1	3 946.8	3 956.6	3 962.3
	2	3 896.4	3 910.9	3 926.2	3 937.6	3 945.8
	3	3 870.6	3 889.8	3 907.2	3 919.9	3 930.5
	4	3 847.4	3 870.4	3 889.7	3 903.4	3 916.2
	5	3 826.4	3 852.8	3 873.5	3 888.1	3 903.0
	6	3 807.7	3 836.7	3 858.6	3 873.8	3 890.7
	7	3 790.9	3 822.2	3 844.8	3 860.4	3 879.3
	8	3 776.0	3 808.9	3 832.0	3 847.9	3 868.7
	9	3 762.6	3 796.9	3 820.2	3 836.1	3 858.8
	10	3 750.6	3 785.9	3 809.3	3 825.1	3 849.5

附表 2　海水的绝热温度梯度 Γ(根据 UNESCO,1983;单位:10^{-7}℃ · Pa^{-1})

S	$p/(\times 10^7$ Pa)	θ_{68}/℃			
		0	10	20	30
25	0	0.016 9	0.100 2	0.173 8	0.241 7
	1	0.036 3	0.113 5	0.182 5	0.246 7
	2	0.054 8	0.126 3	0.190 8	0.251 5
	3	0.072 3	0.138 4	0.198 7	0.256 1
	4	0.089 0	0.150 0	0.206 3	0.260 5
	5	0.104 7	0.161 0	0.213 5	0.264 8
	6	0.119 5	0.171 3	0.220 4	0.268 8
	7	0.133 4	0.181 1	0.227 0	0.272 6
	8	0.146 3	0.190 3	0.233 2	0.276 3
	9	0.158 3	0.198 9	0.239 0	0.279 7
	10	0.169 4	0.206 9	0.244 5	0.283 0

附表 2(续)

S	$p/(\times 10^7$ Pa)	θ_{68}/℃			
		0	10	20	30
30	0	0. 026 3	0. 107 5	0. 179 0	0. 244 8
	1	0. 045 2	0. 120 5	0. 187 4	0. 249 7
	2	0. 063 1	0. 132 8	0. 195 4	0. 254 3
	3	0. 080 1	0. 144 5	0. 203 1	0. 258 8
	4	0. 096 2	0. 155 6	0. 210 4	0. 263 0
	5	0. 111 3	0. 166 2	0. 217 3	0. 267 1
	6	0. 125 6	0. 176 1	0. 223 9	0. 271 0
	7	0. 138 9	0. 188 5	0. 230 2	0. 274 7
	8	0. 151 2	0. 194 2	0. 236 1	0. 278 2
	9	0. 162 7	0. 204 2	0. 241 6	0. 281 5
	10	0. 173 2	0. 209 9	0. 246 8	0. 284 6
35	0	0. 035 8	0. 114 9	0. 184 3	0. 247 9
	1	0. 054 1	0. 127 4	0. 192 3	0. 252 6
	2	0. 071 4	0. 139 3	0. 200 1	0. 257 1
	3	0. 087 9	0. 150 6	0. 207 4	0. 261 4
	4	0. 103 4	0. 161 3	0. 214 4	0. 265 5
	5	0. 118 0	0. 171 4	0. 221 1	0. 269 5
	6	0. 131 6	0. 180 9	0. 227 4	0. 273 2
	7	0. 144 3	0. 189 8	0. 233 4	0. 276 7
	8	0. 156 2	0. 198 1	0. 239 0	0. 280 1
	9	0. 167 0	0. 205 9	0. 244 2	0. 283 2
	10	0. 177 0	0. 213 0	0. 249 1	0. 286 2
40	0	0. 045 3	0. 122 2	0. 189 5	0. 251 0
	1	0. 063 0	0. 134 3	0. 197 3	0. 255 6
	2	0. 079 8	0. 145 7	0. 204 7	0. 259 9
	3	0. 095 6	0. 156 6	0. 211 8	0. 264 1
	4	0. 110 6	0. 166 9	0. 218 5	0. 268 1
	5	0. 124 6	0. 176 6	0. 224 9	0. 271 8
	6	0. 137 7	0. 185 7	0. 230 9	0. 275 4
	7	0. 149 8	0. 194 1	0. 236 6	0. 278 8
	8	0. 161 1	0. 202 0	0. 241 9	0. 282 0
	9	0. 171 4	0. 209 3	0. 246 8	0. 284 9
	10	0. 180 8	0. 216 1	0. 251 5	0. 287 7

附表 3　海水的位温 Θ(根据 UNESCO,1983;单位:℃;压强参考值 p_r=0.0 Pa)

S	p(×10^7 Pa)	θ_{68}/℃			
		0	10	20	30
25	0	0.000 0	10.000 0	20.000 0	30.000 0
	1	−0.026 5	9.893 5	19.822 4	29.756 6
	2	−0.071 5	9.774 9	19.637 7	29.509 8
	3	−0.133 9	9.644 8	19.446 1	29.259 9
	4	−0.212 5	9.504 0	19.248 0	29.007 0
	5	−0.306 1	9.353 1	19.043 8	28.751 2
	6	−0.413 9	9.192 7	18.833 8	28.492 8
	7	−0.534 9	9.023 4	18.618 3	28.231 9
	8	−0.667 9	8.845 9	18.397 8	27.968 5
	9	−0.812 2	8.660 7	18.172 4	27.703 0
	10	−0.966 7	8.468 4	17.942 6	27.435 3
30	0	0.000 0	10.000 0	20.000 0	30.000 0
	1	−0.035 7	9.886 4	19.817 4	29.753 5
	2	−0.089 2	9.761 1	19.627 8	29.503 8
	3	−0.159 5	9.624 8	19.431 7	29.251 1
	4	−0.245 4	9.478 2	19.229 3	28.995 5
	5	−0.345 8	9.321 9	19.021 1	28.737 2
	6	−0.459 8	9.156 5	18.807 4	28.476 3
	7	−0.586 4	8.982 7	18.588 5	28.213 0
	8	−0.724 6	8.801 0	18.364 8	27.947 5
	9	−0.873 4	8.612 0	18.136 5	27.679 8
	10	−1.032 0	8.416 4	17.904 0	27.410 2
35	0	0.000 0	10.000 0	20.000 0	30.000 0
	1	−0.044 8	9.879 3	19.812 3	29.750 5
	2	−0.106 9	9.747 3	19.617 9	29.497 9
	3	−0.185 1	9.604 8	19.417 2	29.242 3
	4	−0.287 3	9.452 3	19.210 6	28.984 0
	5	−0.385 6	9.290 6	18.998 5	28.723 1
	6	−0.505 8	9.120 3	18.781 0	28.459 8
	7	−0.638 0	8.941 9	18.558 7	28.194 2
	8	−0.781 3	8.756 0	18.331 7	27.926 4
	9	−0.934 8	8.563 3	18.100 5	27.656 7
	10	−1.097 4	8.364 3	17.865 4	27.384 1

附表 3(续)

S	$p(\times 10^7\ \text{Pa})$	$\theta_{68}/℃$			
		0	10	20	30
40	0	0.000 0	10.000 0	20.000 0	30.000 0
	1	−0.054 0	9.872 1	19.807 2	29.747 4
	2	−0.124 6	9.733 5	19.608 0	29.491 9
	3	−0.210 7	9.584 7	19.402 8	29.233 5
	4	−0.311 3	9.426 5	19.191 9	28.972 5
	5	−0.425 3	9.259 4	18.975 8	28.709 1
	6	−0.551 8	9.084 0	18.754 6	28.443 3
	7	−0.689 7	8.901 1	18.528 8	28.175 3
	8	−0.838 1	8.711 0	18.298 6	27.905 3
	9	−0.996 2	8.514 5	18.064 5	27.633 5
	10	−1.162 9	8.312 1	17.826 6	27.359 9

附表 4　海水的冰点 θ_f(根据 UNESCO,1983;单位:℃)

$p(\times 10^7\ \text{Pa})$	S							
	5	10	15	20	25	30	35	40
0	−0.274	−0.542	−0.812	−1.083	−1.358	−1.638	−1.922	−2.212
1	−0.319	−0.618	−0.887	−1.159	−1.434	−1.713	−1.998	−2.287
2	−0.424	−0.593	−0.962	−1.234	−1.509	−1.788	−2.073	−2.353
3	−0.500	−0.768	−1.038	−1.309	−1.584	−1.864	−2.148	−2.438
4	−0.575	−0.844	−1.113	−1.384	−1.650	−1.939	−2.224	−2.513
5	−0.650	−0.919	−1.188	−1.460	−1.735	−2.014	−2.299	−2.589

附表 5　POM 模式外模态开边界条件

类型与解析式	边界	离散化形式
水位条件: $\eta = bc^{1}$　(5A)	东(E)	$\begin{cases}\eta^{n+1}_{im-1,j} = bc^{n+1}_j \\ \eta^{n+1}_{im,j} = \eta^{n+1}_{im-1,j}\end{cases}$　$\begin{cases}\overline{U}^{n+1}_{im,j} = \overline{U}^{n+1}_{im-1,j} \\ \overline{V}^{n+1}_{im,j} = 0\end{cases}$
	西(W)	$\eta^{n+1}_{2,j} = bc^{n+1}_j$　$\begin{cases}\overline{U}^{n+1}_{2,j} = \overline{U}^{n+1}_{3,j} \\ \overline{V}^{n+1}_{1,j} = 0\end{cases}$
	北(N)	$\begin{cases}\eta^{n+1}_{i,jm-1} = bc^{n+1}_i \\ \eta^{n+1}_{i,jm} = \eta^{n+1}_{i,jm-1}\end{cases}$　$\begin{cases}\overline{V}^{n+1}_{i,jm} = \overline{V}^{n+1}_{i,jm-1} \\ \overline{U}^{n+1}_{im,j} = 0\end{cases}$
	南(S)	$\eta^{n+1}_{i,2} = bc^{n+1}_i$　$\begin{cases}\overline{V}^{n+1}_{i,2} = \overline{V}^{n+1}_{i,3} \\ \overline{U}^{n+1}_{i,1} = 0\end{cases}$

附表 5(续)

类型与解析式	边界	离散化形式
水通量(流入)条件：$D\bar{U}=bc$ (5B)	东(E)	$\begin{cases}\bar{U}_{im,j}^{n+1}=2\cdot bc_j^{n+1}/(h_{im,j}+\eta_{im,j}^{n+1}+h_{im-1,j}+\eta_{im-1,j}^{n+1})\\ \eta_{im,j}^{n+1}=\eta_{im-1,j}^{n+1}\\ \bar{V}_{im,j}^{n+1}=0\end{cases}$
	西(W)	$\begin{cases}\bar{U}_{2,j}^{n+1}=2\cdot bc_j^{n+1}/(h_{1,j}+\eta_{1,j}^{n+1}+h_{2,j}+\eta_{2,j}^{n+1})\\ \eta_{1,j}^{n+1}=\eta_{2,j}^{n+1}\\ \bar{V}_{1,j}^{n+1}=0\end{cases}$
	北(N)	$\begin{cases}\bar{V}_{i,jm}^{n+1}=2\cdot bc_i^{n+1}/(h_{i,jm}+\eta_{i,jm}^{n+1}+h_{i,jm-1}+\eta_{i,jm-1}^{n+1})\\ \eta_{i,jm}^{n+1}=\eta_{i,jm-1}^{n+1}\\ \bar{U}_{i,jm}^{n+1}=0\end{cases}$
	南(S)	$\begin{cases}\bar{V}_{i,2}^{n+1}=2\cdot bc_i^{n+1}/(h_{i,1}+\eta_{i,1}^{n+1}+h_{i,2}+\eta_{i,2}^{n+1})\\ \eta_{i,1}^{n+1}=\eta_{i,2}^{n+1}\\ \bar{U}_{i,1}^{n+1}=0\end{cases}$
辐射条件：$H\bar{U}\pm c_e\eta=bc^2$ (5C)	东(E)	$\begin{cases}\bar{U}_{im,j}^{n+1}=\sqrt{\dfrac{g}{h_{im-1,j}}}\cdot\eta_{im-1,j}^{n}+bc_j^{n+1}\\ \eta_{im,j}^{n+1}=\eta_{im-1,j}^{n+1}\\ \bar{V}_{im,j}^{n+1}=0\end{cases}$
	西(W)	$\begin{cases}\bar{U}_{2,j}^{n+1}=-\sqrt{\dfrac{g}{h_{2,j}}}\cdot\eta_{2,j}^{n}+bc_j^{n+1}\\ \eta_{1,j}^{n+1}=\eta_{2,j}^{n+1}\\ \bar{V}_{1,j}^{n+1}=0\end{cases}$
	北(N)	$\begin{cases}\bar{V}_{i,jm}^{n+1}=\sqrt{\dfrac{g}{h_{i,jm-1}}}\cdot\eta_{i,jm-1}^{n}+bc_{i,jm-1}^{n+1}\\ \eta_{i,jm}^{n+1}=\eta_{i,jm-1}^{n+1}\\ \bar{U}_{i,jm}^{n+1}=0\end{cases}$
	南(S)	$\begin{cases}\bar{V}_{i,2}^{n+1}=\sqrt{\dfrac{g}{h_{i,2}}}\cdot\eta_{i,2}^{n}+bc_{i,2}^{n+1}\\ \eta_{i,1}^{n+1}=\eta_{i,2}^{n+1}\\ \bar{U}_{i,1}^{n+1}=0\end{cases}$

附表 5(续)

类型与解析式	边界	离散化形式
Orlanski 辐射条件(流速)[3]: $\frac{\partial \overline{U}}{\partial t} \pm c_e \frac{\partial \overline{U}}{\partial x} = 0$ (5D)	东(E)	$\begin{cases} gae = \frac{dte \cdot \sqrt{g \cdot h_{im,j}}}{dx_{im,j}} \\ \overline{U}_{im,j}^{n+1} = gae \cdot \overline{U}_{im-1,j}^{n} + (1-gae)\overline{U}_{im,j}^{n} \\ \eta_{im,j}^{n+1} = \eta_{im-1,j}^{n+1} \\ \overline{V}_{im,j}^{n+1} = 0 \end{cases}$
	西(W)	$\begin{cases} gae = \frac{dte \cdot \sqrt{g \cdot h_{2,j}}}{dx_{2,j}} \\ \overline{U}_{2,j}^{n+1} = gae \cdot \overline{U}_{3,j}^{n} + (1-gae)\overline{U}_{2,j}^{n} \\ \eta_{1,j}^{n+1} = \eta_{2,j}^{n+1} \\ \overline{V}_{1,j}^{n+1} = 0 \end{cases}$
	北(N)	$\begin{cases} gae = \frac{dte \cdot \sqrt{g \cdot h_{i,jm}}}{dy_{i,jm}} \\ \overline{V}_{i,jm}^{n+1} = gae \cdot \overline{V}_{i,jm-1}^{n} + (1-gae)\overline{V}_{i,jm}^{n} \\ \eta_{im,j}^{n+1} = \eta_{im-1,j}^{n+1} \\ \overline{U}_{im,j}^{n+1} = 0 \end{cases}$
	南(S)	$\begin{cases} gae = \frac{dte \cdot \sqrt{g \cdot h_{i,2}}}{dy_{i,2}} \\ \overline{V}_{i,2}^{n+1} = gae \cdot \overline{V}_{i,3}^{n} + (1-gae)\overline{V}_{i,2}^{n} \\ \eta_{1,j}^{n+1} = \eta_{2,j}^{n+1} \\ \overline{U}_{1,j}^{n+1} = 0 \end{cases}$
Orlanski 辐射条件(水位): $\frac{\partial \eta}{\partial t} \pm c_e \frac{\partial \eta}{\partial x} = 0$ (5E)	东(E)	$\begin{cases} gae = \frac{dte \cdot \sqrt{g \cdot h_{im-1,j}}}{dx_{im-1,j}} \\ \eta_{im-1,j}^{n+1} = gae \cdot \eta_{im-2,j}^{n} + (1-gae)\eta_{im-1,j}^{n} \\ \eta_{im,j}^{n+1} = \eta_{im-1,j}^{n+1} \\ \overline{U}_{im,j}^{n+1} = \overline{U}_{im-1,j}^{n+1} \\ \overline{V}_{im,j}^{n+1} = 0 \end{cases}$
	西(W)	$\begin{cases} gae = \frac{dte \cdot \sqrt{g \cdot h_{2,j}}}{dx_{1,j}} \\ \eta_{2,j}^{n+1} = gae \cdot \eta_{3,j}^{n} + (1-gae)\eta_{2,j}^{n} \\ \overline{U}_{2,j}^{n+1} = \overline{U}_{3,j}^{n} \\ \overline{V}_{1,j}^{n+1} = 0 \end{cases}$

附表 5(续)

类型与解析式	边界	离散化形式
Orlanski 辐射条件(水位): $\frac{\partial\eta}{\partial t}\pm c_e\frac{\partial\eta}{\partial x}=0$　(5E)	北(N)	$\begin{cases} gae=\frac{dte\cdot\sqrt{g\cdot h_{i,jm-1}}}{dy_{i,jm-1}} \\ \eta^{n+1}_{i,jm-1}=gae\cdot\eta^{n}_{i,jm-2}+(1-gae)\eta^{n}_{i,jm-1} \\ \eta^{n+1}_{im,j}=\eta^{n+1}_{im-1,j} \\ \overline{V}^{n+1}_{i,jm}=\overline{V}^{n}_{i,jm-1} \\ \overline{U}^{n+1}_{im,j}=0 \end{cases}$
	南(S)	$\begin{cases} gae=\frac{dte\cdot\sqrt{g\cdot h_{i,2}}}{dy_{i,2}} \\ \eta^{n+1}_{i,2}=gae\cdot\eta^{n}_{i,3}+(1-gae)\eta^{n}_{i,2} \\ \overline{V}^{n+1}_{i,2}=\overline{V}^{n}_{i,3} \\ \overline{U}^{n+1}_{1,j}=0 \end{cases}$
循环边界条件: (5F)	东(E)	$\begin{cases} \eta^{n+1}_{im,j}=\eta^{n+1}_{3,j} \\ \overline{U}^{n+1}_{im,j}=\overline{U}^{n+1}_{3,j} \\ \overline{V}^{n+1}_{im,j}=\overline{V}^{n+1}_{3,j} \end{cases}$
	西(W)	$\begin{cases} \eta^{n+1}_{1,j}=\eta^{n+1}_{im-2,j} \\ \eta^{n+1}_{2,j}=\eta^{n+1}_{im-1,j} \\ \overline{U}^{n+1}_{2,j}=\overline{U}^{n+1}_{im-1,j} \\ \overline{V}^{n+1}_{2,j}=\overline{V}^{n+1}_{im-1,j} \end{cases}$
	北(N)	$\begin{cases} \eta^{n+1}_{i,jm}=\eta^{n+1}_{i,3} \\ \overline{U}^{n+1}_{i,jm}=\overline{U}^{n+1}_{i,3} \\ \overline{V}^{n+1}_{i,jm}=\overline{V}^{n+1}_{i,3} \end{cases}$
	南(S)	$\begin{cases} \eta^{n+1}_{i,1}=\eta^{n+1}_{i,jm-2} \\ \eta^{n+1}_{i,2}=\eta^{n+1}_{i,jm-1} \\ \overline{U}^{n+1}_{i,2}=\overline{U}^{n+1}_{i,jm-1} \\ \overline{V}^{n+1}_{i,2}=\overline{V}^{n+1}_{i,jm-1} \end{cases}$

注 1:对于计算式(5A)和(5B),变量 bc 需由使用者给定,为该时刻的确定值。$\overline{U}$ 和 η 是先验已知的。

注 2:bc 在此处需要将给定的边界条件值进行额外计算。例如模式的东边界:$bc^{n+1}_{im,j}=uab^{n+1}_{j}-\sqrt{\frac{g}{h_{im-1,j}}}\cdot el^{n+1}_{j}$,其中 uab^{n+1}_{j} 与 el^{n+1}_{j} 是指定的流速与水位值。

注 3:对于计算式(5D)和(5E),部分等式的右侧可以不用指定为 0。

附表 6　POM 模式内模态开边界条件

类型与解析式	边界	离散化形式
确定值(第一类)条件：$U=bc^1$　(6A)	东(E)	$\begin{cases} U_{im,j,k}^{n+1}=bc_{j,k}^{n+1} \\ V_{im,j,k}^{n+1}=set \end{cases}$
	西(W)	$\begin{cases} U_{2,j,k}^{n+1}=bc_{j,k}^{n+1} \\ V_{1,j,k}^{n+1}=set \end{cases}$
	北(N)	$\begin{cases} V_{i,jm,k}^{n+1}=bc_{i,k}^{n+1} \\ U_{i,jm,k}^{n+1}=set \end{cases}$
	南(S)	$\begin{cases} V_{i,2,k}^{n+1}=bc_{i,k}^{n+1} \\ U_{i,1,k}^{n+1}=set \end{cases}$
Orlanski 辐射条件：$\frac{\partial U}{\partial t}\pm c_i\frac{\partial U}{\partial x}=0$　(6B)	东(E)	$\begin{cases} GA=\sqrt{\frac{h_{im,j}}{h_{\max}}} \\ U_{im,j,k}^{n+1}=GA\cdot U_{im-1,j,k}^{n}+(1-GA)U_{im,j,k}^{n} \\ V_{im,j,k}^{n+1}=set \end{cases}$
	西(W)	$\begin{cases} GA=\sqrt{\frac{h_{2,j}}{h_{\max}}} \\ U_{2,j,k}^{n+1}=GA\cdot U_{3,j,k}^{n}+(1-GA)U_{2,j,k}^{n} \\ V_{1,j,k}^{n+1}=set \end{cases}$
	北(N)	$\begin{cases} GA=\sqrt{\frac{h_{i,jm}}{h_{\max}}} \\ V_{i,jm,k}^{n+1}=GA\cdot V_{i,jm-1,k}^{n}+(1-GA)V_{i,jm,k}^{n} \\ U_{i,jm,k}^{n+1}=set \end{cases}$
	南(S)	$\begin{cases} GA=\sqrt{\frac{h_{i,2}}{h_{\max}}} \\ V_{i,2,k}^{n+1}=GA\cdot V_{i,3,k}^{n}+(1-GA)V_{i,2,k}^{n} \\ U_{i,1,k}^{n+1}=set \end{cases}$
平流条件(仅适用于温盐)[2]：$\begin{cases} \frac{\partial T}{\partial t}+U\frac{\partial T}{\partial x}=0 \\ \frac{\partial S}{\partial t}+U\frac{\partial S}{\partial x}=0 \end{cases}$　(6C)	东(E)	$\begin{cases} U_1=U_{im,j,k}^{n}+\lvert U_{im,j,k}^{n}\rvert \\ U_2=U_{im,j,k}^{n}-\lvert U_{im,j,k}^{n}\rvert \\ U_{im,j,k}^{n+1}=T_{im,j,k}^{n}-\frac{dti}{(dx_{im,j}+dx_{im-1,j})}\cdot \\ \quad (U_1(T_{im,j,k}^{n}-T_{im-1,j,k}^{n})+U_2(tbe_{j,k}^{n+1}-T_{im,j,k}^{n})) \end{cases}$

附表 6(续)

类型与解析式	边界	离散化形式
平流条件（仅适用于温盐）[2]：$\begin{cases}\frac{\partial T}{\partial t}+U\frac{\partial T}{\partial x}=0\\ \frac{\partial S}{\partial t}+U\frac{\partial S}{\partial x}=0\end{cases}$ (6C)	西(W)	$\begin{cases}U_1=U^n_{1,j,k}+\vert U^n_{1,j,k}\vert\\ U_2=U^n_{1,j,k}-\vert U^n_{1,j,k}\vert\\ U^{n+1}_{1,j,k}=T^n_{1,j,k}-\frac{dti}{(dx_{1,j}+dx_{2,j})}\cdot(U_2(T^n_{2,j,k}-T^n_{1,j,k})-U_1(tbw^{n+1}_{j,k}-T^n_{1,j,k}))\end{cases}$
	北(N)	$\begin{cases}V_1=V^n_{i,jm,k}+\vert V^n_{i,jm,k}\vert\\ V_2=V^n_{i,jm,k}-\vert V^n_{i,jm,k}\vert\\ U^{n+1}_{i,jm,k}=T^n_{i,jm,k}-\frac{dti}{(dy_{i,jm}+dy_{i,jm-1})}\cdot(V_1(T^n_{i,jm,k}-T^n_{i,jm-1,k})+V_2(tbn^{n+1}_{i,k}-T^n_{i,jm,k}))\end{cases}$
	南(S)	$\begin{cases}V_1=V^n_{i,1,k}+\vert V^n_{i,1,k}\vert\\ V_2=V^n_{i,1,k}-\vert V^n_{i,1,k}\vert\\ U^{n+1}_{i,1,k}=T^n_{i,1,k}-\frac{dti}{(dy_{i,1}+dy_{i,2})}\cdot(V_1(T^n_{i,1,k}-T^n_{i,2,k})+V_2(tbs^{n+1}_{i,k}-T^n_{i,1,k}))\end{cases}$
循环边界条件[3]：(5-3-D)	—	

注 1:对于计算式(6A)和(6B),变量 *bc* 需由使用者给定,为该时刻的确定值;变量 *set* 可以设置为 0 或其他确定值。

注 2:对于计算式(6C),盐度的离散化形式与温度的形式相同,故在此不再给出。

注 3:循环边界条件与(5F)非常相似,除了将 $\overline{U}^{n+1}$($\overline{V}^{n+1}$)替换为 U^{n+1}(V^{n+1});T、S、q^2 和 $q^2\ell$ 的处理类似于 η^{n+1}。